● 教、学、做一体化教材

U0792182

国家示范院校重点建设专业

给排水工程技术专业课程改革系列教材

建筑给排水工程施工

◎主　编　张胜峰

◎副主编　李　伟　张　兵

◎主　审　满广生

中国水利水电出版社

www.waterpub.com.cn

内 容 提 要

本教材为国家示范院校重点建设专业——给排水工程技术专业课程改革系列教材之一，作者本着高职高专教育特色，依据国家示范院校重点建设专业人才培养方案和课程建设的目标和要求，按照校企专家多次研究讨论后制定的课程标准进行编写。

本教材共分6个项目，内容包括：建筑给水管道施工，建筑消防系统施工，建筑排水管道施工，水表、阀门的安装，水箱水泵的安装，卫生器具的安装，范围广泛，实用性强。

本教材为给排水工程技术专业的教学用书，也可作为土建类相关专业和工程技术人员的参考用书。

图书在版编目（CIP）数据

建筑给排水工程施工 / 张胜峰主编. -- 北京 : 中国水利水电出版社, 2010.3(2023.2重印)
（国家示范院校重点建设专业、给排水工程技术专业课程改革系列教材）
ISBN 978-7-5084-7318-5

Ⅰ. ①建… Ⅱ. ①张… Ⅲ. ①建筑工程：给水工程一工程施工一高等学校：技术学校一教材②建筑工程：排水工程一工程施工一高等学校：技术学校一教材 Ⅳ. ①TU82

中国版本图书馆CIP数据核字(2010)第039530号

书　名	国家示范院校重点建设专业 给排水工程技术专业课程改革系列教材 **建筑给排水工程施工**
作　者	主　编　张胜峰 副主编　李　伟　张　兵 主　审　满广生
出版发行	中国水利水电出版社 （北京市海淀区玉渊潭南路1号D座　100038） 网址：www.waterpub.com.cn E-mail：sales@mwr.gov.cn 电话：（010）68545888（营销中心）
经　售	北京科水图书销售有限公司 电话：（010）68545874、63202643 全国各地新华书店和相关出版物销售网点
排　版	中国水利水电出版社微机排版中心
印　刷	清淞永业（天津）印刷有限公司
规　格	184mm×260mm　16开本　13.5印张　328千字
版　次	2010年3月第1版　2023年2月第7次印刷
印　数	13501—16000册
定　价	**45.00**元

凡购买我社图书，如有缺页、倒页、脱页的，本社营销中心负责调换

前言

本教材是依据国家示范院校重点建设专业——给排水工程技术专业课程改革的人才培养方案和课程建设目标要求，并按照国家颁布的有关施工新规范、新标准进行编写的。

本专业的课程改革是基于工作过程为导向，以项目载体进行的。人才培养方案和课程重构建设方案由校企等多方面的专家经过多次研讨论证形成。根据课程教学基本要求，按照以学习情境代替学科为框架体系的编排结构，在教材风格上形成理论与实践相结合的鲜明特色。与以往教材对比，本教材理论知识本着适度的原则，注意针对性和实用性，强调基本概念、基本原理和基本方法，着重和突出学生实际能力的培养。本教材由6个项目组成，每个项目都附有一定的例题，以便学生自学。

本教材由安徽水利水电职业技术学院张胜峰副教授任主编。参加本书编写工作的有张胜峰副教授（项目1、项目6），安徽省林业调查规划设计院李伟高工（项目2、项目3），合肥供水集团张兵高工（项目4、项目5）。

本教材由安徽水利水电职业技术学院满广生副教授任主审。

本教材在编写过程中，得到了安徽省林业调查规划设计院和合肥供水集团的大力支持和有关院校及单位的同行提出的许多宝贵意见和热情协助，在此一并表示感谢。限于作者水平，书中难免存在欠妥之处，敬请读者批评指正。

编者

2010年1月

目录

前言

项目1 建筑给水管道施工

学习目标：通过本项目的学习能够识读建筑给排水系统施工图；能完成给水管材及设备的进场验收工作；能编制给排水系统施工材料计划；能编制给水系统施工准备计划；能合理选择管道的加工机具、编制加工机具、工具需求计划；能编制给水管道施工方案、组织加工并进行安装；能在施工过程中收集验收所需要的资料；能进行给水系统质量检查与验收。

学习情境1.1 建筑给排水施工图识读

1.1.1 建筑给排水施工图的主要内容

施工图是工程的语言，是编制施工图预算和进行施工最重要的依据，施工单位应严格按照施工图施工。水暖及通风工程施工图是由基本图和详图组成的。基本图包括管线平面图、系统图和设计说明等，并有室内和室外之分；详图包括各局部或部分的加工、安装尺寸和要求。水暖及通风空调系统作为房屋的重要组成部分，其施工图有以下几个特点：

(1) 各系统一般多采用统一的图例符号表示，而这些图例符号一般并不反映实物的原型。所以在识图前，应首先了解各种符号及其所表示的实物。

(2) 系统都是用管道来输送流体（包括气体和液体），而且在管道中都有自己的流向，识图时可按流向去读，这样易于掌握。

(3) 各系统管道都是立体交叉安装的，只看管道平面图难于看懂，一般都有系统图（或轴测图）来表达各管道系统和设备的空间关系，两种图互相对照阅读，更有利于识图。

(4) 各设备系统的安装与土建施工是配套的，应注意其对土建的要求和各工种间的相互关系，如管槽、预埋件及预留洞口等。

建筑给排水施工图一般由图纸目录、主要设备材料表、设计说明、图例、平面图、系统图（轴测图）、施工详图等组成。各部分的主要内容如下。

1.1.1.1 平面布置图

给水、排水平面图应表达给水、排水管线和设备的平面布置情况。

根据建筑规划，在设计图纸中，用水设备的种类、数量、位置，均要作出给水和排水平面布置；各种功能管道、管道附件、卫生器具、用水设备，如消火栓箱、喷头等，均应用各种图例表示；各种横干管、立管、支管的管径、坡度等，均应标出。平面图上管道都用单线绘出，沿墙敷设时不标注管道距墙面的距离。

一张平面图上可以绘制几种类型的管道，一般来说给水和排水管道可以在一起绘制。若图纸管线复杂，也可以分别绘制，以图纸能清楚地表达设计意图而图纸数量又很少为原则。

建筑内部给排水，以选用的给水方式来确定平面布置图的张数。底层及地下室必绘；顶层若有高位水箱等设备，也必须单独绘出。建筑中间各层，如卫生设备或用水设备的种类、数量和位置都相同，绘一张标准层平面布置图即可；否则，应逐层绘制。

在各层平面布置图上，各种管道、立管应编号标明。

1.1.1.2 系统图

系统图也称“轴测图”，其绘法取水平、轴测、垂直方向，完全与平面布置图比例相同。系统图上应标明管道的管径、坡度，标出支管与立管的连接处，以及管道各种附件的安装标高，标高的±0.00应与建筑图一致。系统图上各种立管的编号应与平面布置图相一致。系统图均应按给水、排水、热水等各系统单独绘制，以便于施工安装和概预算应用。

系统图中对用水设备及卫生器具的种类、数量和位置完全相同的支管、立管，可不重复完全绘出，但应用文字标明。当系统图立管、支管在轴测方向重复交叉影响识图时，可断开移到图面空白处绘制。

1.1.1.3 施工详图

凡平面布置图、系统图中局部构造因受图面比例限制而表达不完善或无法表达的，为使施工概预算及施工不出现失误，必须绘出施工详图。通用施工详图系列，如卫生器具安装、排水检查井、雨水检查井、阀门井、水表井、局部污水处理构筑物等，均有各种施工标准图，施工详图宜首先采用标准图。

绘制施工详图的比例以能清楚绘出构造为根据选用。施工详图应尽量详细注明尺寸，不应以比例代替尺寸。

1.1.1.4 设计施工说明及主要材料设备表

用工程绘图无法表达清楚的给水、排水、热水供应、雨水系统等管材、防腐、防冻、防露的做法；或难以表达的诸如管道连接、固定、竣工验收要求、施工中特殊情况技术处理措施，或施工方法要求严格必须遵守的技术规程、规定等，可在图纸中用文字写出设计施工说明。工程选用的主要材料及设备表，应列明材料类别、规格、数量，设备品种、规格和主要尺寸。

设备、材料表是该项工程所需的各种设备和各类管道、管件、阀门、防腐和保温材料的名称、规格、型号、数量的明细表。

此外，施工图还应绘出工程图所用图例。

所有以上图纸及施工说明等应编排有序，写出图纸目录。

1. 图线

建筑给排水施工图的线宽b应根据图纸的类别、比例和复杂程度确定。一般线宽b宜为0.7mm或1.0mm。常用的线型应符合表1.1的规定。

2. 标高、管径及编号

(1) 标高。标高是表示管道或建筑物高度的一种尺寸形式。标高有绝对标高和相对标高两种，绝对标高是以我国青岛附近黄海的平均海平面作为零点的，相对标高一般以建筑物的底层室内主要地坪面为该建筑物的相对标高的零点，用+0.000表示；标高的标注形式如图1.1所示，标高符号用细实线绘制，三角形的尖端画在标高的引出线上表示标高的位置，尖端的指向可以向上也可以向下；标高值是以m为单位的，高于零点的为正（如5.000，表示高于零点5m），低于零点的为负（如−5.000表示低于零点5m）；一般情况下地沟标注沟底的标高，压力管道标注管中心的标高，室内重力管道标注管内底标高。

表 1.1　　常 用 的 线 型

名　称	线　型	线宽	一　般　用　途
粗实线		b	新建各种给水排水管道线
中实线		$0.5b$	(1) 给水排水设备、构件的可见轮廓线。 (2) 厂区（小区）给水排水管道图中新建建筑物、构筑物的可见轮廓线、原有给水排水的管道线
细实线		$0.35b$	(1) 平、剖面图中被剖切的建筑构造（包括构配件）的可见轮廓线。 (2) 厂区（小区）给水排水管道图中原有建筑物、构筑物的可见轮廓线。 (3) 尺寸线、尺寸界限、局部放大部分的范围线、引出线、标高符号线、较小图形的中心线等
粗虚线		b	新建各种给水排水管道线
中虚线		$0.5b$	(1) 给水排水设备、构件的不可见轮廓线。 (2) 厂区（小区）给水排水管道图中新建建筑物、构筑物的不可见轮廓线、原有给水排水的管道线
细虚线		$0.35b$	(1) 平、剖面图中被剖切的建筑构造的不可见轮廓线。 (2) 厂区（小区）给水排水管道图中原有建筑物、构筑物的不可见轮廓线
细点划线		$0.35b$	中心线、定位轴线
折断线		$0.35b$	断开界限
波浪线		$0.35b$	断开界限

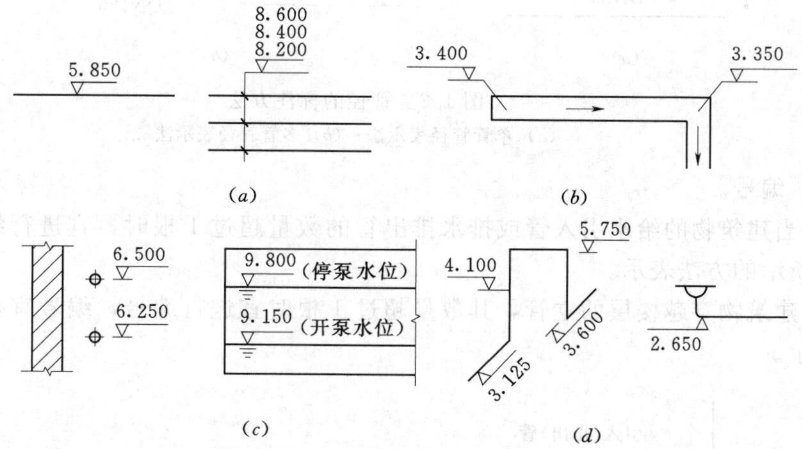

图 1.1　标高的标注方法

(*a*) 平面图中管道标高标注法；(*b*) 平面图中沟渠标高标注法；(*c*) 剖面图中管道及水位标高标注法；(*d*) 轴测图中管道标高标注法

室内工程应标注相对标高；室外工程应标注绝对标高。当无绝对标高资料时，可标注相对标高，但应与总图专业一致。

下列部位应标注标高：沟渠和重力流管道的起讫点、转角点、连接点、变尺寸（管径）点及交叉点；压力流管道中的标高控制点；管道穿外墙、剪力墙和构筑物的壁及底板等处；不同水位线处；构筑物和土建部分的相关标高。

压力管道应标注管中心标高，沟渠和重力流管道宜标注沟（管）内底标高。

标高的标注方法应符合图 1.1 的规定：

1）平面图中，管道标高应按图 1.1（*a*）所示的方式标注。

2）平面图中，沟渠标高应按图 1.1（*b*）所示的方式标注。

3）剖面图中，管道及水位的标高应按图 1.1（*c*）所示的方式标注。

4）轴测图中，管道标高应按图 1.1（*d*）所示的方式标注。

（2）管径。施工图上的管道必须按规定标注管径，管径尺寸以 mm 为单位，在标注时通常只写代号与数字而不再注明单位；低压流体输送用焊接钢管、镀锌焊接钢管、铸铁管等，管径以公称直径（*DN*）表示，如 *DN*15、*DN*20 等；无缝钢管、直缝或螺旋缝电焊钢管、有色金属管、不锈钢钢管等，管径以外径×壁厚表示，如 *D*108×4、*D*426×7 等；耐酸瓷管、混凝土管、钢筋混凝土管、陶土管（缸瓦管）等，管径以内径表示，如 *d*230、*d*380 等；塑料管管径可用外径表示，如 *De*20、*De*110 等，也可以按有关产品标准表示，如 LS/A－1014 表示标准工作压力 1.0MPa、内径为 10mm、外径为 14mm 的铝塑复合管。

管径的标注方法应符合图 1.2 规定：

1）单根管道时，管径应按图 1.2（*a*）所示的方式标注。

2）多根管道时，管径应按图 1.2（*b*）所示的方式标注。

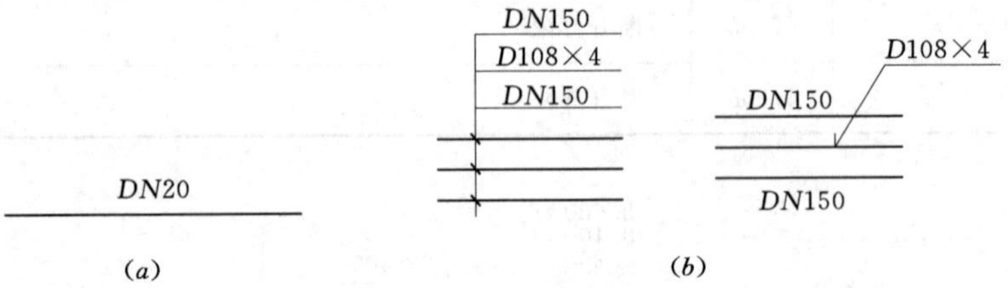

图 1.2 管径的标注方法

（*a*）单管管径表示法；（*b*）多管管径表示法

（3）编号。

1）当建筑物的给水引入管或排水排出管的数量超过 1 根时，宜进行编号，编号宜按图 1.3 所示的方法表示。

2）建筑物穿越楼层的立管，其数量超过 1 根时宜进行编号，编号宜按图 1.4 所示的方法表示。

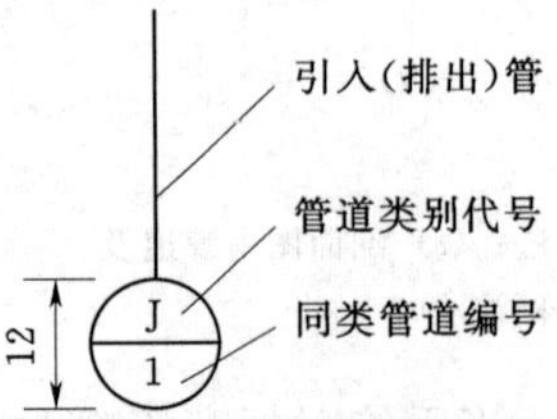

图 1.3 给水引入（排水排出）管编号表示方法

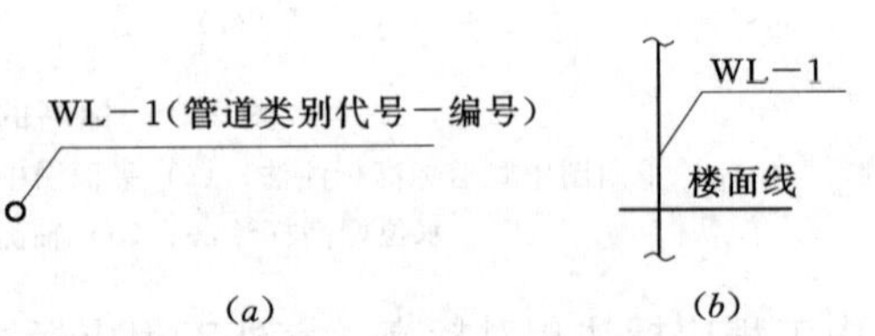

图 1.4 立管编号表示方法

（*a*）平面图；（*b*）剖面图、系统原理图、轴测图等

3）在总平面图中，当给排水附属构筑物的数量超过 1 个时，宜进行编号。编号方法为：构筑物代号—编号。给水构筑物的编号顺序宜为：从水源到干管，再从干管到支管，最后到用户。排水构筑物的编号顺序宜为：从上游到下游，先干管后支管。

4）当给排水机电设备的数量超过 1 台时，宜进行编号，并应有设备编号与设备名称对照表。

3. 常用给排水图例

施工图上的管件和设备一般是采用示意性的图例符号来表示的，这些图例符号既有相互通用的，各种专业施工图还有一些各自不同的图例符号，为了看图方便，一般在每套施工图中都附有该套图纸所用到的图例。

建筑给排水图纸上的管道、卫生器具、设备等均按照 GB/T50106—2001《给水排水制图标准》使用统一的图例来表示。在 GB/T50106—2001 中列出了管道、管道附件、管道连接、管件、阀门、给水配件、消防设施、卫生设备及水池、小型给水排水构筑物、给水排水设备、仪表等共 11 类图例。这里仅给出一些常用图例供参考，见表 1.2。

表 1.2　　常 用 图 例

图　例	名　称	图　例	名　称
——J——	生活给水管道		闸阀
	生活给水立管		止回阀
——W——	污水管道		球阀
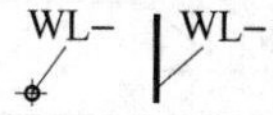	污水立管		水龙头
——X——	消火栓给水管道		防水套管
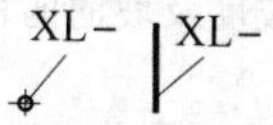	消火栓给水立管	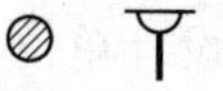	地漏
——P——	喷淋给水管道		室内消火栓
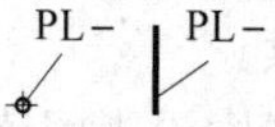	喷淋给水立管		室外消火栓
	带伸缩节检查口		消防水泵结合器
	伸缩节	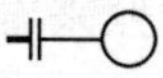	浮球阀
	地上式清扫口		角阀
	延时自闭冲洗阀	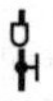	自动排气阀
	通气帽		管堵
	小便器冲洗阀		末端试水阀
	湿式报警阀	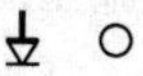	自动喷洒头（闭式）

4. 标题栏

以表格的形式画在图纸的右下角，内容包括图名、图号、项目名称、设计者姓名、图纸采用的比例等。

5. 比例

管道图纸上的长短与实际大小相比的关系叫做比例，是制图者根据所表示部分的复杂程度和画图的需要选择的比例关系。

6. 方位标

是用以确定管道安装方位基准的图标；画在管道底层平面图上，一般用指北针、风玫瑰图等表示建（构）筑物或管线的方位。方位标的常见形式如图 1.5 所示。

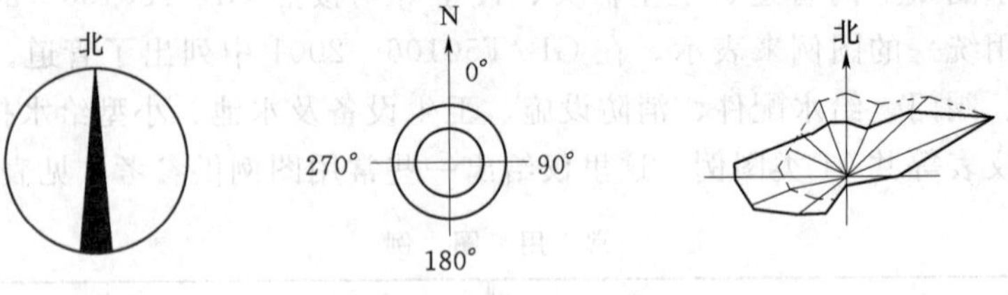

(*a*)　　(*b*)　　(*c*)

图 1.5　方位标的常见形式

(*a*) 指北针；(*b*) 坐标方位图；(*c*) 风玫瑰图

7. 坡度及坡向

表示管道倾斜的程度和高低方向，坡度用符号“*i*”表示，在其后加上等号并注写坡度值（m）；坡向用单面箭头表示，箭头指向低的一端，如图 1.6。

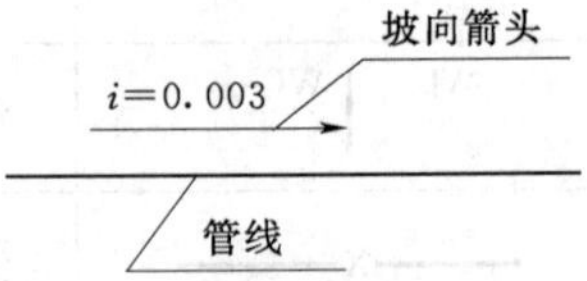

图 1.6　坡度及坡向的标注

1.1.2　建筑给排水施工图的识读方法

阅读给排水施工图一般应遵循从整体到局部，从大到小，从粗到细的原则。对于一套图纸，看图的顺序是先看图纸目录，了解建设工程的性质、设计单位、管道种类、搞清楚这套图纸有多少张，有几类图纸，以及图纸编号；其次是看施工图说明、材料表等一系列文字说明；然后把平面图、系统图、详图等交叉阅读。对于一张图纸而言，首先是看标题栏，了解图纸名称、比例、图号、图别等，最后对照图例和文字说明进行细读。

阅读主要图纸之前，应当先看说明和设备材料表，然后以系统图为线索深入阅读平面图、系统图及详图。

阅读时，应三种图相互对照来看。先看系统图，对各系统做到大致了解；看给水系统图时，可由建筑的给水引入管开始，沿水流方向经干管、立管、支管到用水设备；看排水系统图时，可由排水设备开始，沿排水方向经支管、横管、立管、干管到排出管。

1. 平面图的识读

室内给排水管道平面图是施工图纸中最基本和最重要的图纸，常用的比例是 1∶100 和 1∶50 两种，它主要表明建筑物内给排水管道及卫生器具和用水设备的平面布置。图上的线条都是示意性的，同时管材配件如活接头、补心、管箍等也不画出来，因此在识读图纸时还必须熟悉给排水管道的施工工艺。

在识读管道平面图时，应该掌握的主要内容和注意事项如下：

（1）查明卫生器具、用水设备和升压设备的类型、数量、安装位置、定位尺寸。

（2）弄清给水引入管和污水排出管的平面位置、走向、定位尺寸、与室外给排水管网的连接形式、管径及坡度等。

（3）查明给排水干管、立管、支管的平面位置与走向、管径尺寸及立管编号。从平面图上可清楚地查明是明装还是暗装，以确定施工方法。

（4）消防给水管道要查明消火栓的布置、口径大小及消防箱的形式与位置。

（5）在给水管道上设置水表时，必须查明水表的型号、安装位置以及水表前后阀门的设置情况。

（6）对于室内排水管道，还要查明清通设备的布置情况，清扫口和检查口的型号和位置。

2. 系统图的识读

给排水管道系统图主要表明管道系统的立体走向。

在给水系统图上，卫生器具不画出来，只需画出水龙头、淋浴器莲蓬头、冲洗水箱等符号；用水设备如锅炉、热交换器、水箱等则画出示意性的立体图，并在旁边注以文字说明。

在排水系统图上也只画出相应的卫生器具的存水弯或器具排水管。

在识读系统图时，应掌握的主要内容和注意事项如下：

（1）查明给水管道系统的具体走向，干管的布置方式，管径尺寸及其变化情况，阀门的设置，引入管、干管及各支管的标高。

（2）查明排水管道的具体走向，管路分支情况，管径尺寸与横管坡度，管道各部分标高，存水弯的形式，清通设备的设置情况，弯头及三通的选用等。识读排水管道系统图时，一般按卫生器具或排水设备的存水弯、器具排水管、横支管、立管、排出管的顺序进行。

（3）系统图上对各楼层标高都有注明，识读时可据此分清管路是属于哪一层的。

3. 详图的识读

室内给排水工程的详图包括节点图、大样图、标准图，主要是管道节点、水表、消火栓、水加热器、开水炉、卫生器具、套管、排水设备、管道支架等的安装图及卫生间大样图等。

这些图都是根据实物用正投影法画出来的，图上都有详细尺寸，可供安装时直接使用。

1.1.3　住宅给排水施工图识读实例

这里以图 1.7～图 1.10 所示的给排水施工图中西单元西住户为例介绍其识读过程。

1. 施工说明

本工程施工说明如下：

（1）图中尺寸标高以 m 计，其余均以 mm 计。本住宅楼日用水量为 13.4t。

（2）给水管采用 PPR 管材与管件连接；排水管采用 UPVC 塑料管，承插粘接。出屋顶的排水管采用铸铁管，并刷防锈漆、银粉各两道。给水管 *De*16 及 *De*20 管壁厚为 2.0mm，*De*25 管壁厚为 2.5mm。

（3）给排水支吊架安装见 GJBT—630《室内管道支架及吊架》图集 03S402，地漏采用高水封地漏。

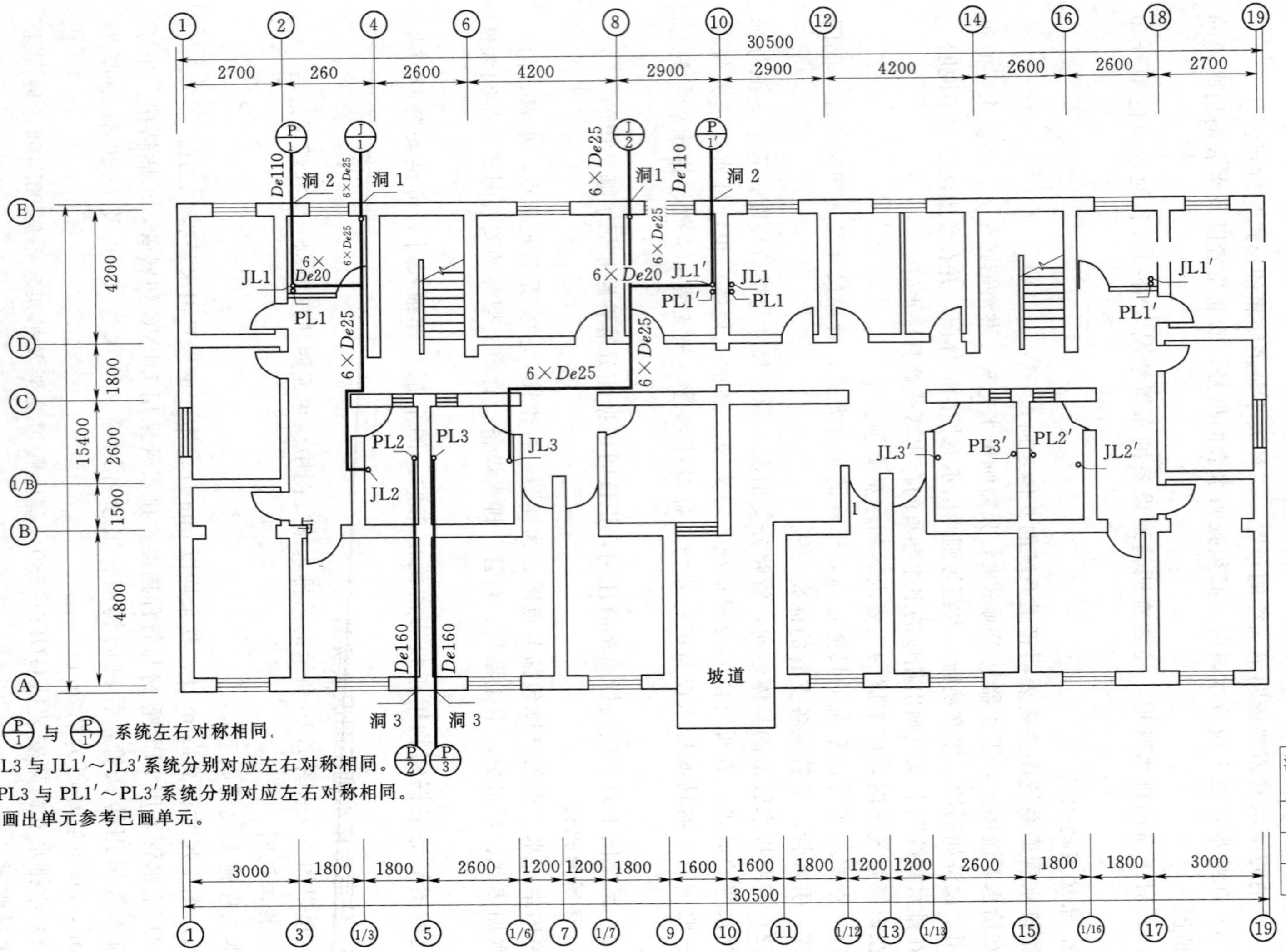

$\frac{P}{1}$ 与 $\frac{P}{1'}$ 系统左右对称相同。

JL1～JL3 与 JL1′～JL3′系统分别对应左右对称相同。

PL1～PL3 与 PL1′～PL3′系统分别对应左右对称相同。

图中未画出单元参考已画单元。

给排水干管穿基础预留洞

洞口	洞口尺寸 宽(mm)×高(mm)	洞底标高 (m)
洞 1	240×240	−1.88
洞 2	240×370	−1.90
洞 3	370×370	−1.93

图 1.7 底层给排水平面图

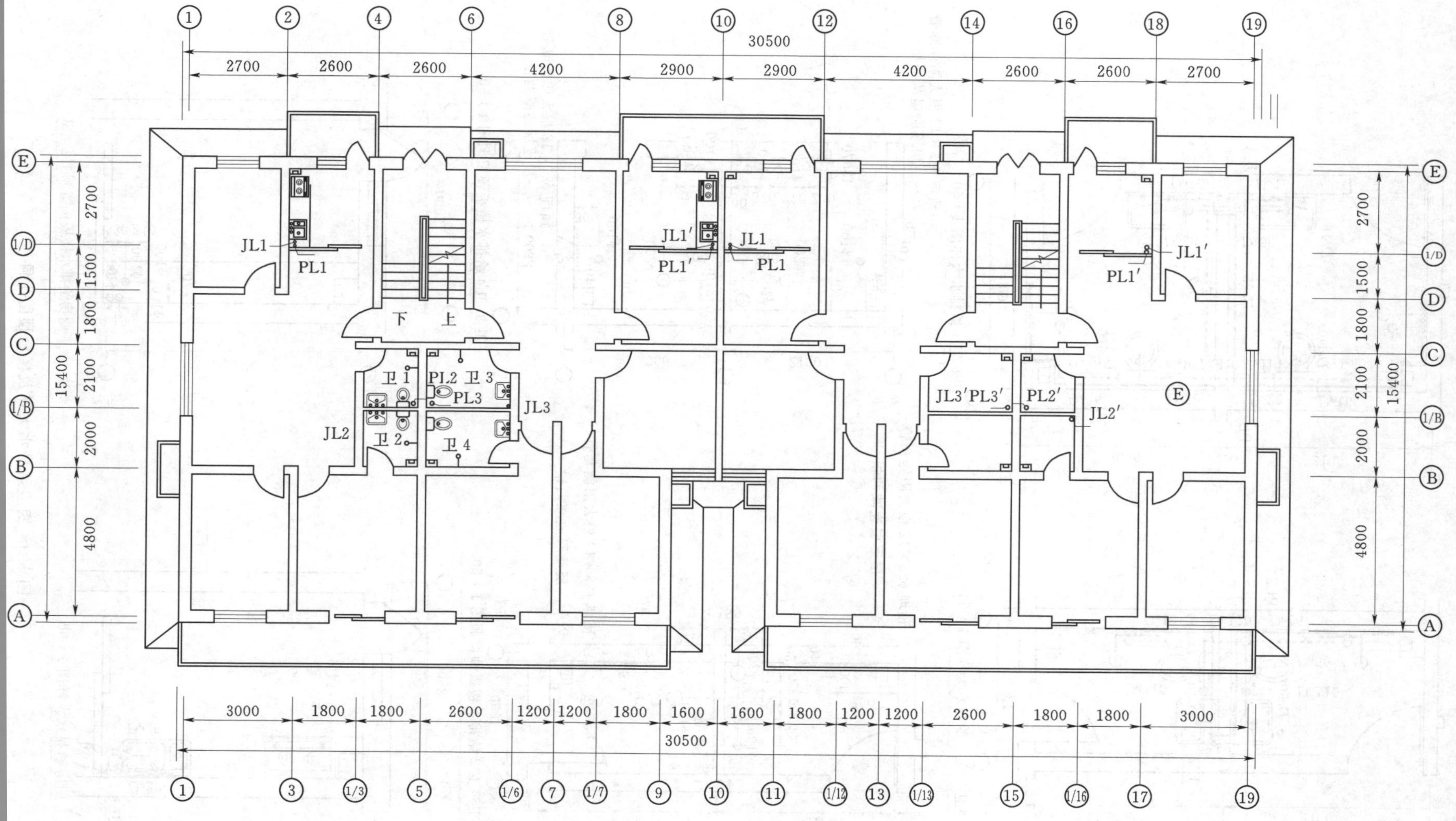

图 1.8　一～六层给排水立管平面图

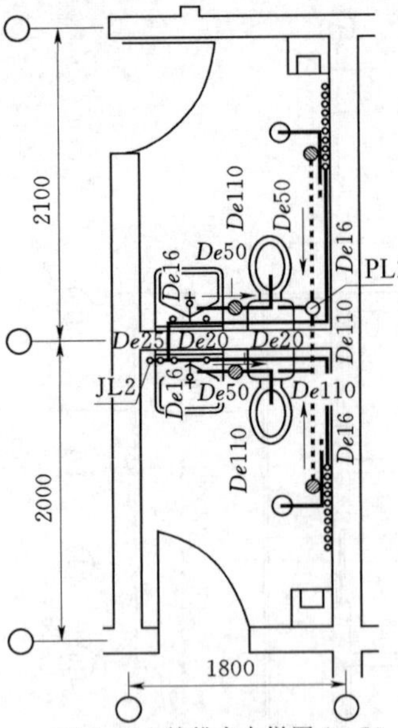

卫 1、卫 2 给排水大样图 1∶50

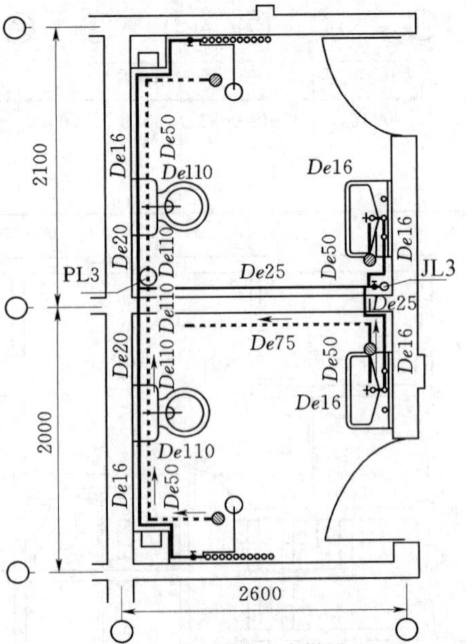

卫 3、卫 4 给排水大样图 1∶50

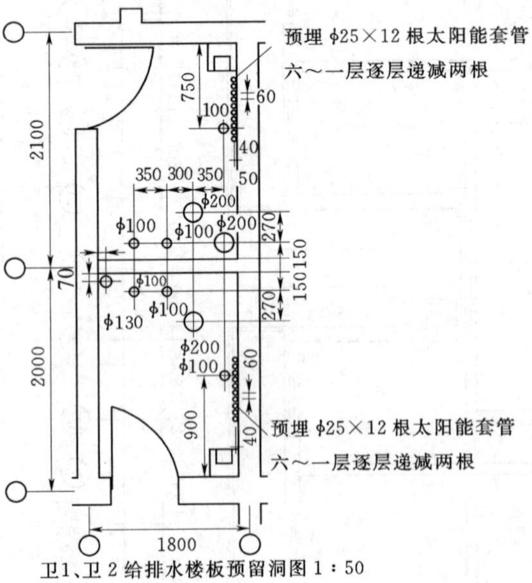

卫1、卫 2 给排水楼板预留洞图 1∶50

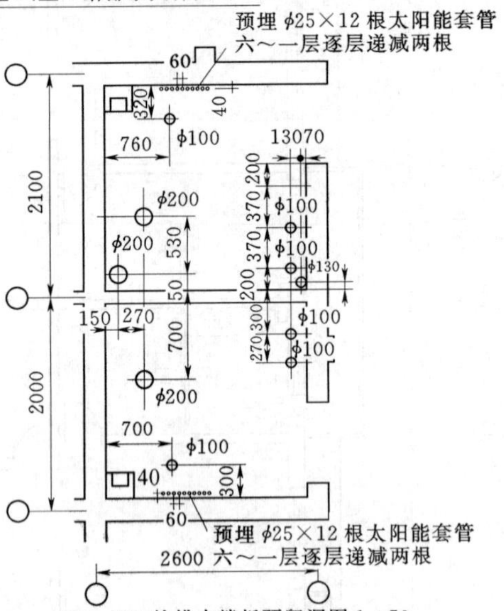

卫 3、卫 4 给排水楼板预留洞图 1∶50

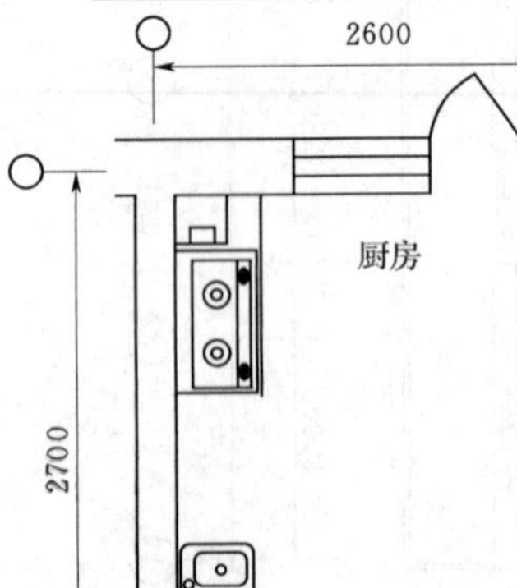

厨房给排水大样图 1∶50

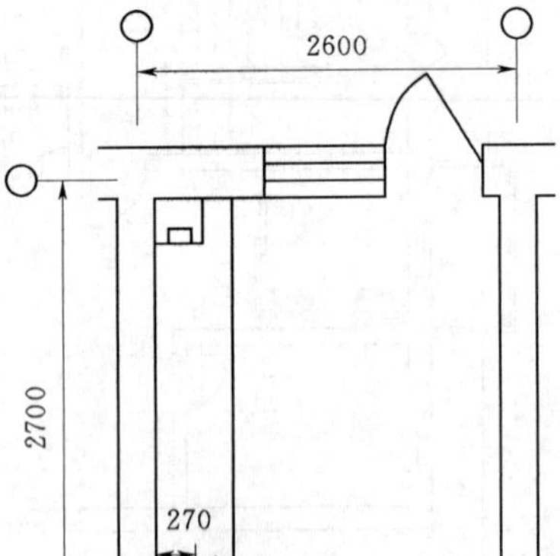

厨房给排水楼板预留洞图 1∶50

图 1.9　厨卫给排水大样及楼板预留孔洞

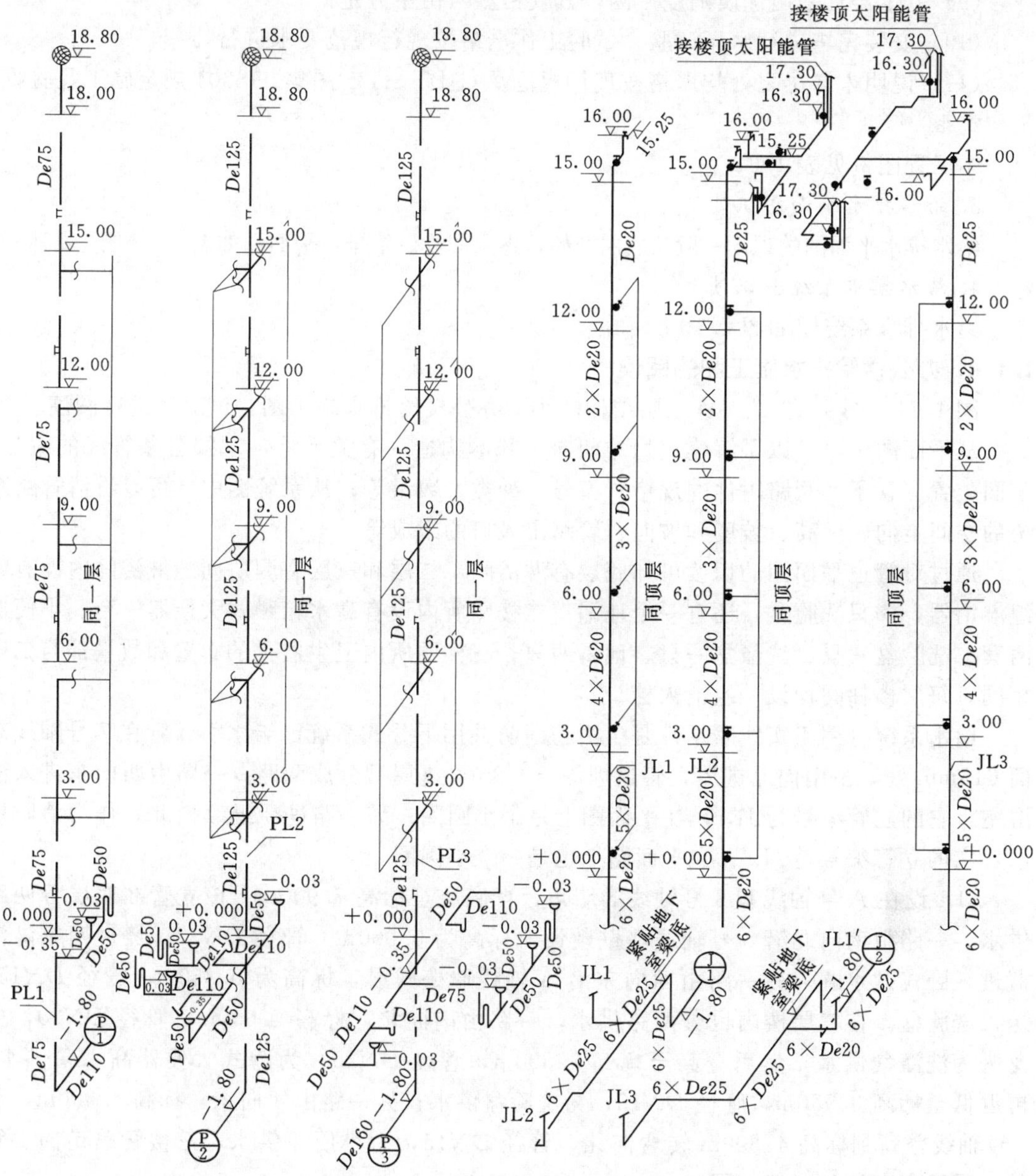

图 1.10　给排水系统图

(4) 坐便器安装见图集 GJBT—525《卫生设备安装》99S304—64，洗脸盆安装见 GJBT—525 图集 99S304—31，住宅洗涤盆安装见 GJBT—525 图集 99S304—24，拖布池安装见 GJBT—525 图集 99S304—16，浴盆安装见 GJBT—525 图集 99S304—105。

(5) 给水采用一户一表出户安装，所有给水阀门均采用铜质阀门。

(6) 排水立管在每层标高 250mm 处设伸缩节，伸缩节作法见 GJBT—525 图集 98S1—156～158。

(7) 排水横管坡度采用 0.026。

(8) 凡是外露与非采暖房间给排水管道均采用 40mm 厚聚氨酯保温。

(9) 卫生器具采用优质陶瓷产品，其规格型号由甲方定。

(10) 安装完毕进行水压试验，试验工作严格按现行规范要求进行。

(11) 说明未详尽之处均严格按现行规范及GJBT—525图集99S304规定施工及验收。

2. 图例

本工程图例见表1.2。

3. 给水排水平面图识读

给水排水平面图的识读一般从底层开始，逐层阅读。给排水平面图如图1.7～图1.9所示。

4. 给水排水系统图识读

给水排水系统图如图1.10所示。

1.1.4 办公楼给排水施工图的阅读

图1.11～图1.13是一栋三层结构的小型办公楼给排水施工图，试对其进行阅读。

从平面图中，可以了解建筑物的朝向、基本构造、有关尺寸，掌握各条管线的编号、平面位置、管子和管路附件的规格、型号、种类、数量等；从系统图中，可以看清管路系统的空间走向、标高、坡度和坡向、管路出入口的组成等。

通过对管道平面图的识读可知底层有淋浴间，二层和三层有厕所间。淋浴间内设有四组淋浴器，一只洗脸盆，还有一个地漏；二楼厕所内设有高水箱蹲式大便器三套、小便器两套、洗脸盆一只、洗涤盆一只、地漏两只；三楼厕所内卫生器具的布置和数量都与二楼相同。每层楼梯间均设一组消火栓。

给水系统（用粗实线表示）是生活与消防共用下分式系统。给水引入管在7号轴线东面615mm处，由南向北进屋，管道埋深−0.8m，进屋后分成两路，一路由西向东进入淋浴室，它的立管编号为JL1，在平面图上是个小圆圈；另一路进屋继续向北，作为消防用水，它的立管编号是JL2，在平面图上也是一个小圆圈。

JL1设在A号轴线和8号轴线的墙角，自底层至标高7.900m。该立管在底层分两路供水，一路由南向北沿8号轴线墙壁敷设，标高为0.900m，管径*DN*32，经过四组淋浴器进入卧式贮水罐；另一路由西向东沿*A*轴线墙壁敷设，标高为0.350m，管径*DN*15，送入洗脸盆。在二层楼内也分两路供水，一路由南向北，标高4.600m，管径*DN*20，接龙头为洗涤盆供水，然后登高至标高5.800m，管径*DN*20，为蹲式大便器高水箱供水，再返低至标高3.950m，管径*DN*15，为洗脸盆供水；另一路由西向东，标高4.300m，至9号轴线登高到标高4.800m转弯向北，管径*DN*15，为小便斗供水。三楼管路走向、管径、设置高度均与二楼相同。

JL2设在B号轴线和7号轴线的楼梯间内，在标高1.000m处设闸门，消火栓编号为H1、H2、H3，分别设于一层、二层、三层距地面1.20m处。

在卧式贮水罐（安装见《贮水罐选用及安装》图集01S123）上，有五路管线同它连接：罐端部的上口是*DN*32蒸汽管进罐，下口是*DN*25凝结水管出罐（附一组内疏水器和三只阀门组成的疏水装置），贮水罐底部是*DN*32冷水管进罐，顶部是*DN*32热水管出罐，底部还有一路*DN*32排污管至室内明沟。

热水管（用点划线表示）从罐顶部接出，加装阀门后朝下转弯至1.100m标高后由北向南，为四组淋浴器供应热水，并继续向前至*A*轴线墙面朝下至标高0.525m，然后自西向东为洗脸盆提供热水。热水管管径从罐顶出来至前两组淋浴器为*DN*32，后两组淋浴器

热水干管管径 $DN25$，通洗脸盆一段管径为 $DN15$。

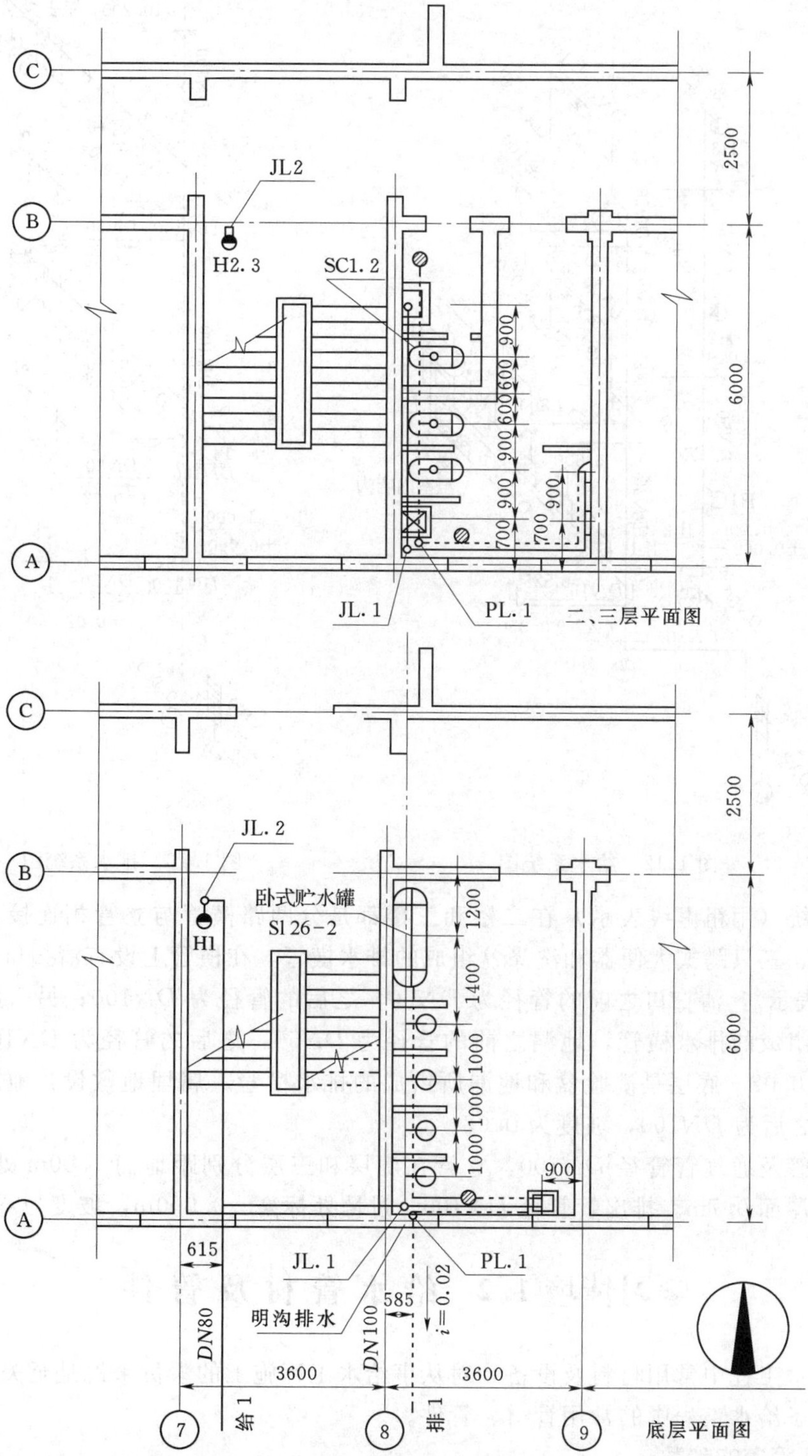

图 1.11　底层平面图

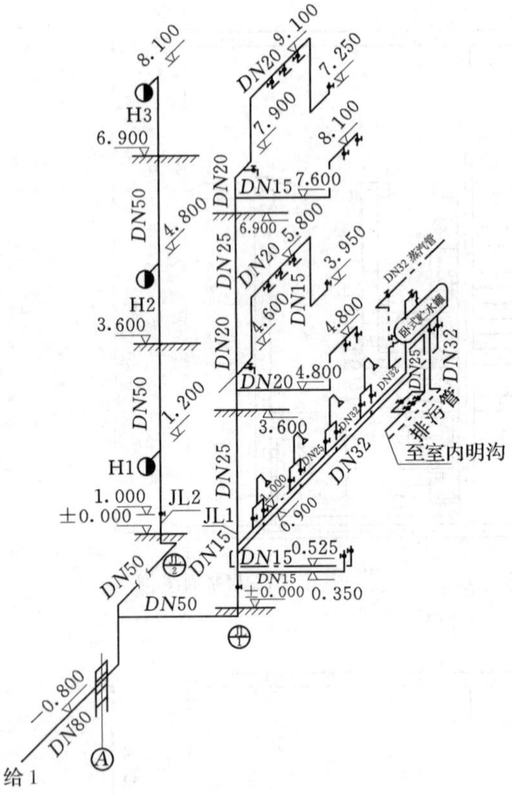

图 1.12 给水系统图

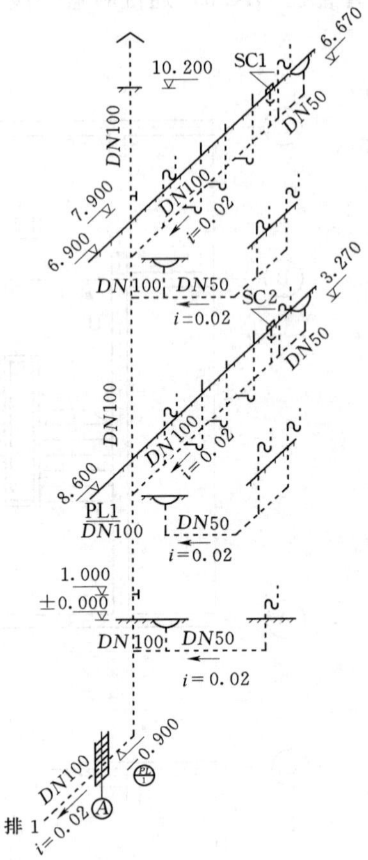

图 1.13 排水系统图

排水系统（用粗虚线表示）在二楼和三楼都是分两路横管与立管相连接：一路是地漏、洗脸盆、三只蹲式大便器和洗涤盆组成的排水横管，在横管上设有清扫口（图面上用SC1、SC2 表示），清扫口之前的管径为 *DN*50，之后的管径为 *DN*100；另一路是两只小便斗和地漏组成的排水横管，地漏之前的管径为 *DN*50，之后的管径为 *DN*100。两路管线坡度均为 0.02。底层是洗脸盆和地漏所组成的排水横管，属埋地敷设，地漏之前管径为 *DN*50，之后为 *DN*100，坡度为 0.02。

排水立管及通气管管径 *DN*100，立管在底层和三层分别距地面 1.00m 处设检查口，通气管伸出屋面 0.7m。排出管管径 *DN*100，过墙处标高－0.900m，坡度为 0.02。

学习情境 1.2 给水管材及管件

了解给水工程中常用材料及设备，对从事给水工程施工的人员来说是至关重要的。本节重点介绍了给水工程中的常用管材、管件。

1.2.1 表征管道的参数

1. 管子与管路附件的公称直径

公称直径也称公称口径、公称通径，是为了使管子、管件、阀门等相互连接而规定的标准直径。公称直径以字母 *DN* 表示，其后附加公称直径数值。公称直径的数值近似于管子内径的整数或与内径相等。例如 *DN*40，则表示公称直径为 40mm 的管子、管件或阀门等。

GB1047—70《管子与管路附件的公称直径》的技术标准，见表 1.3，其中 *DN*15、*DN*20、*DN*25、*DN*32、*DN*40、*DN*50、*DN*65、*DN*80、*DN*100、*DN*125、*DN*150、*DN*175、*DN*200、*DN*300、*DN*400、*DN*500、*DN*600 等 18 种规格是最常用的公称直径。

表 1.3　　管子与管路附件的公称直径　　单位：mm

8	40	150	350	800	1400	2400	3600
10	50	175	400	900	1500	2600	3800
15	65	200	450	1000	1600	2800	4000
20	80	225	500	1100	1800	3000	
25	100	250	600	1200	2000	3200	
32	125	300	700	1300	2200	3400	

当采用螺纹连接时，公称直径习惯上用英制管螺纹尺寸（英寸）表示，公制与英制尺寸对照表，见表 1.4。

表 1.4　　管道公制与英制尺寸对照表

mm	in	mm	in	mm	in	mm	in	mm	in
8	$\frac{1}{4}$	20	$\frac{3}{4}$	40	$1\frac{1}{2}$	80	3	150	6
10	$\frac{3}{8}$	25	1	50	2	100	4	200	8
15	$\frac{1}{2}$	32	$1\frac{1}{4}$	65	$2\frac{1}{2}$	125	5	250	10

2. 公称压力、试验压力、工作压力

不同的材料在不同温度时所能承受的压力不同。在工程上把某种材料在介质温度为标准温度（某一温度范围）时所承受的最大工作压力称为公称压力，用符号 *PN* 表示，其后附加公称压力数值。如公称压力为 1.6MPa，可记为 *PN*1.6。

管子与管路附件在出厂前必须进行压力试验，以检查其强度。对制品进行强度试验的压力称为试验压力，以符号 P_s 表示，其后附加试验压力数值。如试验试压力 3.0MPa 用 P_s3.0 表示。管子与管路附件的公称压力和试验压力数值见表 1.5。

表 1.5　　管子与管路附件的公称压力和试验压力　　单位：MPa

公称压力	试验压力	公称压力	试验压力	公称压力	试验压力
0.05	—	4.0	6.0	50.0	70.0
0.1	0.2	6.4	9.6	64.0	90.0
0.25	0.4	10.0	15.0	80.0	110.0
0.4	0.6	16.0	24.0	100.0	130.0
0.6	0.9	20.0	30.0	125.0	160.0
1.0	1.5	25.0	38.0	160.0	200.0
1.6	2.4	32.0	48.0	200.0	250.0
2.5	3.8	40.0	56.0	250.0	320.0

工作压力用符号 P 表示，其右下角附加介质最高温度数字，该数字是以10除介质最高温度数值所取的整数。如介质最高温度为200℃、工作压力为1.0MPa，用 $P_{20}1.0$ 表示。

当制品内的介质工作温度大于标准温度时，在此温度下，制品所能承受的最大工作压力将小于其公称压力。钢制品、铸铁制品的公称压力和某温度时的最大工作压力见表1.6、表1.7。

表1.6　　碳素钢及普通低合金钢制品的公称压力和最大工作压力

材　料	介质工作温度（℃）						
A3、10、25、35、ZG25	至200	250	300	350	400	425	450
16Mn、ZG20Mn	至250	300	350	400	425	450	
15MnV	至300	350	400	425	450		
公称压力（MPa）	最大工作压力（MPa）						
0.1	0.1	0.09	0.08	0.07	0.06	0.06	0.05
0.25	0.25	0.23	0.2	0.18	0.16	0.14	0.11
0.6	0.6	0.55	0.5	0.44	0.38	0.35	0.27
1.0	1.0	0.92	0.82	0.73	0.64	0.58	0.45
1.6	1.6	1.5	1.3	1.2	1.0	0.9	0.7
2.5	2.5	2.3	2.0	1.8	1.6	1.4	1.1
4.0	4.0	3.7	3.3	2.9	2.6	2.3	1.8
6.4	6.4	5.9	5.2	4.7	4.1	3.7	2.9
10.0	10.0	9.2	8.2	7.3	6.4	5.8	4.5
16.0	16.0	14.7	13.1	11.7	10.2	9.3	7.2
20.0	20.0	18.4	16.4	14.6	12.8	11.6	9.0
25.0	25.0	23.0	19.5	18.2	16.0	14.5	11.2
32.0	32.0	29.4	26.2	23.4	20.5	18.5	14.4

表1.7　　铁制品的公称压力和最大工作压力

材料名称	介质工作温度（℃）					
灰铸铁及可锻铸铁	至120	200	250	300		
球墨铸铁	至120	200	250	300	350	375
公称压力（MPa）	最大工作压力（MPa）					
0.1	0.1	0.1	0.1	0.1	0.08	0.07
0.25	0.25	0.25	0.2	0.2	0.19	0.16
0.6	0.6	0.55	0.5	0.5	0.45	0.42
1.0	1.0	0.9	0.8	0.8	0.75	0.7
1.6	1.6	1.5	1.4	1.3	1.2	1.0
*2.5	2.5	2.3	2.1	2.0	1.8	1.6
*4.0	4.0	3.6	3.4	3.2	3.0	2.8

注　带*的，一般不用于灰铸铁制品。

1.2.2 给水钢管及其配件

1. 低压流体输送用焊接钢管

室内给水系统中常用的钢管是低压流体输送用焊接钢管。低压流体输送用焊接钢管，是用带钢卷焊而成的。按表面质量分为镀锌和非镀锌钢管两种，镀锌钢管习惯上称为白铁管，非镀锌钢管习惯上称为黑铁管；按管壁厚度分为薄壁、普通和加厚钢管三种。钢管镀锌的目的是防锈、防腐、不使水质变坏，延长使用年限。生活用给水管采用镀锌钢管（$DN<150$mm），自动喷水灭火系统的消防给水管采用镀锌钢管或镀锌无缝钢管，并且要求采用热浸镀锌工艺生产的产品。水质没有特殊要求的生产用水或独立的消防系统，才允许采用非镀锌钢管。表1.8为低压流体输送用焊接钢管和镀锌焊接钢管规格。表1.8中所列理论重量为非镀锌焊接钢管的理论重量，镀锌焊接钢管比非镀锌焊接钢管重3%～6%。室内给水管道通常用普通和加厚钢管，普通焊接钢管可承受工作压力为1.0MPa，加厚焊接钢管可承受工作压力为1.6MPa。

表1.8　低压流体输送用焊接/镀锌焊接钢管规格　(GB3091—87)/(GB3092—87)

公称直径 (mm)	外径 (mm) 外径	外径 (mm) 允许偏差	普通钢管 壁厚 公称尺寸 (mm)	普通钢管 壁厚 允许偏差	普通钢管 理论重量 (kg/m)	加厚钢管 壁厚 公称尺寸 (mm)	加厚钢管 壁厚 允许偏差	加厚钢管 理论重量 (kg/m)
8	13.5		2.25		0.62	2.75		0.73
10	17.0		2.25		0.82	2.75		0.97
15	21.3		2.75		1.26	3.25		1.45
20	26.8	±0.50	2.75		1.63	3.50		2.01
25	33.5		3.25		2.42	4.00		2.91
32	42.3		3.25	+12%	3.13	4.00	+12%	3.78
40	48.0		3.50		3.84	4.25		4.58
50	60.0		3.50	−15%	4.88	4.50	−15%	6.16
65	75.5		3.75		6.64	4.50		7.88
80	88.5		4.00		8.34	4.75		9.81
100	114.0	+1%	4.00		10.35	5.00		13.44
125	140.0		4.50		15.04	5.50		18.24
150	165.0		4.50		17.81	5.50		21.63

2. 低压流体输送用焊接钢管的连接配件

低压流体输送用焊接钢管的连接配件，通常是用可锻铸铁制造的，带有管螺纹。管配件有镀锌和非镀锌两种，分别用于连接镀锌焊接钢管和非镀锌焊接钢管。

各种常用的管配件有管箍、弯头、三通、四通、异径管箍、活接头、内外螺纹管接头、外接头等，如图1.14所示。

现将它们的作用分述如下：

(1) 管箍又称管接头、内螺丝、束结，用于直线连接两根公称直径相同的管子。

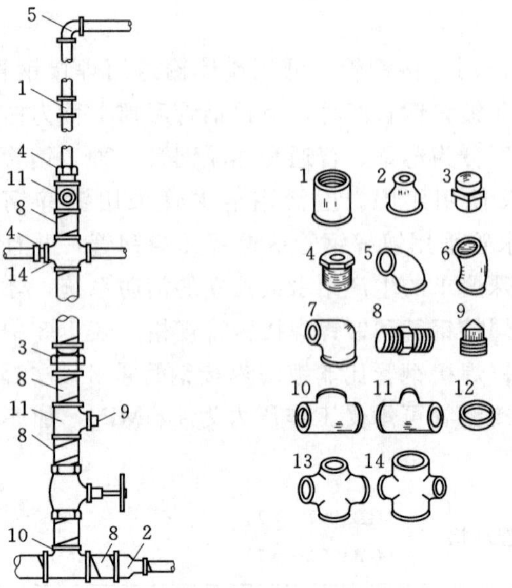

图 1.14 螺纹连接配件

1—管箍；2—异径管箍；3—活接头；4—补心；5—90°弯头；6—45°弯头；7—异径弯头；8—内管箍；9—管塞；10—等径三通；11—异径三通；12—根母；13—等径四通；14—异径四通

(2) 90°弯头又称正弯，用于连接两根公称直径相同的管子，使管路作90°转弯。

(3) 45°弯头又称直弯，用于连接两根公称直径相同的管子，使管路作45°转弯。

(4) 异径弯头又称大小弯，用于连接两根公称直径不同的管子并使管路作90°转弯。

(5) 等径三通用于由直管中接出垂直支管，连接的三根管子公称直径相同。

(6) 异径三通包括中小及中大三通，作用与等径三通相似。当支管的公称直径小于直管的管子公称直径时用中小三通；如支管的公称直径大于直管的公称直径用中大三通。

(7) 等径四通是用来连接4根公称直径相同，并成垂直相交的管子。

(8) 异径四通与等径四通相似，但管子的公称直径有两种，其中相对的两根管子公称直径是相同的。

(9) 异径管箍又称异径管接头、大小头，用来连接两根公称直径不同的直线管子，使管路直径缩小或放大。

(10) 活接头又称由任，作用与管箍相同，但比管箍装拆方便，用于需要经常装拆或两端已经固定的管路上。

(11) 内外螺纹管接头又称补心，用于直线管路变径处。与异径管箍的不同点在于它的一端是外螺纹，另一端是内螺纹，外螺纹一端通过带有内螺纹的管配件与大管径管子连接，内螺纹一端则直接与小管径管子连接。

(12) 外接头又称双头外螺丝、短接，用于连接距离很短的两个公称直径相同的内螺纹管件或阀件。

(13) 外方堵头又称管塞或丝堵，用于堵塞管配件的端头或堵塞管道预留管口。

(14) 管帽用于堵塞管子端头，管帽带有内螺纹。

3. 一般无缝钢管

一般无缝钢管简称无缝钢管，无缝钢管按制造方法分为热轧和冷轧，其精度分为普通和高级两种，由普通碳素钢、优质碳素钢、普通低合金钢和合金结构钢制造。无缝钢管按外径和壁厚供货，在同一外径下有多种壁厚。钢管的长度有，热轧管为3～12.5m，冷轧管为1.5～9m。与低压流体输送用焊接钢管相比，无缝钢管具有强度高，可承受较大的内压力。普通焊接钢管一般用于工作压力不超过1.0MPa的管路中；加厚焊接钢管一般用于工作压力介于1.0～1.6MPa的范围内；在工作压力超过1.6MPa的高层和超高层建筑给水工程中应采用无缝钢管。

无缝钢管常用规格见表1.9。

表 1.9　　　　无缝钢管常用规格

公称直径 (mm)	外径 (mm)	壁厚 (mm)	重量 (kg/m)	壁厚 (mm)	重量 (kg/m)	壁厚 (mm)	重量 (kg/m)	壁厚 (mm)	重量 (kg/m)	壁厚 (mm)	重量 (kg/m)
10	14 17	2	0.592 0.74	2.5	0.709 0.894	3	0.814 1.04				
15	18 22	2.5	0.956 1.20	3	1.11 1.41	3.5	1.25 1.60	4	1.38 1.78		
20	25 27	2.5	1.39 1.51	3	1.63 1.78	3.5	1.86 2.03	4	2.07 2.27		
25	32 34	2.5	1.82 1.94	3	2.15 2.29	3.5	2.46 2.63	4	2.76 2.96	5	3.33 3.58
32	38 42	3	2.69 2.89	3.5	2.98 3.32	4	3.35 3.75	4.5	3.76 4.16	5.5	4.41 4.95
40	45 48	3	3.11 3.33	3.5	3.58 3.84	4	4.04 4.34	5	4.93 5.30	6	5.77 6.21
50	57 60	3	4.00 4.22	3.5	4.62 4.88	4	5.23 5.52	5.5	6.99 7.39	7	8.63 9.15
65	76	3.5	6.26	4	7.10	4.5	7.93	7	11.91	8	13.84
80	89	3.5	7.38	4	8.38	5	10.36	7	14.16	10	19.48
100	108 114	4	10.26 10.35	4.5	11.41 12.15	6	15.09 15.98	9	21.97 23.30	12	28.41 30.18
125	133 140	4	12.73	4.5	14.26 15.04	5	15.78 16.65	7	21.75 22.96	10	30.33 32.06
150	159 168	4.5	17.15	5	18.97 20.10	7	26.24 27.79	8	29.79 31.57	10	36.74 38.96
200	219	6	31.54	8	41.63	10	51.54	12	61.62	15	75.46
250	273	7	45.92	9	53.59	12	77.24	15	95.43	18	113.19
300	325	8	62.54	11	85.18	14	107.37	17	129.12	21	157.43
350	377	9	89.69	12	108.10	15	133.9	20	176.07	24	208.92

4. 一般无缝钢管管件

(1) 平焊钢法兰。无缝钢管除采用焊接连接外，均采用法兰连接。图 1.15 所示平焊钢法兰，是给排水工程中最常用的一种法兰，适用于公称压力不超过 2.5MPa 的碳素钢管道连接。用于碳素钢管道连接的法兰一般用 A3 或 20 号钢制造，常用规格的尺寸见表 1.10、表 1.11。

(2) 无缝冲压管件。有冲压焊接弯头、冲压无缝弯头、无缝异径管等，也可以用管子加工成焊接弯头、焊接三通等。

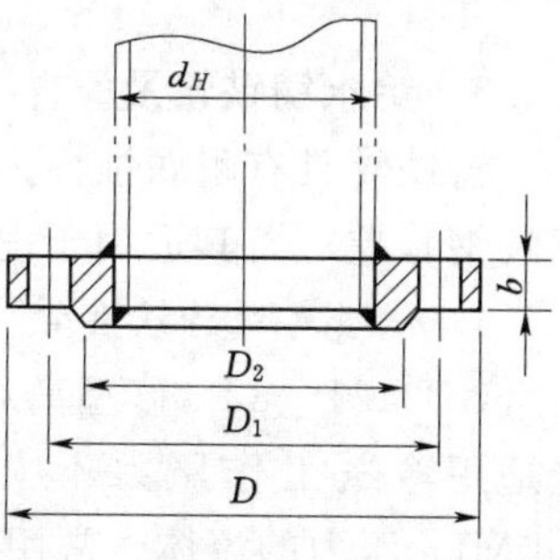

图 1.15　平焊钢法兰

表 1.10　光滑面平焊钢法兰（$PN=0.6$MPa）

公称直径 DN (mm)	管子 d_H (mm)	法兰					螺栓	
		D(mm)	D_1(mm)	D_2(mm)	b(mm)	重量(kg)	数量	直径×长度(mm)
15	18	80	55	40	12	0.335	4	10×40
20	25	90	65	50	14	0.536	4	10×40
25	32	100	75	60	14	0.641	4	10×40
32	38	120	90	70	16	1.097	4	12×50
40	45	130	100	80	16	1.219	4	12×50
50	57	140	110	90	16	1.348	4	12×50
65	76	160	130	110	16	1.67	4	12×50
80	89	185	150	128	18	2.48	4	16×55
100	108	205	170	148	18	2.89	4	16×55
125	133	235	200	178	20	3.94	8	16×60
150	159	260	225	202	20	4.47	8	16×60
175	194	290	255	232	22	5.54	8	16×65
200	219	315	280	258	22	6.07	8	16×65
225	245	340	305	282	22	6.6	8	16×65
250	273	370	335	312	24	8.03	12	16×70
300	325	435	395	365	24	10.3	12	20×70
350	377	485	445	415	26	12.59	12	20×75
400	426	585	495	465	28	15.2	16	20×80
450	478	590	550	520	28	17.59	16	20×80
500	529	640	600	570	30	20.67	16	20×85
600	630	755	705	670	30	26.57	20	22×85

表 1.11　砂型离心铸铁管各部尺寸　单位：mm

公称直径 DN	各部尺寸			
	a	b	c	e
75～450	15	10	20	6
500 以上	18	12	25	7

1.2.3　给水铸铁管及配件

铸铁管具有耐腐蚀性强、使用期长、价格低等优点，但是管壁厚、重量大、质脆、强度较钢管差，尤其适用于埋地敷设。

1. *砂型离心铸铁直管*

GB3421—82《砂型离心铸铁管》的材质为灰口铸铁，按其壁厚分为 P 和 G 两级，P 级适用输送工作压力不大于 0.75MPa 压力的流体，G 级适用输送工作压力不大于 1.0MPa 压力的流体。常用于埋地的给水及煤气等压力流体的输送。砂型离心铸铁管如图 1.16 所示，其各部位尺寸见表 1.11，规格见表 1.12，壁厚、重量见表 1.13。

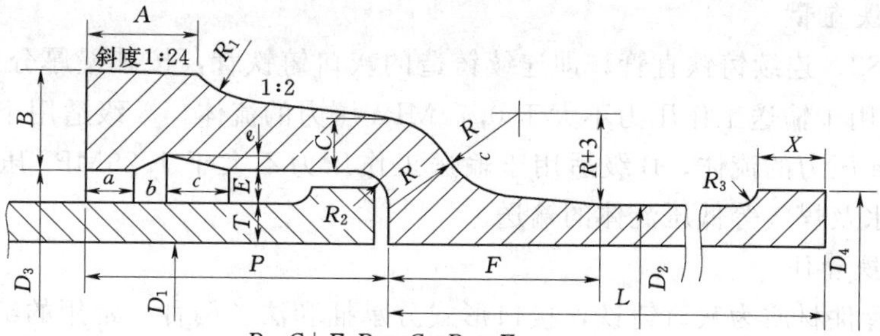

$R=C+E$；$R_1=C_1$；$R_2=E$

图 1.16 砂型离心铸铁直管

表 1.12 砂型离心铸铁管规格

公称直径 DN (mm)	各部尺寸 (mm)											
	承口							插口				有效长度 L
	D_3	A	B	C	P	E	F	R	D_4	R_3	X	
200	240.0	38	30	15	100	10	71	25	230.0	5	15	5000
250	293.6	38	32	15	105	11	73	26	281.6	5	20	5000
300	344.8	38	33	16	105	11	75	27	332.8	5	20	5000
350	396.0	40	34	17	110	11	77	28	384.0	5	20	5000
400	447.6	40	36	18	110	11	78	29	435.0	5	25	6000
450	498.8	40	37	19	115	11	80	30	486.8	5	25	6000
500	552.9	40	38	19	115	12	82	31	540.0	6	25	6000
600	654.8	42	41	20	120	12	84	32	642.8	6	25	6000
700	757.0	42	43	21	125	12	86	33	745.0	6	25	6000
800	860.0	45	46	23	130	12	89	35	848.0	6	25	6000
900	963.0	45	50	25	135	12	92	37	951.0	6	25	6000
1000	1067.0	50	54	27	140	13	98	40	1053.0	6	25	6000

表 1.13 砂型离心铸铁直管的直径、壁厚及重量

公称直径 DN (mm)	壁厚 t (mm)		内径 D_1 (mm)		外径 D_2 (mm)	重量 (kg)			
						有效长度 5000mm		有效长度 6000mm	
	P 级	G 级	P 级	G 级		P 级	G 级	P 级	G 级
200	8.8	10.0	202.4	200	220.0	227.0	254.0		
250	9.5	10.8	252.6	250	271.6	303.0	340.0		
300	10.0	11.4	302.8	300	322.8	381.0	428.0	452.0	509.0
350	10.8	12.0	352.4	350	374.0			566.0	623.0
400	11.5	12.8	402.6	400	425.6			687.0	757.0
450	12.0	13.4	452.4	450	476.8			806.0	892.0
500	12.8	14.0	502.4	500	528.0			950.0	1030.0
600	14.2	15.6	602.4	599.6	630.8			1260.0	1370.0
700	15.5	17.1	702.0	698.8	733.0			1600.0	1750.0
800	16.8	18.5	802.6	799.0	838.0			1980.0	2160.0
900	18.2	20.0	902.6	899.0	939.0			2410.0	2630.0
1000	20.5	22.6	1000.0	955.8	1041.0			3020.0	3300.0

注 1. 重量按密度 7.20kg/dm^3 计算。

2. 标记示例：公称直径 500mm，壁厚为 P 级，有效长度 6000mm 的砂型离心铸铁管，其标记为：离心管 P 级 500～600（GB3421—82）。

2. 连续铸铁直管

GB3422—82《连续铸铁直管》即连续铸造的灰口铸铁管，按其壁厚分为 L_A、A 和 B 三级，L_A 级适用于输送工作压力不大于 0.75MPa 压力的流体，A 级适用于输送工作压力不大于 1.0MPa 压力的流体，B 级适用于输送工作压力不大于 1.25MPa 压力的流体。常用于埋地的给水及煤气等低压流体的输送。

3. 给水铸铁管件

给水铸铁管件材质为灰口铸铁，接口形式分承插和法兰两种。常用的给水铸铁管件如图 1.17 所示。

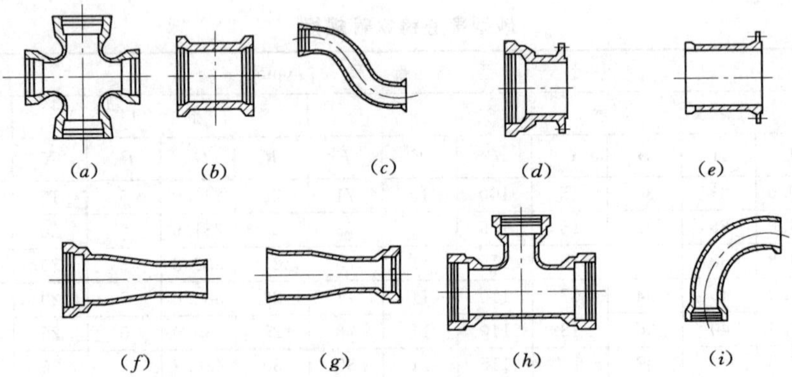

图 1.17　给水铸铁管件

(*a*) 四承十字管；(*b*) 套管；(*c*) 乙字管；(*d*) 承盘短管；(*e*) 盘插短管；(*f*) 承插渐缩管；(*g*) 插承渐缩管；(*h*) 三承丁字管；(*i*) 承插弯管

1.2.4　给水塑料管

由于钢管易锈蚀、腐化水质，随着人们生活水平越来越高，给水塑料管的应用日趋广泛。塑料管有优良的化学稳定性，耐腐蚀，不受酸、碱、盐、油类等物质的侵蚀；物理机械性能亦好，不燃烧、无不良气味、质轻而坚，比重仅为钢的 1/5。塑料管管壁光滑，容易切割，并可制成各种颜色，尤其是代替金属管材可节省金属。但强度低、耐久性差、耐温性差（使用温度为－5～45℃），因而使用受到一定限制。塑料管规格见表 1.14。

表 1.14　　**给水塑料管类型**

系　别	符　号	化学名称	系　别	符　号	化学名称
氯乙烯系	UPVC	硬聚氯乙烯	聚烯烃系	PB	聚丁烯
	HIPVC			PP	聚丙烯
	HTPVC				丁二烯
聚烯烃系	HDPE	高密度聚乙烯	ABS 系		ABS 丙烯氰
	LDPE	低密度聚乙烯			苯乙烯共聚树脂
	PEX	交联聚乙烯			

UPVC 管的全称是低塑性或不增塑聚氯乙烯管，是由聚氯乙烯树脂与稳定剂、润滑剂等配合后用热压法挤压成型。硬聚氯乙烯给水管规格见表 1.15。

表 1.15　硬聚氯乙烯管 UPVC 管规格

公称外径 d_c (mm)		壁厚 δ (mm)			
基本尺寸	允许偏差	公称压力 0.63MPa		公称压力 1.00MPa	
		基本尺寸	允许偏差	基本尺寸	允许偏差
20	+0.30	1.6	+0.40	1.9	+0.40
25	+0.30	1.6	+0.40	1.9	+0.40
32	+0.30	1.6	+0.40	1.9	+0.40
40	+0.30	1.6	+0.40	1.9	+0.40
50	+0.30	1.6	+0.40	2.4	+0.50
63	+0.30	2.0	+0.40	3.0	+0.50
75	+0.30	2.3	+0.50	3.6	+0.60
90	+0.30	2.8	+0.50	4.3	+0.70
110	+0.40	3.4	+0.60	5.3	+0.80
125	+0.40	3.9	+0.60	6.0	+0.80
140	+0.50	4.3	+0.70	6.7	+0.90
160	+0.50	4.9	+0.70	7.7	+1.00
180	+0.60	5.5	+0.80	8.6	+1.10
200	+0.60	6.2	+0.90	9.6	+1.20
223	+0.70	6.9	+0.90	10.8	+1.30
250	+0.80	7.7	+1.00	11.9	+1.40

注　1. 壁厚是以 20℃环向（诱导）应力为 10MPa 确定的。
2. 公称压力是管材在 20℃下输送水的工作压力。

UPVC 管抗腐蚀力强、技术成熟、易于黏合、价格低廉、质地坚硬，但由于有 UPVC 单体和添加剂渗出，只适用于输送温度不超过 45℃的给水系统中。

聚乙烯管（PE 管）耐腐蚀且韧性好，连接方法为熔接、机械式胶圈压紧接头。PE 管又分为 HDPE 管（高密度聚乙烯管）、LDPE 管（低密度聚乙烯管）和 PEX 管（交联聚乙烯管），其中 HDPE 管有较好的疲劳强度和耐温度性能，可挠性和抗冲击性能也较好；PEX 管通过特殊工艺使材料分子结构由链状转成网状，提高了管材的强度和耐热性，可用于热水供应系统，但需用金属件连接。

聚丁烯管（PB 管）是一种半结晶热塑性树脂，耐腐蚀、抗老化、保温性能好，具有良好的抗拉、抗压强度、耐冲击、高韧性可随意弯曲，使用年限 50 年以上。PB 管的接口方式主要有挤压连接和热熔焊接。

聚丙烯管（PP 管）改性的聚丙烯管还有 PP—R、PP—C 管，耐热性能较好，低温时脆性大，宜用于热水系统。

ABS 管是丙烯氰、丁二烯、苯乙烯的三元共聚物，具有良好的耐蚀性、韧性、强度，综合性能较高，可用于冷、热水系统中，多采用粘接，但粘接固化时间较长。

塑料管的连接可采用螺纹连接（配件为注塑制品），焊接（热空气焊）、法兰连接、粘接等方法。

1.2.5 其他管材

给水管还可采用铜管、复合管等管材。

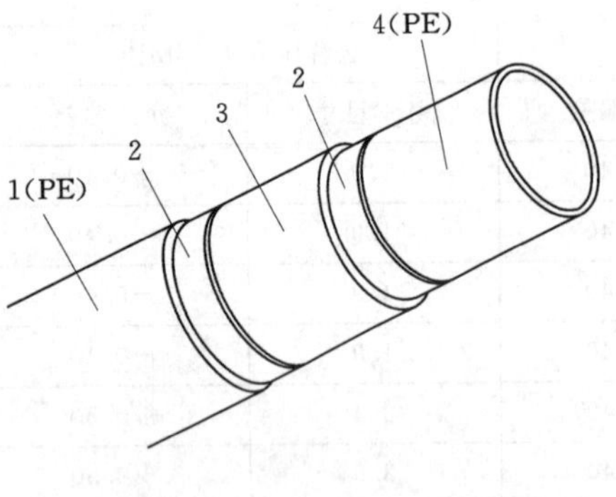

图 1.18 铝塑复合管结构图

1—外层聚乙烯 PE；2—黏合剂；3—铝层；4—内层聚乙烯 PE

铜管强度大，比塑料管坚硬，韧性好，不易裂缝，具有良好的抗冲击性能，延展性高；重量比钢管轻，且表面光滑，流动阻力小；耐热、耐腐蚀、耐火、经久耐用。复合管是金属与塑料混合型管材，有铝塑复合管和钢塑复合管两类，它结合金属管材和塑料管材的优势。铝塑复合管内外壁均为聚乙烯，中间以铝合金为骨架，如图 1.18 所示。该种管材具有重量轻，耐压强度好，输送流体阻力小，耐化学腐蚀性能强，接口少、安装方便、耐热、可挠曲、美观等优点，是一种可用于给水、热水、供暖、煤气等方面的多用途管材，在建筑给水范围可用于给水分支管。钢塑复合管分衬塑和涂塑两大系列。第一系列为衬塑的钢塑复合钢管兼有钢材强度高和塑料耐腐蚀的优点，但需在工厂预制，不宜在施工现场切割。第二系列为涂塑钢管，是将高分子粉末涂料均匀地涂敷在金属表面经固化或塑化后，在金属表面形成一层光滑、致密的塑料涂层，它也具备第一系列的优点。

学习情境 1.3 建筑给水工程安装施工中常用的工机具

1.3.1 常用量具

1. 钢卷尺

钢卷尺又称钢盒尺，用于测量管线的长度，如图 1.19 所示。小钢卷尺有 1m、2m、3m、3.5m、5m、7.5m 六种；大钢卷尺有 5m、10m、15m、20m、30m、50m、100m 七种。

使用方法及注意事项：

(1) 使用时，应视管线情况拉出适宜长度并读数。

(2) 测量长距离管线时，应防止尺带扭曲。

(3) 使用钢卷尺移动时，需将尺带抬离地面，防止尺面磨损；使用完毕后，应用棉丝或软布及时擦拭尺带上的灰尘或泥水，不得用较硬物品擦拭，以保持刻度的清晰。

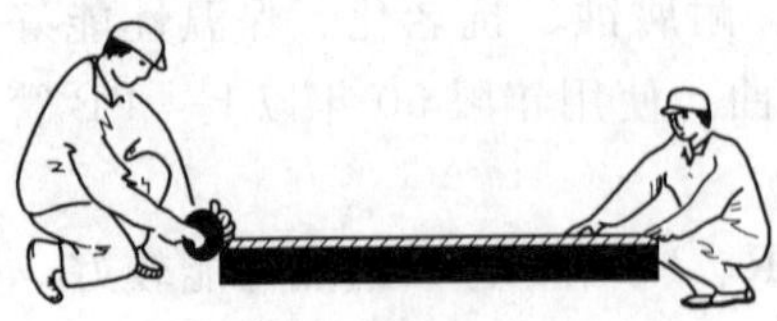

图 1.19 钢卷尺测量管长

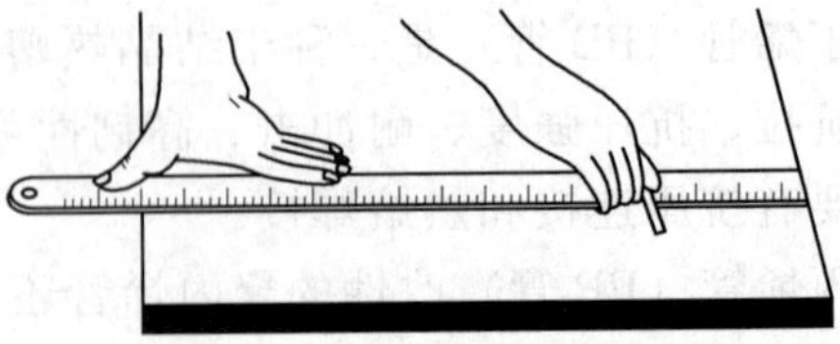

图 1.20 钢直尺下料

2. 钢直尺

钢直尺又名钢板尺、钢尺，用于钢管下料和对口焊接，如图 1.20 所示。其规格有 150mm、300mm、500mm、1000mm、1500mm、2000mm 六种。

使用方法及注意事项：

(1) 使用时，将钢直尺贴紧管线并放平后再行读数，不得将钢直尺悬空读数。

(2) 不得使用钢直尺刮除污垢或拧螺钉等。

(3) 使用完毕后，应及时将钢直尺擦拭干净。若长期不用时，需在尺面上涂一层钙基脂，再用蜡纸封装，防止锈蚀。

3. 角尺

角尺用于度量面与面、线与线之间的垂直度，如图 1.21 所示。其规格按长边（mm）×短边（mm）有：63×40、125×80、200×125、315×200、500×315、800×500、1250×800、1600×1000 等 8 种规格。

使用方法及注意事项：

(1) 使用时，将角尺两边贴靠在被测两个面或两条线上，以角尺两边均无间隙时为两个面（线）是垂直的。

(2) 使用中需轻拿轻放，不得与被测物发生撞击。

(3) 使用完毕后，应及时擦拭尺面上的灰尘。若长期不用时，需采取措施防止尺面锈蚀。

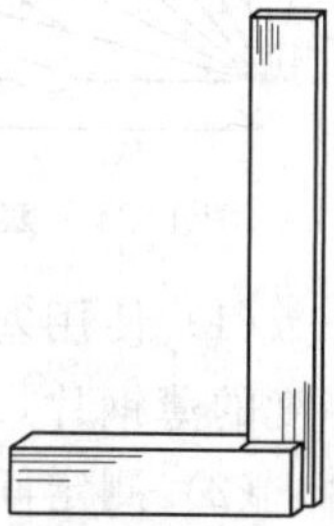

图 1.21　角尺

4. 水平仪

水平仪用于测量管道、设备安装的水平度和垂直度。其规格有铁制和木制两种，如图 1.22 所示，在给排水工程安装中常用到的是铁水平仪。水平仪长度为 150mm 时，其主水准刻度值为 0.5mm/m；水平仪长度为 200mm、250mm、300mm、350mm、400mm、450mm、500mm、550mm、600mm 时，主水准刻度值为 2mm/m。

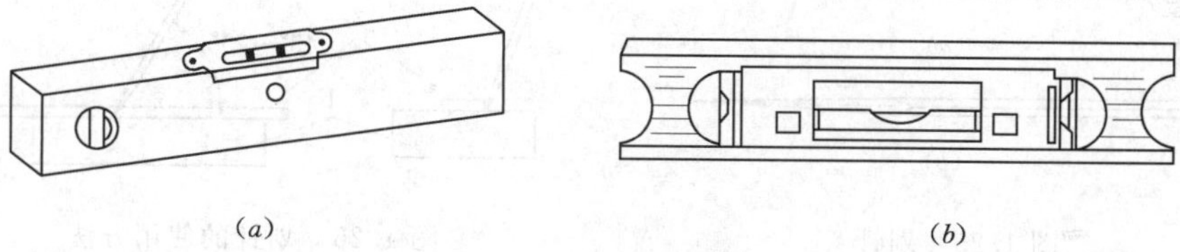

图 1.22　水平仪

(a) 铁水平仪；(b) 木水平仪

使用方法及注意事项：

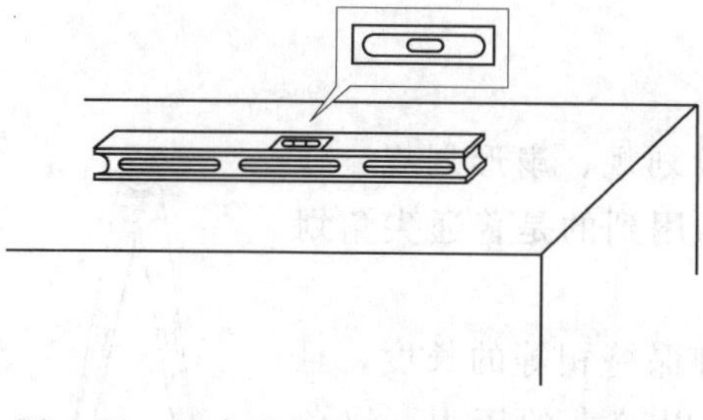

图 1.23　用水平仪测量安装设备的水平度

(1) 测量时，应将水平仪置于管道或设备的平滑、干净部位，视玻璃管内气泡的位置判断管道或设备的水平或垂直，以气泡居中为水平或垂直，如图 1.23 所示。

(2) 使用时，被测部位必须平滑干净；使用中，应避免水平仪的底部受碰撞或磨刮而影响测量结果；使用完毕后应将仪器及时擦拭干净。

5. 线锤

线锤用于测量管线的垂直度、确定垂直孔洞的位置。其规格通常有铜质和铁质两种，按重量的不同有 0.05kg、0.1kg、0.2kg、0.3kg、0.4kg、0.5kg 等规格。

使用方法及注意事项：使用时应根据线锤不同的规格配以粗细不同的吊线，将线锤由上垂下，以确定管道贯穿楼层时的位置及管线的垂直度。

6. 塞尺

塞尺用来测量或检查两平行面间的空隙。有A、B两个型别，A型塞尺片的端头为半圆形（如图1.24所示），B型塞尺片前端为梯形，端头为弧形。塞尺片的长度有75mm、100mm、150mm、200mm、300mm五种规格，每组塞尺的片数有13片、14片、17片、20片、21片不等，每组塞尺的厚度有0.02mm、0.03mm、0.04mm、0.05mm、0.06mm、0.07mm、0.08mm、0.09mm、0.1mm、0.15mm等规格。

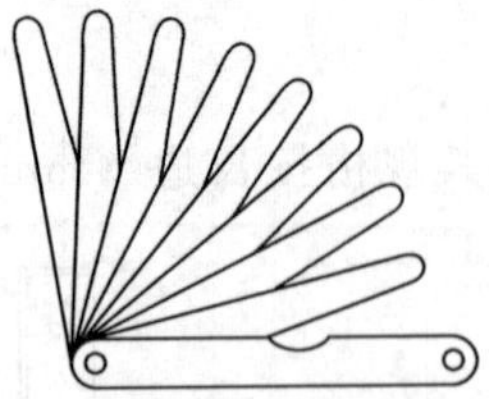

图1.24 塞尺

使用方法及注意事项：

（1）使用塞尺时，只需将适当厚度的塞尺薄钢片插入两平行面的间隙，如果没有合适厚度的薄钢片，可用几片的组合进行测量，插入钢片的厚度即为间隙的数值。

（2）测定间隙前，塞尺表面和要测量的缝隙内部要清理干净，插入时不要用力过大，松紧要适宜。

1.3.2 常用工具

1. 划针

划针用于配合钢直尺、角尺等工具一起划线，如图1.25所示。其直径为3～6mm，长约200～300mm，尖端为15°～20°的尖角。

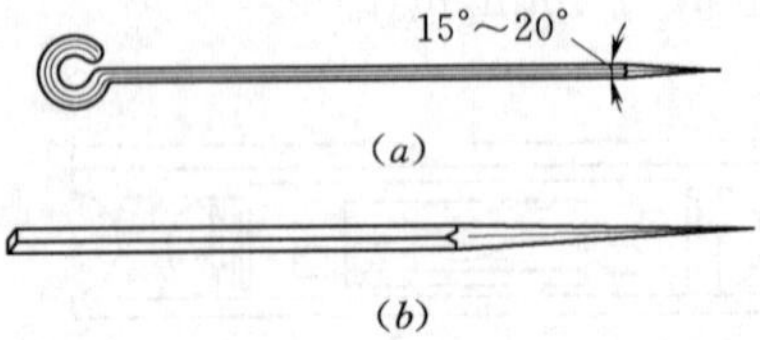

图1.25 划针

(a) 钢丝划针；(b) 高速钢划针

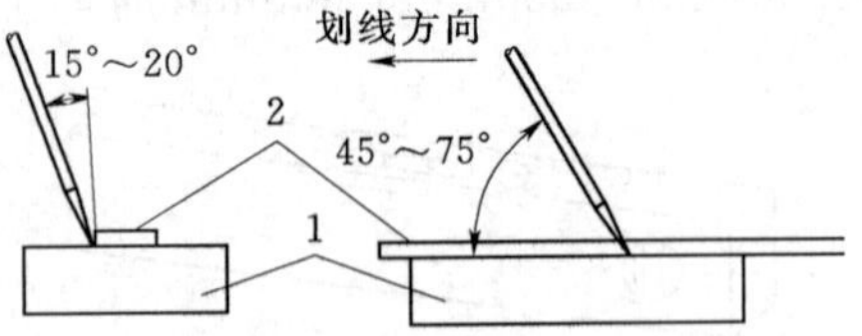

图1.26 划针的使用方法

1—工件；2—钢直尺

使用方法及注意事项：如图1.26所示，使用划针时，上部向外倾斜约15°～20°，向划线方向倾斜约45°～75°，并使针尖紧靠并压紧导向工具的边缘。划线时尽量做到一次划成，避免重复划线。

2. 划规

划规用来划圆弧和角度等。其规格分普通尖角划规、扇形划规、弹簧划规、滑杆式划规等几种。给排水安装工程中常用到的是普通尖角划规（如图1.27所示）和滑杆式划规。

使用方法及注意事项：使用时，应使划规两脚保持相等的长度，且开合松紧适当；划圆时，作为旋转中心的脚应施以较大的压力，以免滑动。

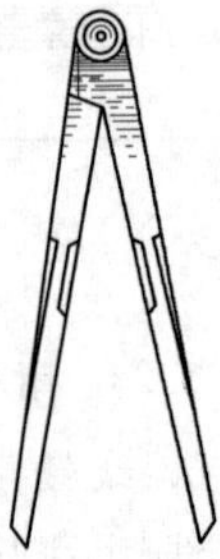

图1.27 划规

3. 管子台虎钳

管子台虎钳又名管万力、管压力钳。用来夹持管子以进行锯割、套螺纹、安装或拆卸等操作。有六种规格分别用于夹持外径为 10～73mm、10～89mm、15～114mm、30～220mm、30～300mm 的管段。

使用方法及注意事项：

(1) 管子台虎钳一般用螺栓安装在工作台上使用，如图 1.28 所示。安装时，管子台虎钳须垂直、牢固地固定在工作台上，台虎钳底座的直边与工作台一边缘对齐。固定好的管子台虎钳，下钳口应牢固可靠，上钳口应能够在滑道内自由移动。使用时，通过转动把手调节上牙板调节牙板的升降，以取置并夹紧管段。

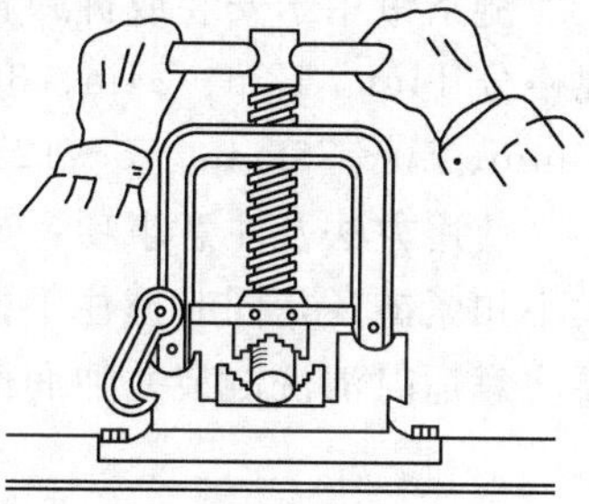

图 1.28　管子台虎钳的使用

(2) 使用与管子规格一致的台虎钳使用管子台虎钳夹持较长管段时，需将管子另一端抬起并支撑；夹持较脆软的管件时，应用布包裹，避免压坏。装夹管子或管件时，必须穿上保险销，压紧螺杆。旋转手柄时，用力要适当，不得采用加装套力杆或锤击的方法拧紧。

(3) 定时向滑道内加润滑油润滑，并检查下钳口的牢固性和上钳口的灵活性，搬动时严禁撞击或摔砸，使用完毕后应将台虎钳上的油污擦拭干净。

4. 管子钳

管子钳又名牙钳、管钳、管子扳手。用于安装或拆卸螺纹连接的钢管或管件，如图 1.29 所示。在一定范围内，通过调节钳口的宽度，以适应相应管件的安装或拆卸。常用管子钳的规格及适用范围见表 1.16。

表 1.16　　**管 子 钳 规 格**　　单位：mm

管子钳全长	150	200	250	300	350	450	600	900	1200
夹持管子最大外径	20	25	30	40	50	60	75	85	110

注　管钳全长是指夹持管子最大外径时管钳的长度。

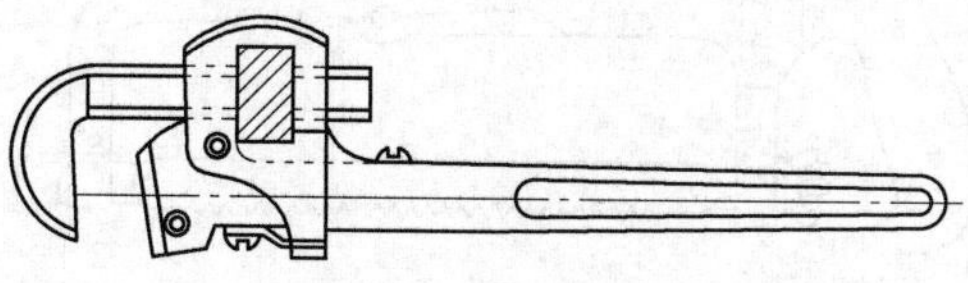

图 1.29　管子钳

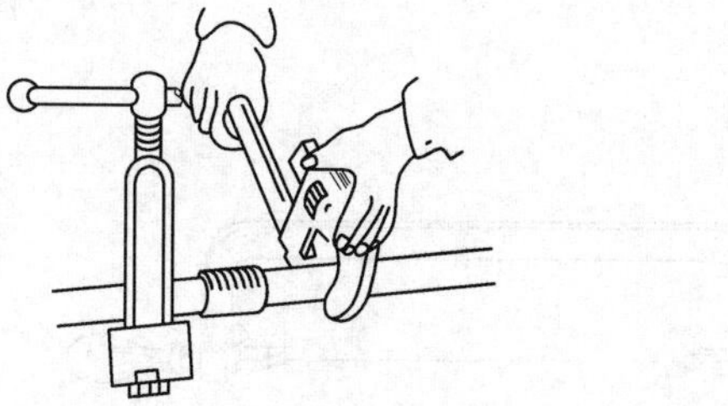

图 1.30　管子钳的使用

使用方法及注意事项：

(1) 如图 1.30 所示，使用时，调节钳口大小，使钳口上的梯形齿咬牢管子，然后向钳柄施力转动管子来进行管子的安装或拆卸。

(2) 操作时，应将右手掌张开，用掌部接触钳柄部分用力，同时，以左手轻压活动钳口的上部，防止钳口滑脱伤及手指。勿用增加套力杆的方法进行安装或拆卸，以免螺纹连接部位被胀裂。不得使用管子钳作撬杠或锤子使用。严禁用管子钳拧紧六角螺栓等带棱工件。

(3) 使用的管子钳型号应与安装或拆卸管子的型号相适应。钳口、钳牙要定时清洗、加油，以润滑调节螺母与活动钳口的结合处。钳口变钝而不能夹紧管子的管子钳应不再使用。

5. 链条钳

链条钳用于安装或拆卸直径较大螺纹连接的管子或管件，如图 1.31 所示。链条钳的规格分 14in、18in、24in、36in、42in、48in，分别适用的管径范围为 15～32mm、32～50mm、50～75mm、75～125mm、75～150mm、75～200mm。

使用方法及注意事项：如图 1.32 所示，首先打开链条，将管子置于链条上，视管径大小扣紧链条，同时握住手柄回转管子，即可进行管子与管件或螺纹阀门的安装或拆卸。要注意适时清洗链节并加润滑油润滑，以防止链条生锈，保持链节的灵活。

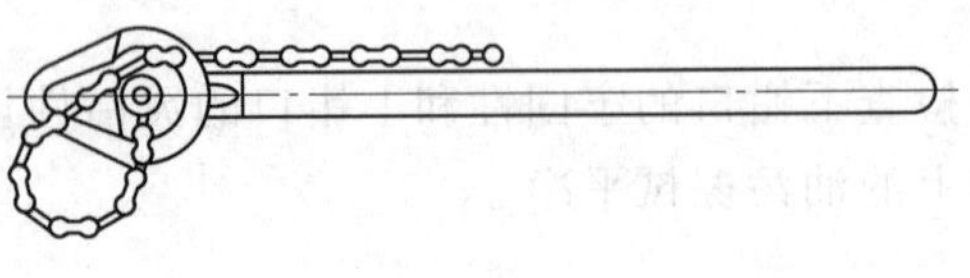

图 1.31 链条钳

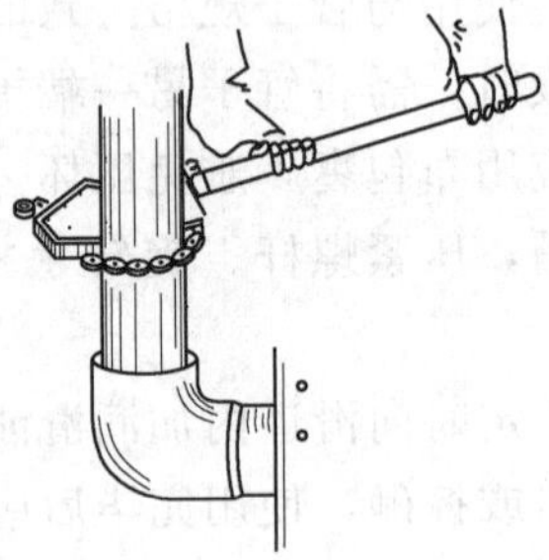

图 1.32 链条钳的使用

6. 割管器

割管器又名管子割刀，用于切断壁厚不超过 5mm 的各种金属管，如图 1.33 所示。割管器有四种规格分别用于切断 15～25mm、15～50mm、25～80mm、50～100mm 的金属管。

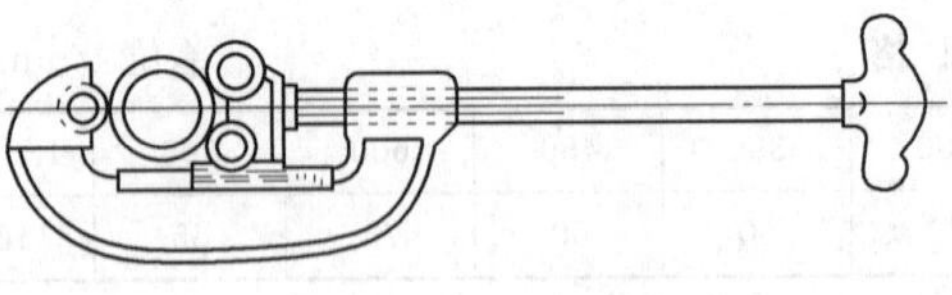

图 1.33 割管器

7. 钢锯

钢锯用来进行手工切割金属管子或钢件。按锯架的不同，分为固定式和调节式两种，如图 1.34 所示。

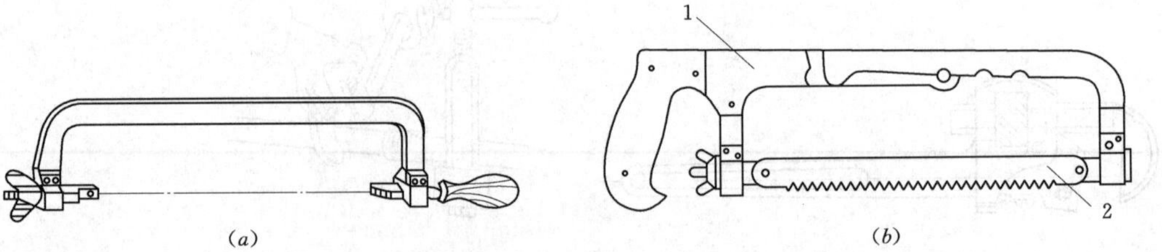

图 1.34 钢锯锯弓

(a) 固定式锯弓；(b) 可调式锯弓

1—锯弓；2—锯条

固定式锯弓规格为 300mm；调节式锯弓规格有 200mm、250mm、300mm 三种。锯条按每英寸的锯齿数分为粗齿和细齿两种。使用细齿锯条，锯齿吃力小，较省力，但切断速度慢，适用于切断 *DN*40mm 以下管材；使用粗齿锯条时，锯齿吃刀量大，容易将锯齿卡断且费力，但切断速度快，适用于切断 *DN*50mm 以上钢管。

8. 板牙架

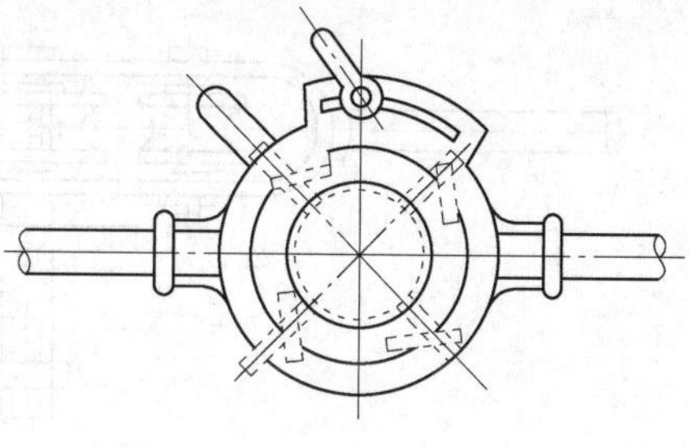

图 1.35　普通管子板牙架

板牙架又名套螺纹板、套丝板，用于手工套制管子外螺纹。分为普通式板牙架、轻便式板牙架和电动板牙架三种。在给排水工程施工中，常用到的是普通式。

(1) 普通板牙架。板牙架主要由板体、板把、板牙三部分组成，其结构如图 1.35 所示，每种规格的板牙架都分别附有几套相应的板牙，每套板牙可以套制两种尺寸的螺纹，其规格见表 1.17。

表 1.17　普通式板牙架规格型号

型　号	螺纹种类	规格（英寸）	板牙数（付）	使用管径范围（英寸）
轻便式 Q74—1	圆锥	1	5	1/4、3/8、1/2、3/4、1
轻便式 SH—76	圆柱	$1\frac{1}{2}$	5	1/2、3/4、1、$1\frac{1}{4}$、$1\frac{1}{2}$
普通式 114	圆锥	2	3	1/2～3/4、1～$1\frac{1}{4}$、$1\frac{1}{2}$～2
普通式 117	圆锥	4	2	$2\frac{1}{4}$～3、$3\frac{1}{2}$～4

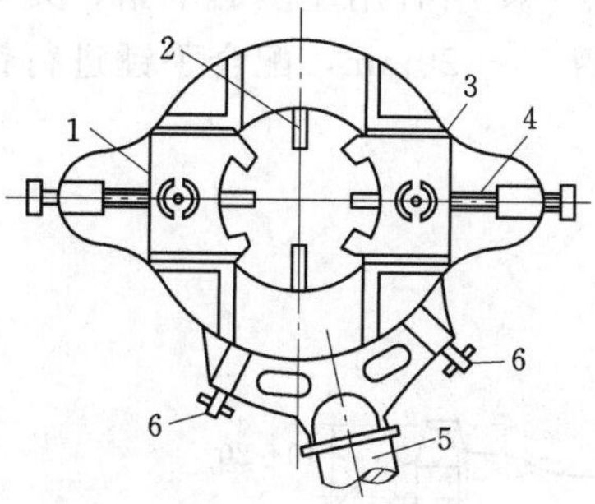

图 1.36　轻便式管子板才架

1—螺母；2—顶杆；3—板牙；4—定位螺钉；5—扳手；6—调位销

(2) 轻便式管子板牙架。如图 1.36 所示，不同型号的板牙架内分别有不同数量的板头，有 3 个、4 个、5 个和 6 个。板头的规格为 15mm、20mm、25mm、32mm、40mm、50mm、65mm、75mm、100mm 等。

使用方法及注意事项：首先选取与所加工螺纹管子管径相同的板头安装在板体的九角孔中，旋上手柄管即可进刀。当螺纹套至与板牙侧面相平时，转动板体上的定位销子即可换向退刀。套螺纹时，应尽量用手将板牙架固定，否则容易形成歪螺纹，使管子连接时不正或不平。

9. 手动弯管器

手动弯管器用来进行手动冷弯金属管。手动弯管器的结构形式很多，图 1.37 所示为一种自制的小型弯管器，用于弯曲直径 $DN32$mm 以下的管子。

使用方法及注意事项：使用时用螺钉固定在工作台上，弯管时，把要弯曲的管子插入外径与管子外径相符的定胎轮和动胎轮之间，将管子一端夹持固定，推动撬杠，带动管子绕定胎轮转动，直至将管子弯曲成所需的角度为止。但是一对胎轮只能弯曲一种管径的管子，因此弯曲不同管径的管子要选用不同的胎轮。

10. 捻錾

捻錾用于进行铸铁管承插口间隙打麻及捣实填料，有麻錾子和灰錾子两种，如图 1.38 所示。一般依据管径大小，采用螺纹钢或圆钢进行现场锻制。

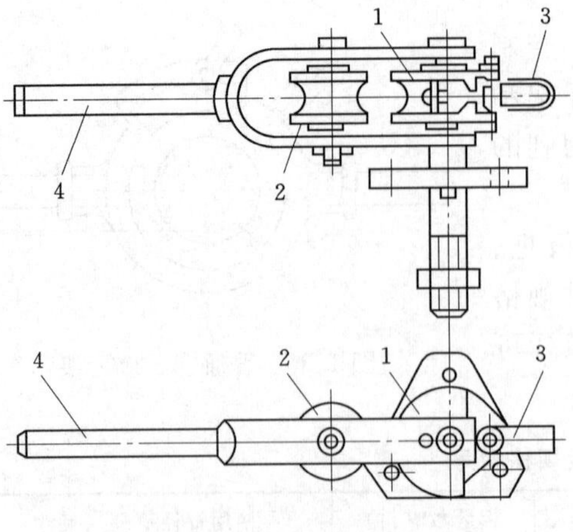

图 1.37 手动弯管器

1—定胎轮；2—动胎轮；3—管子夹持器；4—杠杆

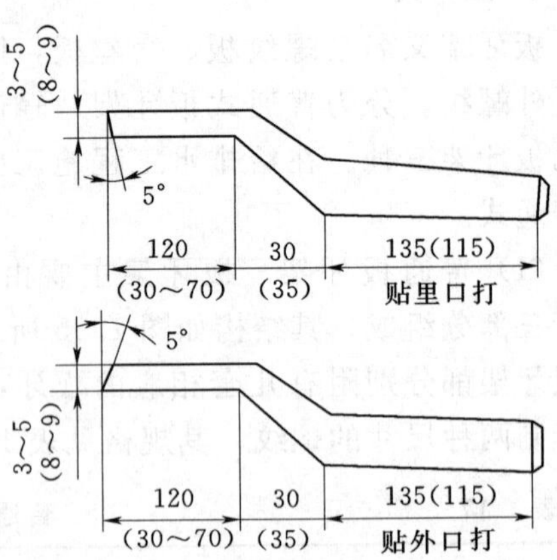

图 1.38 捻錾

使用方法及注意事项：使用时应放平捻錾，使其对准所填塞的填料，后用锤子击打，边移动边击打，直至将填料填塞密实。

11. 錾子

錾子用来进行对铸铁管、陶土管、水泥管、混凝土管的錾切。錾子种类很多，给排水安装工程中常用到的是平口錾和尖口錾，如图 1.39 (*a*)、(*b*) 所示。

使用方法及注意事项：图 1.39 (*c*) 所示为錾子的握法。使用时用左手的中指、无名指和小拇指握錾，大拇指与食指自然贴近，露出錾子头部约 10～20mm，配合手锤进行铸铁管的切断。

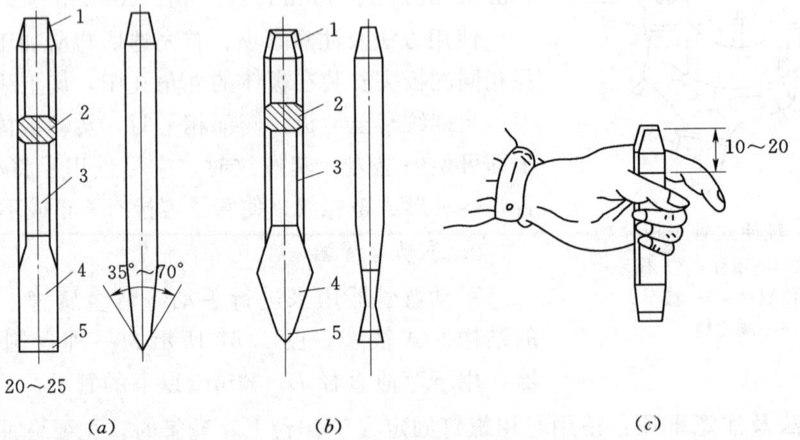

图 1.39 錾子及其握法

(*a*) 平口錾；(*b*) 尖口錾；(*c*) 錾子的握法

1—头；2—剖面；3—柄；4—斜面；5—锋口

12. 锤子

锤子用于进行管子冷调、打墙眼、楼板孔、拆卸管道和凿割铸铁管操作。其规格以锤头重量划分，分别为 0.11kg、0.22kg、0.33kg、0.44kg、0.66kg、0.88kg、1.1kg、

1.25kg、1.32kg、1.0kg 等。给排水管道安装工程中常用 1.25kg 以上的锤子。

使用方法及注意事项：

(1) 图 1.40 (*a*) 所示为锤柄的安装方法。安装锤柄时，锤柄应垂直于锤头的中心线，且以楔子加固。握锤方式有紧握和松握两种，如图 1.40 (*b*) 所示。拇指压于食指，虎口部位对准锤头，露出锤柄尾部 15～30mm。锤击时，眼睛注视锤击处，锤面应与被击物平行，有用手、肘和臂三种挥锤方式。

(2) 购买不连柄的手锤时，应选用与锤头规格一致的手柄。

(3) 不可将手锤用来撬物品或作其他用途。锤面形成球面时，要将其在砂轮机上打磨平。发现锤头松动时应及时采取措施，以防锤头飞出伤人。

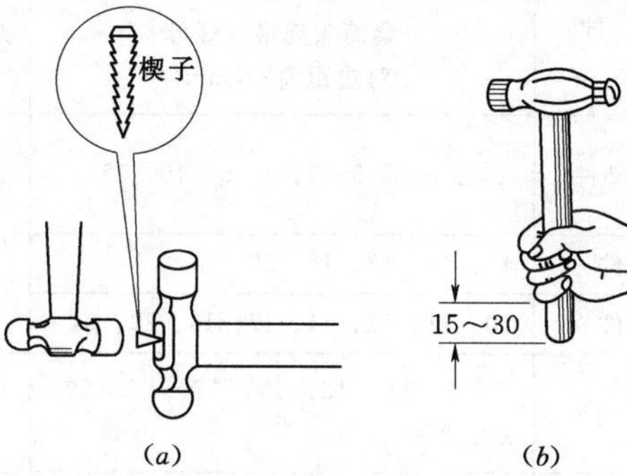

图 1.40　锤柄安装及握锤法

(*a*) 锤柄安装；(*b*) 握锤法

13. 扳手

扳手用于安装或拆卸活接头、阀门等管件及各种设备，如水泵、散热器等的螺栓、螺母。扳手分活扳手、呆扳手、梅花扳手及套筒扳手，如图 1.41 所示。其规格见表 1.18～表 1.21。

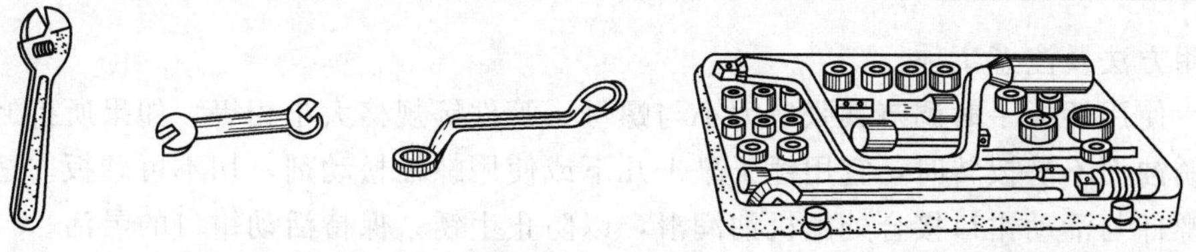

图 1.41　扳手

(*a*) 活扳手；(*b*) 呆扳手；(*c*) 梅花扳手；(*d*) 套筒扳手

表 1.18　　活扳手的规格　　单位：mm

全长	100	150	200	250	300	370	450	600
最大开口宽度	14	19	24	30	36	46	55	65

表 1.19　　呆扳手的规格　　单位：mm

成套扳手	6 件	5.5×7、8×10、12×14、14×17、17×19、22×24
	8 件	6×7、8×10、9×11、12×14、14×17、17×19、19×22、22×24、24×27、30×32
单件扳手		4×5、5.5×7、8×10、10×12、12×14、17×19、22×24、27×30、30×32、32×36、41×46、50×55、65×75

表 1.20　　梅花扳手的规格　　单位：mm

成套扳手	6 件	5.5×7、8×10、12×14、14×17、19×22、24×27
	8 件	5.5×7、8×10、9×11、12×14、14×17、17×19、19×22、24×27
单件扳手		5.5×7、8×10、(9×11)、12×14、(14×17)、17×19、(19×22)、22×24、24×27、30×32、36×41、46×50

表 1.21　　套筒扳手的规格

品种	配套项目			
	套筒头规格（螺母对边距离）（mm）	方孔或方尺寸（mm）	手柄及连接头	接头
小12件	4、5、5.5、7、8、9、10、12	7	棘轮扳手、活络头手柄，通用型手柄，长接杆	—
6件	12、14、17、19、22	13	弯头手柄	
9件	10、11、12、14、17、19、22、24			
10件	10、11、12、14、17、19、22、24、27	13	弯头手柄	
13件	10、11、12、14、17、19、22、24、27	13	棘轮扳手、活络头手柄、通用手柄	直接头
17件	10、11、12、14、17、19、22、24、27、30、32			
28件	10、11、12、13、14、15、16、17、18、19、20、21、22、23、24、26、27、28、30、32		棘轮扳手，滑行头手柄，摇手柄，长接杆，短接杆	直接头 万向接头 旋具接头

使用方法及注意事项：

(1) 使用活扳手时调节其张口大小与螺母、管件等规格大小相等。如果所拆卸的螺栓因严重锈蚀而不易扳转时，宜用锤子敲击几下或使用螺栓松动剂，切不可硬扳。适时向活扳手的螺杆与活动钳口接合处加机油润滑，以防止生锈，保持活动钳口的灵活。

(2) 使用呆扳手时，其规格应与相应的螺母配合。

(3) 梅花扳手的开口亦不能进行调节，适用于在较狭窄空间的操作。

(4) 套筒扳手为成套工具，适用于空间狭小或位置下凹较深六角头螺栓、螺母的安装和拆卸。使用时应选取和螺栓具有相应规格的套筒头在套杆上进行操作。需要加套力管时，应不大于1m。另外，切不可使用套筒扳手进行锤击等操作。

14. 对丝钥匙

对丝钥匙和奶子扳手用于拆卸组对散热器片和装卸散热器对丝，如图 1.42 所示。

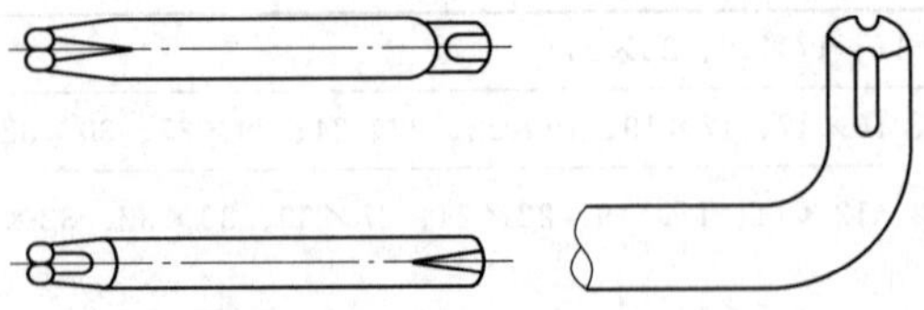

(a)　　(b)

图 1.42　对丝钥匙和奶子扳手

(a) 对丝钥匙；(b) 奶子扳手

(1) 操作方法用两把对丝钥匙伸进接口并穿入对丝，然后按照连接螺纹的方向旋转钥匙，即可装卸散热器片。

(2) 操作要领及注意事项：对丝短管内壁上有两个凸筋，使用时，只需将奶子扳手开槽一端插入管子内壁，与两个凸筋吻合后，即可将一对对的对丝卸下来，完成对散热器片的装卸工作。

15. 手剪

手剪是给排水工程安装中用到的一种剪切工具，用于剪切薄钢板（钢板厚度不大于

1.2mm）或薄铁皮、胶皮垫、石棉橡胶板等。手剪分为直线剪和弯曲剪两种，其外形如图 1.43 所示。直线剪用于剪切直线和曲线的外圆；弯曲剪用于剪切曲线的内圆。

图 1.43　手剪

（a）直线剪；（b）弯曲剪

使用方法及注意事项：剪切板材中间圆孔时，可以先用錾子在板材上开一个孔，以便于插入剪刀尖部进行剪切；不可用于剪切比手剪刃口还要硬的金属，不可以用锤子锤击剪刀背施力。

1.3.3　常用机具

1. 手动液压弯管机

液压弯管机用于钢管冷弯，如图 1.44 所示。手动液压弯管机分为Ⅰ型、Ⅱ型、Ⅲ型，其中，Ⅰ型为手动液压泵，用于直径为 15m、20mm、25mm 管子的弯曲；Ⅱ型为手动液压泵，用于直径为 25mm、32mm、40mm、50mm 管子的弯曲；Ⅲ型为电动活塞泵，用于直径为 78mm、89mm、114mm、127mm 管子的弯曲，其最大弯曲角度均为 90°。

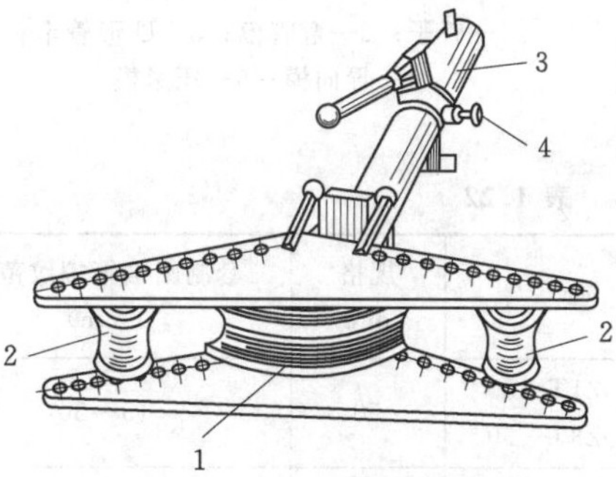

图 1.44　手动液压弯管机

1—顶胎；2—管托；3—液压缸；4—回液阀

（1）操作方法。

1）安装顶胎和管托。首先选取并安装与所弯管子直径一致的顶胎，根据弯曲半径将管托安放在合理的位置。

2）弯管。将待弯曲的管子放在顶胎与管托的弧形槽中，并使其弯曲部分的中心与顶胎的中点对齐。关闭回液阀，上、下扳动手柄，直至将管子弯成所需要的角度。

3）卸管打开回液阀，此时顶胎会自动复位，取出弯好的管子并检查是否合适。若仍未达到所需要的角度时，可重新放入，继续按照上述方法进行摵弯。

（2）操作要领及注意事项。

1）安放管托时，要确保将两个管托置于对称位置，否则，会将托板拉偏或拉坏。最好调整两个管托间的距离至刚好使顶胎通过。

2）在扳动手柄的过程中要用力均匀，注意停顿。随时注意检查弯曲角度（可使用量角器），不得超过管子要求的弯曲角度，确保弯管质量。考虑到材料发生变形后会有一定的回弹，可将弯曲的角度略微增大一些。

3）在进行有缝钢管弯曲时，钢管的焊缝位置应置于不受拉伸或压缩的位置。

2. 电动弯管机

电动弯管机用于钢管冷弯，如图 1.45 所示。其种类和型号很多，常用的有 WA 27Y—60、WB—27—108、WY27—159 三种型号。

3. 电动套丝切管机

电动套丝切管机又名切管套丝机、套丝切管机、套丝机，如图 1.46 所示。电动套丝机采用电动方式进行金属管的切断、对管内孔倒角及螺纹加工。其规格见表 1.22。

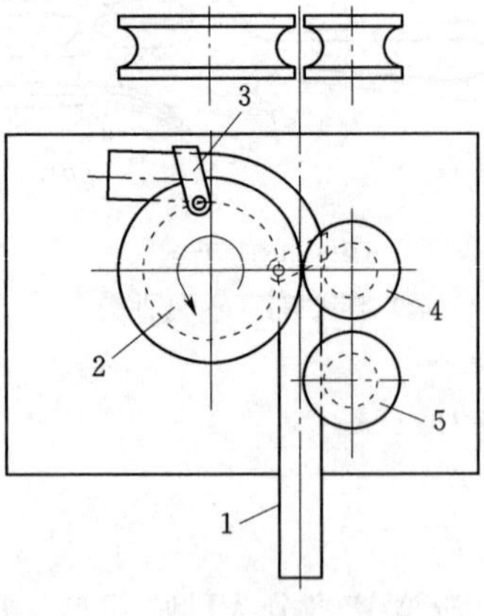

图1.45 电动弯管机

1—管子；2—弯管模；3—U形管卡；
4—导向模；5—压紧模

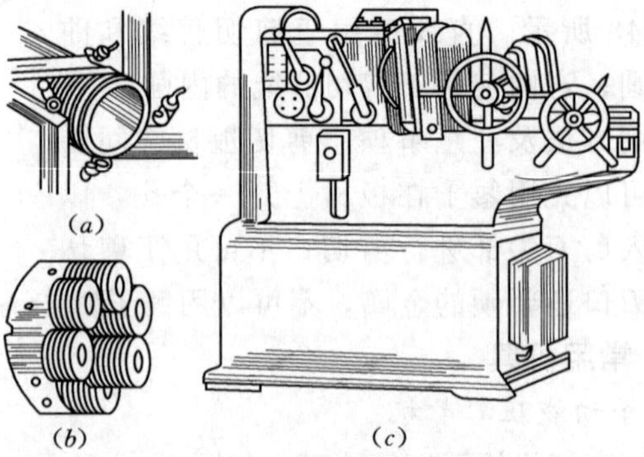

图1.46 电动套丝切管机

(a) 切线板牙；(b) 搓螺纹夹；
(c) 电动套丝切管机外形

表1.22 电动套丝机规格

型号	规格 (mm)	套制圆锥管螺纹范围 (mm)	电源电压 (V)	电机额定功率 (W)	主轴额定转速 (r/min)	重量 (kg)
Z1T—50 Z3T—50	50	15～50	220 380	≥600	≥16	71
Z1T—80 Z3T—80	80	15～75	220 380	≥750	≥10	105
Z1T—100 Z3T—100	100	15～100	220 380	≥750	≥8	153
Z1T—150 Z3T—150	150	65～150	220 380	≥750	≥5	260

(1) 使用方法。

1) 固定管子首先将套丝机进行安装并安放平稳，然后拉开支架板，将管子插入，同时旋动前后卡盘即可将管子卡紧。

2) 套螺纹。套螺纹时，据待套螺纹管子的管径选择合适的板牙头及板牙，并正确安装板牙（装板牙的方法与使用铰板时相同）。放下铰板和油管，并调整喷油管使其对准板牙喷油。然后合上开关，同时用力移动进给把手，使板牙对准管口进行螺纹加工。待达到要求的套螺纹长度时，及时扳动板牙头上的手把，使板牙沿径向退离已加工的螺纹面，同时关闭电源，然后旋松前后卡盘，即可取出已加工好螺纹的管子。

3) 切管。操作时首先掀起扩孔锥和板牙头，将切管器放下，通过移动进给手把调节切管器的位置，使管子压在切管器两滚轮中间固定，切管刀对准切割线，旋转手柄夹紧管子，并使油管对准刀口喷油。然后合上开关，同时转动切管器的手柄进行切割。边切割边拧动割管刀的手柄进刀，直至管子被切断，同时关闭电源。对切割好的管子进行管内口倒角（扩口）时，将管子卡紧在卡盘中，使扩孔锥头对准管口，合上开关，同时压进给手把即可进行扩孔。扩好后，关闭电源。

（2）操作要领及注意事项。

1）使用套螺纹切管机前，油箱内必须灌进 4L 左右的润滑油，且一定要保证喷油管油路畅通，润滑油可以从油管孔内喷出。

2）若套丝机更换插头时，要注意正确的接线，以通电后套丝机主轴沿逆时针方向旋转为正确。对套丝机的所有相对运动的部件，应经常加注润滑油。在确定各部件无异常情况后方可开机工作。

3）使用完套螺纹切管机后，应及时擦拭干净，并清除粘附在各部件上的金属屑，盖上滤网的盖子，放下切管器、板牙头。

4. 砂轮切割机

砂轮切割机是一种高速切割机，如图 1.47 所示。适宜切割各类碳素钢管、型钢和铸铁管，切割效率高，是较为理想的切割机械，在给排水管道安装工程中应用十分广泛。其规格见表 1.23。

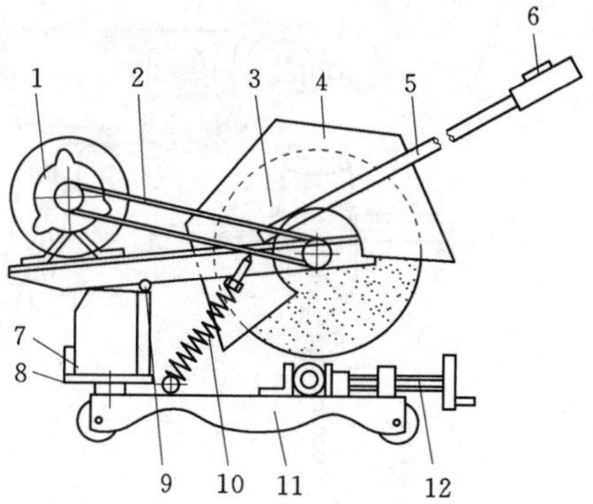

图 1.47　砂轮切割机

1—电动机；2—V 带；3—砂轮片；4—护罩；5—操纵杆；6—带开关的手柄；7—配电盒；8—扭转轴；9—中心轴；10—弹簧；11—四轮底座；12—夹钳

表 1.23　砂轮切割机的规格

型　号	薄片砂轮外径（mm）	额定输出功率（W）	额定转矩（N·m）	切割圆钢直径（mm）
J1G—200	200	≥60	≥2.3	20
J1G—250	250	≥700	≥3.0	25
J1G—300	300	≥800	≥3.5	30
J1G—350	350	≥900	≥4.2	35
J1G—400	400	≥1100	≥5.5	50
J3G—400	400	≥2000	≥6.7	50

注　电源电压：J1G 型为 220V，J3G 型为 380V；频率为 50Hz。

（1）使用方法。将所要切割的管子用夹钳夹紧，切割时握紧手柄，同时按住开关将电源接通，稍加用力压下砂轮片，即可进行磨割。管子割断后松开手柄和开关，即可切断电源停止磨割，并使砂轮片通过弹簧复回原位。

（2）操作要领及注意事项。

1）砂轮片安装在转动轴上，安装时要尽可能使砂轮片与轴保持同心，并且使轴周围留有相同的间隙。开机时，砂轮片一定要正转，且一定要夹紧所要切割的管子。

2）操作人员的身体不可正对砂轮片，以防磨割中溅出的火花伤人。为安全起见，不能随意拆除砂轮片上的保护罩；运行中若发现有不平稳或冲击震动现象时，应立即停机进行检查。砂轮片若出现缺口时须及时废弃不用。

3）切割后管径收缩较小，只需用三角刮刀修刮管口即可。

5. 手电钻

手电钻用于金属、塑料及其他类似材料或工件进行钻孔。有手提式和手枪式两种，如图 1.48 所示，使用电压为 220V。按钻孔直径分，其规格有 4mm、6mm、8mm、10mm、13mm、16mm、19mm、23mm。

使用方法及注意事项：检查电源电压与设备使用电压相符后，在空载情况下启动使用；为保证安全，操作人员应戴绝缘手套。

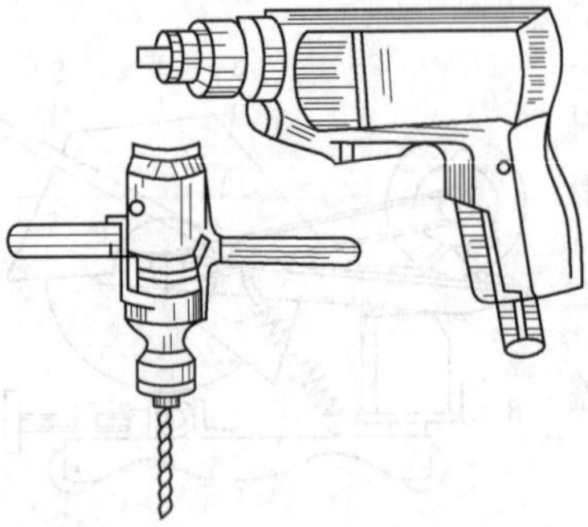

图1.48 手电钻

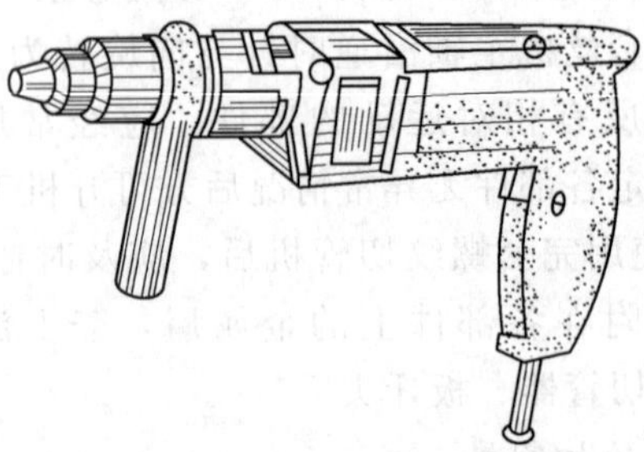

图1.49 冲击电钻

6. 冲击电钻

冲击电钻又名电动冲击钻、冲击钻。用于对金属、木材、塑料、陶瓷、砖等材料或工件的钻孔，如图1.49所示。其规格见表1.24。

表1.24 冲击电钻规格

型号	Z1J—10	Z1J—12	Z1J—16	Z1J—20
规格（mm）	10	12	16	20
额定输出功率（W）	≥160	≥200	≥240	≥280
额定转矩（N·m）	≥14	≥2.2	≥3.2	≥4.5
每分钟额定冲击次数	≥17600	≥13600	≥11200	≥9600
重量（kg）	1.6	1.7	2.6	3

使用方法及注意事项：使用时，可以通过工作头上的调节手柄实现钻头的只旋转无冲击或既旋转又冲击。将旋钮调至旋转的位置，装上麻花钻头，接通电源即可对金属、木材、塑料件进行钻孔。若将旋钮调至旋转待冲击位置时，装上镶硬质合金的冲击钻头，就可以适用于建筑、给排水工程安装中对砖、轻质混凝土等脆性材料进行钻孔。

要注意将钻头顶在工作物上时，方可掀动开关，待钻头运转正常后才能进行钻孔。若使用过程中发现转速变慢、火花过大、温升过高、响声不正常或有异常气味时，应立即切断电源。在钢筋混凝土上进行冲击钻孔时，应避开钢筋的位置钻孔。更换或装卸钻头时，转动卡轴180°即可将钻头取下或装上。

7. 电锤

电锤兼有冲击和旋转两种功能，如图1.50所示。可用来在混凝土地面打孔，以膨胀螺栓代替地脚螺栓安装各种设备。

8. 千斤顶

千斤顶在给排水工程安装中用于支撑、起升和下降较重的设备，如图1.51所示。

使用方法及注意事项：千斤顶只适宜垂直使用，不可倾斜或倒置使用，也不可以在有酸性、碱性或腐蚀性气体的场所使用。

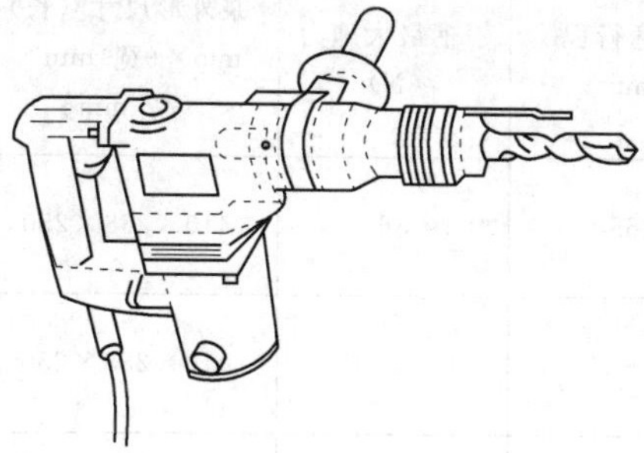

图 1.50　电锤

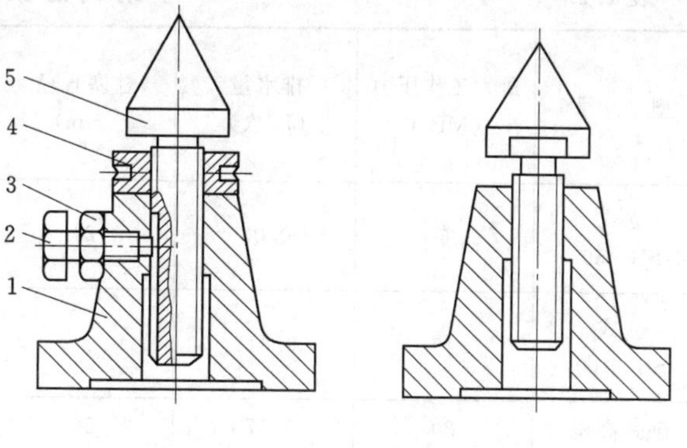

图 1.51　千斤顶

1—底座；2—螺钉；3—锁紧螺母；4—调整螺母；5—螺杆

9. 链式手拉葫芦

链式手拉葫芦又称倒链、链式起重机，由链条、链轮及差动齿轮（或蜗杆、蜗轮）等组成，如图 1.52 所示。起重量为 0.5～30t，在给排水安装工程施工中，链式手拉葫芦主要用来起吊和安装直径较大的管子、阀门和设备。

使用方法及注意事项：使用时，应先反拉细链，待粗链有足够的起重距离后即可进行吊装。应注意不能使用链式手拉葫芦起吊超过其起重量的物体，若粗链达不到起重距离时，可借用有一定承受力的钢丝绳代替。平时要注意对链式手拉葫芦进行检查和维护，确保其使用的安全性。

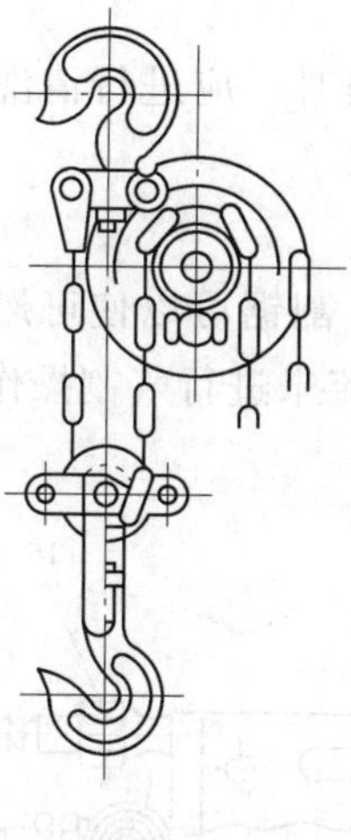

图 1.52　链式手拉葫芦

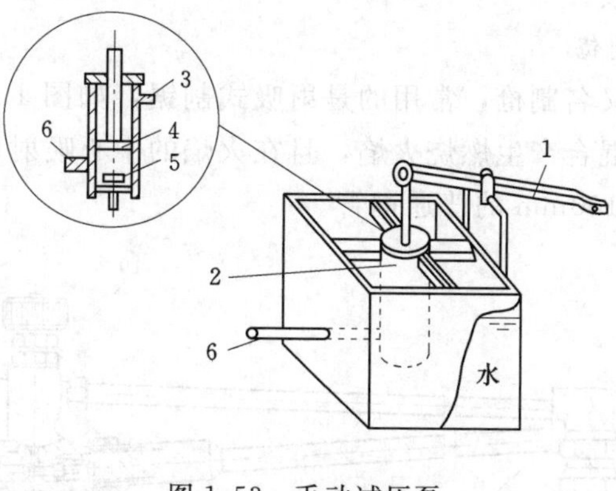

图 1.53　手动试压泵

1—摇柄；2—唧筒；3—空气管；4—活塞；5—逆止阀；6—出水口

10. 手动试压泵

手动试压泵用于进行给排水管道的水压试验时加压，如图 1.53 所示。手动试压泵以手掀动手柄向管道系统内泵水，升压稳定，且易于控制，常用于室内给水管道的试压，手动试压泵规格见表 1.25。

表 1.25 手动试压泵规格

型　号	最大工作压力 (MPa)	排水量 (L/次)	柱塞直径 (mm)	柱塞行程 (mm)	手柄最大施力 (N)	泵外形尺寸[(长) mm×(宽)mm×(高)mm]
立式 SB—60	6	0.03	24	65	36	410×288×250
立式 SB—100	10	0.019	—	—	35	410×288×250
卧式高压	20	0.175	50	90±5	45	960×140×1190
卧式低压	0.5	0.015	16	90±5	40	960×140×1190

(1) 使用方法首先将试压泵装入管道系统的末端，在泵的出水端安装止回阀和压力表，压力表应装有缓冲管。连接管段不宜过长，试压泵要放置平稳。确认管道系统充满水且管内空气完全被排除后，往复摇动手柄，使管道系统内产生压力。适时调节压力表阀，观察达到试验压力的数值时，即可停止打压，并关闭与泵连接的阀门。

(2) 使用要领及注意事项。

1) 摇动试压泵手柄时，幅度要均匀适当，开始可以稍微快些，即将达到试验压力时，应放慢节奏。试验中若发现不上水，应立即停泵检查活塞环是否密封不严，止回阀是否失灵，发现问题应及时处理。

2) 搬运试压泵时，可将易损部件和压力表拆下，待运至试压地点后再重新安装。水压试验结束后，应将试压泵内的水泄尽，并用棉纱擦拭干净。

3) 适时向活动部位或注油孔内注入润滑油。若长期不用时，应进行清洗除油处理后再妥善存放。

11. 割锯

割锯又名割枪，常用的是射吸式割锯，如图 1.54 所示。割锯可以使可燃气体（乙炔气）与氧混合产生燃烧火焰，且在火焰的中心喷射切割氧气流来进行气割操作。用于切断直径大于 100mm 的普通钢管。

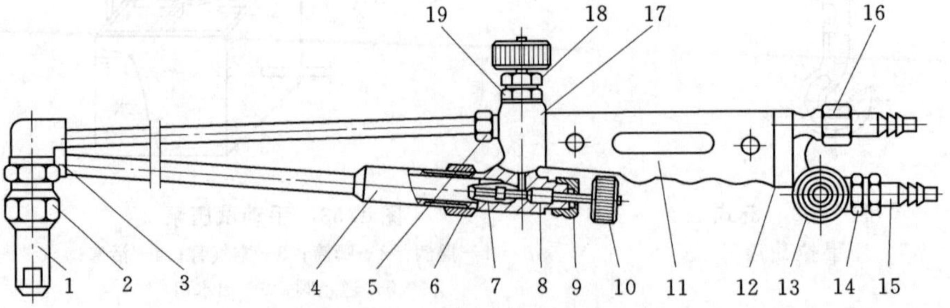

图 1.54 射吸式割锯的构造图

1—割嘴；2—割嘴螺母；3—割嘴接头；4—射吸管；5—切割氧管螺母；6—射吸管螺母；7—喷嘴；8—氧气阀针；9—密封螺母；10—氧气手轮；11—手柄；12—后部接体；13—乙炔手轮；14—燃气螺母；15—软管接头；16—氧气螺母；17—中部主体；18—阀杆；19—防松螺母

学习情境1.4 给水管道预制加工

管道加工是指管子的调直、切割、套丝、煨弯及制作异形管件等过程。

1.4.1 管子切断

在管路安装前，需要根据安装的长度和形状将管子切断。常见的切断方法有锯割、刀割、磨割、气割、凿切、等离子切割等。

1. 锯割

用手锯断管，应将管材固定在工作台的压力钳内，将锯条对准画线，双手推锯，锯条要保持与管的轴线垂直，推拉锯用力要均匀，锯口要锯到底，不许扭断或折断，以防管口断面变形，如图1.55所示。

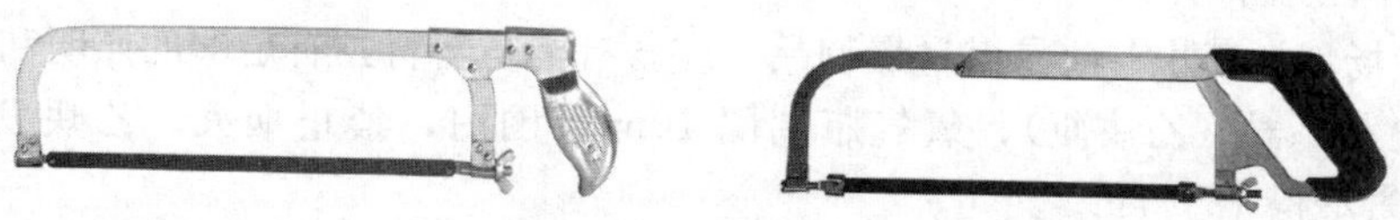

(a) (b)

图1.55 手工钢锯架

(a) 固定锯架；(b) 可调锯架

2. 刀割

刀割是指用管子割刀切断管子，一般用于切割直径50mm以下的管子，具有操作简便、速度快、切口断面平整的优点，如图1.56所示。

使用管子割刀切割管子时，应将割刀的刀片对准切割线平稳切割，不得偏斜，每次进刀量不可过大，以免管口受挤压使管径变形，并应对切口处加油。管子切断后，应用铰刀铰去缩小部分。

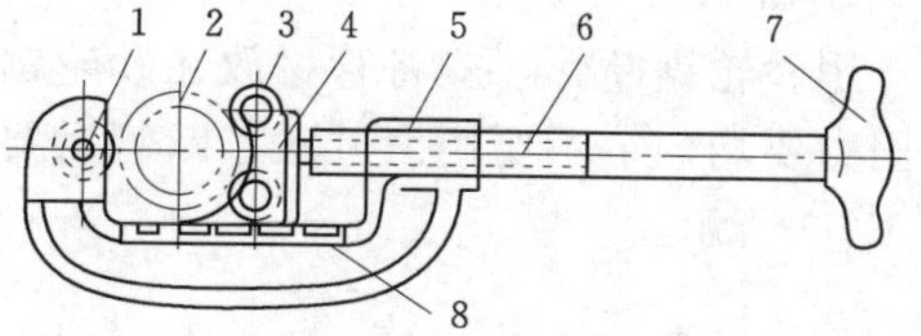

图1.56 管子割刀

1—滚刀；2—被割管子；3—压紧滚轮；4—滑动支座；5—螺母；6—螺杆；7—把手；8—滑道

3. 气割

利用可燃气体同氧混合燃烧所产生的火焰分离材料的热切割，又称氧气切割或火焰切割。气割时，火焰在起割点将材料预热到燃点，然后喷射氧气流，使金属材料剧烈氧化燃烧，生成的氧化物熔渣被气流吹除，形成切口。气割用的氧纯度应大于99%；可燃气体一般用乙炔气，也可用石油气、天然气或煤气。用乙炔气的切割效率最高，质量较好，但成本较高。气割设备主要是割炬和气源。割炬是产生气体火焰、传递和调节切割热能的工具，其结构影响气割速度和质量。采用快速割嘴可提高切割速度，使切口平直，表面光洁，如图1.57所示。

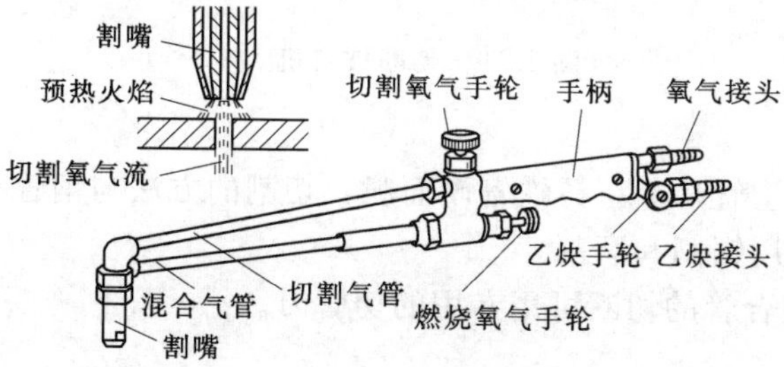

图1.57 气割割炬

(1) 操作前的检查。

1) 乙炔发生器(乙炔气瓶)、氧气瓶、胶管接头、阀门的紧固件应紧固牢靠，不准有松动、破烂和漏气。氧气及其附件、胶管、工具上禁止粘油。

2) 氧气瓶、乙炔管有漏气、老化、龟裂等，不得使用。管内应保持清洁，不得有杂物。

(2) 操作步骤。使用乙炔气瓶气焊(割)的操作步骤如下：

1) 将乙炔减压器与乙炔瓶阀，氧气减压器与氧气气瓶阀，氧气软管与氧气减压器，乙炔软管与乙炔减压器，氧气、乙炔软管与焊(割)炬均可靠连接。

2) 分别开启乙炔瓶阀和氧气瓶阀。

3) 对焊(割)炬点火，即可工作。

4) 工作完毕后，依次关闭焊(割)乙炔阀、氧气阀，再关闭乙炔瓶阀、氧气瓶阀，然后拆下氧气、乙炔软管，并检查清理场地，灭绝火种，方可离开。

(3) 操作注意事项。

1) 焊接场地，禁止存放易燃易爆物品，应备有消防器材，有足够的照明和良好的通风。

2) 乙炔发生器(乙炔瓶)、氧气瓶周围10m范围内，禁止烟火。乙炔发生器与氧气瓶之间的距离不得小于7m。

3) 检查设备，附件及管路漏气，可用肥皂水试验，周围不准有明火或吸烟。

4) 氧气瓶必须用手或扳手旋取瓶帽，禁止用铁锤等铁器敲击。

5) 旋开氧气瓶、乙炔瓶阀门不要太快，防止压力气流激增，造成瓶阀冲出等事故。

6) 氧气瓶嘴不得沾染油脂。冬季使用，如瓶嘴冻结时，不许用火烤，只能用热水或蒸汽加热。

4. *磨割*

用砂轮锯断管，应将管材放在砂轮锯卡钳上，对准画线卡牢，进行断管。断管时压手柄用力要均匀，不要用力过猛，断管后要将管口断面的铁膜、毛刺清除干净，如图1.58、图1.59所示。

图1.58 砂轮切割机

图1.59 切断坡口机

5. *其他切割方法*

(1) 凿切。凿切主要用于铸铁管及陶土管切断。铸铁管硬而脆，切割的方法与钢管有所不同。目前，通常采用凿切，有时也采用锯割和磨割。

(2) 塑料管材切断。PPR管和铝塑复合管的切断可用专用的切管刀。

6. *管子切割要求*

(1) 管道截断根据不同的材质采用不同的工具。

(2) 碳素钢管宜采用机械方法切割。当采用氧乙炔火焰切割时，必须保证尺寸正确和表面平整。

(3) 不锈钢管宜采用机械方法或等离子方法切割。不锈钢管用砂轮切割或修磨时，应使用专用砂轮片。

(4) 断管：根据现场测绘草图，在选好的管材上画线，按线断管。

1) 用砂轮锯断管时，应将管材放在砂轮锯卡钳上，对准画线卡牢，进行断管。断管时压手柄用力要均匀，不要用力过猛。断管后要将管口断面的铁膜、毛刺清除干净。

2) 用手锯断管时，应将管材固定在台虎钳的压力钳内，将锯条对准画线，双手推锯，锯条要保持与管的轴线垂直，推拉锯用力要均匀，锯口要锯到底，不准将未切完的管子扭断或折断，以防管口断面变形。

(5) 钢管管子切口质量应符合下列规定：切口表面应平整，无裂纹、重皮、毛刺、凸凹、缩口、熔渣、氧化物、铁屑等；切口端面倾斜偏差 Δ（见图 1.60）不应大于管子外径的 1%，且不超过 3mm。

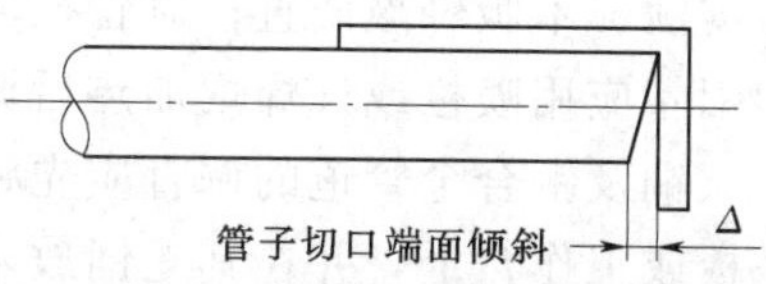

图 1.60 切口断面示意图

(6) 钢塑复合管截管宜采用锯床，不得采用砂轮切割。当采用盘锯切割时，其转速不得大于 800r/min；当采用手工锯截管时，其锯面应垂直于管轴心。铝塑复合管管道：公称外径 *De* 不大于 32mm 的管道，安装时应先将管卷展开、调直。截断管道应使用专用管剪或管子割刀。

(7) 超薄壁不锈钢塑料复合管管道在安装前发现管材有纵向弯曲的管段时，应采用手工方法进行校直，不得锤击划伤。管道在施工中不得抛、摔、踏踩。超薄壁不锈钢塑料复合管 $DN \leqslant 50$mm 的管材宜使用专用割刀手工断料，或专用机械切割机断料；$DN > 50$mm 的管材宜使用专用机械切割机断料。手工割刀应有良好的同圆性。

(8) 铜管切割：铜及铜合金管的切割可采用钢锯、砂轮锯，但不得采用氧—乙炔焰切割。铜及铜合金管坡口加工采用锉刀或坡口机，但不得采用氧—乙炔焰来切割加工。夹持铜管的台虎钳钳口两侧应垫以木板衬垫，以防夹伤管子。

1.4.2 管子调直与弯曲

管子在搬运和堆放过程中，常因碰撞而弯曲，加工和安装时也有可能使管子变形，但管道施工要求管子必须是横平竖直的，否则将影响管道的外形美观和管道的使用。因此，施工中要注意管子在切断前和加工后是否笔直，如有弯曲要进行调直。

1.4.2.1 管子调直

管子调直一般采用冷调和热调两种方法。冷调直指在常温下直接调直，适用于公称直径 50mm 以下弯曲不大的钢管。热调直是将钢管加热到一定温度，在热态下调直，一般在钢管弯曲较大或直径较大时采用。

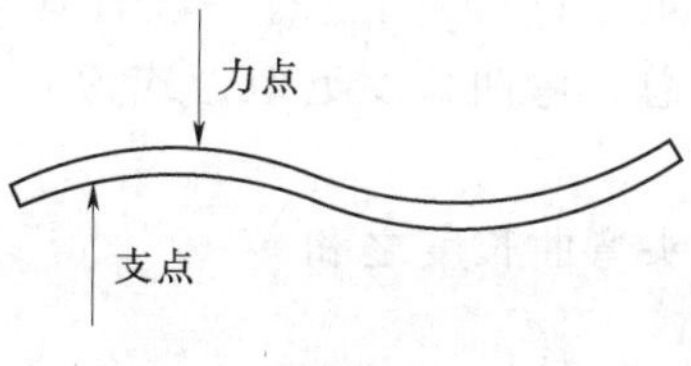

图 1.61 钢管冷调直

1. 冷调直

管道在安装以前的冷调直的方法有两种：

(1) 用两把手锤，一把顶在管子弯曲处的短端作支点，另一把敲打背部。两把手锤不能对着打，应有一定的间距，敲击的力量要适度，直到管子平直为止，如图 1.61 所示。

(2) 采用调直器。将管子的弯曲部位放在调直器丝杠两边的凹槽中，使管子突出部位朝上，固定后，用力旋转丝杠，使丝杠下的压块迫使管子突出部位变直，调直器调直弯管质量较好，并可减轻劳动强度。

2. 热调直

公称直径在 50～100mm 的弯曲钢管及弯曲度大于 20°的小管径钢管一般用热调直的方法。热调直时先将钢管弯曲部分加热到 600～800℃后，放在由 4 根以上管子组成的滚动平台上反复滚动，利用重力及钢材的塑性变形达到调直的目的。弯度大的管子加热后可将弯背向下使两头翘起，轻轻向下压直后在滚动，应边滚动边冷却，以保证管子不再弯曲。为加速冷却，可边滚动边在加热部位均匀地涂些废机油。

由于塑料管、紫铜管、铝管等材质较软，对管径较小的管子，可用手工直接调直或用橡皮锤、木版轻敲调直；对管径较大的塑料管可用热风加热后调直；对管径较大的紫铜管和铝管应用喷枪或气焊炬加热后调直。

铜及铜合金管道的调直应先将管内充砂，然后用调直器进行调直；也可将充砂管放在平板或工作台上，并在其上铺放木垫板，再用橡皮锤、木槌或方木沿管身轻轻敲击，逐段调直。调直过程中注意用力不能过大，不得使管子表面产生锤痕、凹坑、划痕或粗糙的痕迹。调直后应将管内的残砂等清理干净。

1.4.2.2 管子弯曲

施工中常常需要改变管路走向，将管子弯曲以达到设计规定的角度。管子弯曲制作方法可分为冷弯和热煨两种，如图 1.62 所示。

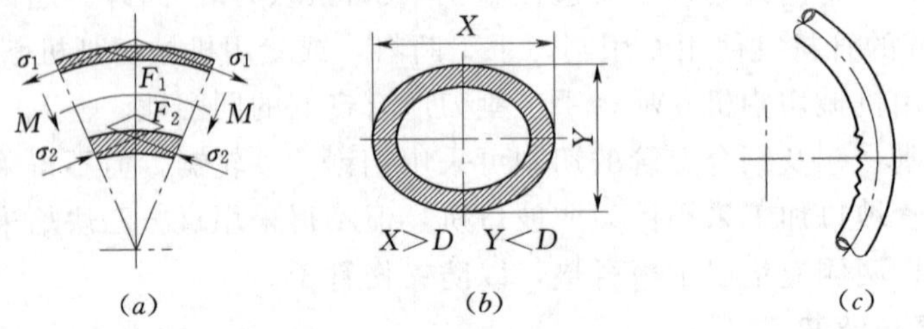

图 1.62 管子弯曲的横断面变形

1. 弯管下料计算

弯管下料计算是指计算弯管在弯曲前的展开长度（弯曲长度或煨弯长度）。

(1) 弯头的弯曲长度 L。

$$L=2\pi R\frac{\alpha}{360}$$

式中：α 为弯曲角度；R 为弯曲半径。

(2) 乙字弯。一般可近似按两个 45°弯管计算。若两个 45°弯管之间还有一段直管段时，两个弯曲中心间的距离可近似的取为 $L_1=1.5B$。工字弯总、弯曲长度近似公式为 $L=1.5B+2\sim3D$。

乙字弯总弯曲长度为两端直管段、中间直管段与两个弯头弯曲长度之和。

2. 弯曲方法

(1) 冷弯。冷弯是在管子不加热的情况下，使用弯管工具对管子进行弯曲。冷弯操作简便，效率很高，但只适用于管径小、管壁薄的管子。

1）手动弯管器。一般可以弯制公称直径32mm以下的管子。

2）液压弯管器。液压弯管器利用液压原理通过靠模把管子弯曲。操作方法与手动弯管器基本相同。

3）电动弯管机。电动弯管机是由电动机通过减速装置带动传动胎轮，在胎轮上设有管子夹持器，以夹紧管子固定在动胎轮上。弯制时，动胎轮和被加紧的管子一起旋转至所需弯曲角度。

（2）热弯。首先将管子一端用木塞堵上，灌入干燥砂，用榔头轻轻在管外壁上敲打，将管内的砂子振实，再将管子的另一端也用木塞堵上，然后根据尺寸要求划好线进行加热。当受热管段表面呈橙红色时（900～950℃）即可进行煨制。如管径较小（32mm以下）或者弯曲的度数不大，可适当降低加热温度。

在整个弯管过程中，用力要均匀，速度不宜过快，但操作要连续、不可间断，当受热管表面呈暗红色时（700℃）应停止煨制。

（3）铜管弯管。铜及铜合金管煨弯时尽量不用热煨，因热煨后管内填充物（如河砂、松香等）不宜清除。一般管径在100mm以下者采用弯管机冷弯；管径在100mm以上者采用压制弯头或焊接弯头。铜弯管的直边长度不应小于管径，且不少于30mm。

1）热煨弯（一般用于黄铜管）：①先将管内充入无杂质的干细砂，并用木槌敲实，然后用木塞堵住两端口，再在管壁上画出加热长度的记号，应使弯管的直边长度不小于其管径，且不小于30mm；②用木炭对管身的加热段进行加热，如采用焦炭加热，应在关闭炭炉吹风机的条件下进行，并不断转动管子，使加热均匀；③当加热至400～500℃时，迅速取出管子放在胎具上弯制，在弯制过程中不得在管身上浇水冷却；④热煨弯后，管内不易清除的河砂可用浓度15%～20%的氢氟酸在管内存留3h使其溶蚀，再用10%～15%的碱中和，以干净的热水冲洗，再在120～150℃温度下经3～4h烘干。

2）冷煨弯（一般用于紫铜管）：①先将管内充入无杂质的干细砂，并用木槌敲实，然后用木塞堵住两端口，再在管壁上画出加热长度的记号，应使弯管的直边长度不小于其管径，且不小于30mm；②用木炭对管身的加热段进行加热，如采用焦炭加热，应在关闭炭炉吹风机的条件下进行，并不断转动管子，使加热均匀；③当加热至540℃时，迅速取出管子，并对其加热部分浇水骤冷，待其冷却后再在胎具上弯制。

3. 管子弯曲要求

（1）弯管宜采用壁厚为正公差的管子制作。

（2）有缝钢管制作弯管时，焊缝应避开受拉（压）区。

（3）弯制钢管，弯曲半径应符合下列规定：

1）热弯：应不小于管道外径的3.5倍。

2）冷弯：应不小于管道外径的4倍。

3）焊接弯头：应不小于管道外径的1.5倍。

4）冲压弯头：应不小于管道外径。

（4）钢管应在其材料特性允许范围内冷弯或热弯。

（5）加热制作弯管时，铜管加热温度范围为500～600℃；铜合金管加热温度范围为600～700℃。

(6) 弯管质量应符合下列规定：

1) 不得有裂纹（目测或依据设计文件规定）。

2) 不得存在过烧、分层等缺陷。

3) 不宜有皱纹。

4) 测量弯管任一截面上的最大外径与最小外径差，应符合表1.26规定。

5) 各类金属管道的弯管，管端中心偏差值Δ不得超过3mm/m，当直管长度L大于3m时，其偏差不得超过10mm。

Π形弯管的平面度允许偏差Δ应符合表1.27规定。

表1.26 弯管最大外径与最小外径之差

管子类别	最大外径与最小外径之差	管子类别	最大外径与最小外径之差
钢管	为制作弯管前管子外径的8%	铜合金管	为制作弯管前管子外径的8%
铜管	为制作弯管前管子外径的9%		

表1.27 Π形弯管的平面度允许偏差Δ 单位：mm

长度L	<500	500～1000	>1000～1500	>1500
平面度Δ	≤3	≤4	≤6	≤10

(7) 钢塑复合管管径不大于50mm时可用弯管机冷弯，但其弯曲半径不得小于8倍管径，弯曲角度不得大于10°。

(8) 管道转弯处宜采用管件连接。$DN \leqslant 32$的管材，当采用直管材折曲转弯时，其弯曲半径不应小于$12DN$，且在弯曲时应套有相应口径的弹簧管。管道弯曲部位不得有凹陷和起皱现象。

(9) 铝塑复合管直接弯曲时，公称外径De不大于25mm的管道可采用在管内放置专用弹簧弯曲；公称外径De为32mm的管道宜采用专用弯管器弯管。

1.4.3 钢管套丝

管道中螺纹连接所用的螺纹称为管螺纹。管螺纹的加工习惯上称为套丝，是管道安装中最基本的、应用最多的操作技术之一。

钢管螺纹连接一般均采用圆锥螺纹与圆柱内螺纹连接，简称锥接柱。钢管套丝就是指对钢管末段进行外螺纹加工。加工方法有手工套丝和机械套丝两种。

1. 管螺纹

管螺纹有圆柱形螺纹和圆锥形螺纹两种。

一般情况下，管子和管子附件的外螺纹（外丝）用圆锥状螺纹，管子配件以及设备接口的内螺纹（内丝）用圆柱状螺纹。圆锥状螺纹和圆柱状螺纹齿形和尺寸相同，但和圆柱状螺纹锥度为零。圆锥状螺纹锥度角φ为$1°47'24''$。常用管螺纹尺寸见表1.28。

(1) 手工套丝。手动套丝板如图1.63所示。用手工套丝板套丝，先松开固定板机，把套丝板板盘退到零度，按顺序号上好板牙，把板盘对准所需刻度，拧紧固定板机，将管材放在压力案压力钳内，留出适当长度卡紧，将套丝板轻轻套入管材，使其松紧适度，而后两手推套丝板，带上2～3扣，再站到侧面扳转套丝板，用力要均匀，待丝扣即将套成时，轻轻松开板机，开机退板，保持丝扣应有锥度。管子螺纹长度尺寸详见表1.28。

表 1.28 管子螺纹长度尺寸表

项次	公称直径		普通丝头		长丝（连接设备用）		短丝（连接阀类用）	
	mm	in	长度（mm）	螺纹数	长度（mm）	螺纹数	长度（mm）	螺纹数
1	15	1/2	14	8	50	28	12.0	6.5
2	20	3/4	16	9	55	30	13.5	7.5
3	25	1	18	8	60	26	15.0	6.5
4	32	$1\frac{1}{4}$	20	9	65	28	17.0	7.5
5	40	$1\frac{1}{2}$	22	10	70	30	19.0	8
6	50	2	24	11	75	33	21.0	9
7	70	$2\frac{1}{2}$	27	12	85	37	23.5	10.0
8	80	3	30	13	100	44	26	11.0

注 1. 螺纹长度均包括螺尾在内。
2. 管螺纹加工。

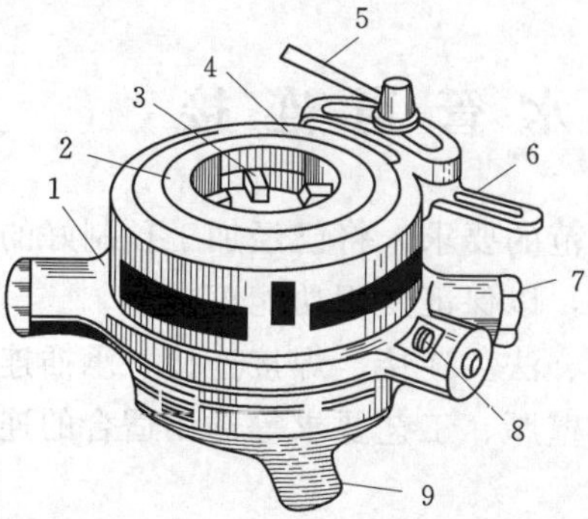

图 1.63 手动套丝板

1—铰板本体；2—固定盒；3—板牙；4—活动标盘；5—标盘固定把手；6—板牙松紧把手；7—手柄；8—棘轮子；9—后卡爪手柄

（2）机械套丝。机械套丝是指用套丝机加工管螺纹。目前在安装现场已普遍使用套丝机来加工管螺纹。

套丝机按结构型式分为两类：一类是板牙架旋转，用卡具夹持管子纵向滑动，送入板牙内加工管螺纹；另一类是用卡具夹持管子旋转，纵向滑动板牙架加工管螺纹。目前使用第二种的套丝机较多。这种套丝机由电动机、卡盘、割管刀、板牙架和润滑油系统等组成。电动机、减速箱、空心主轴、冷却循环泵均安装在同一箱体内，板牙架、割管刀、铣刀都装在托架上，电动套丝机如图 1.64 所示。

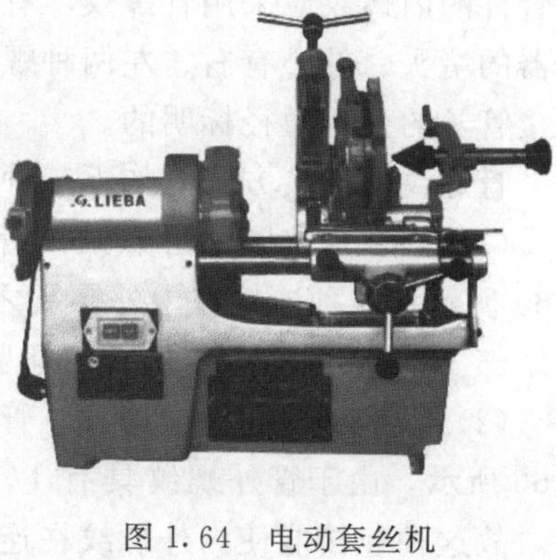

图 1.64 电动套丝机

套丝机的使用步骤：

1）在板牙架上装好板牙。

2）将管子从后卡盘孔穿入到前卡盘，留出合适的套丝长度后卡紧。

3）放下板牙架，加机油后按开启按钮使机器运转，搬动进给把手，用板牙对准管子端部，稍加一点压力，于是套丝机就开始工作。

4）板牙对管子很快就套出一段标准螺纹，然后关闭开关，松开板牙头，退出把手，拆下管子。

5）用管子割刀切断的管子套丝后，应用铣刀铣去管内径缩口边缘部分。

2. 管螺纹的质量要求

管螺纹的加工质量，是决定螺纹连接严密与否的关键环节。按质量要求加工的管螺纹，既是不加填料，也能保证连接的严密性；质量差的管螺纹，及时加较多的填料，也难保证连接的严密。为此，管螺纹应达到以下质量标准：

（1）螺纹表面应光洁、无裂缝，可微有毛刺。

（2）螺纹断缺总长度，不得超过表1.28中规定长度的10%，各断缺处不得纵向连贯。

（3）螺纹高度减低量，不得超过15%。

（4）螺纹工作长度可允许短15%，但不应超长。

（5）螺纹不得有偏丝、细丝、乱丝等缺陷。

学习情境1.5　给水管道连接

管道连接是指按照设计图纸和有关设计规范的要求，将已经加工预制好的管子与管子或管子与管件和阀门等连接成一个完整的系统，以保证使用功能正常。

管道连接的方法很多，常用的有螺纹连接、法兰连接、焊接连接、承插连接、卡套连接等，具体施工过程中，应根据管材、管径、壁厚、工艺要求等选用适合的连接方法。

1.5.1 管道螺纹连接

螺纹连接也称丝扣连接，是通过外螺纹和内螺纹之间的相互来实现管道连接的。螺纹连接适用于焊接钢管150mm以下管径以及带螺纹的阀类和设备接管的连接，适宜于工作压力在1.6MPa内的给水、热水、低压蒸汽、燃气等介质。

1. 管螺纹及其连接形式

用于管子连接的管螺纹为英制三角形右螺纹（正丝扣），有圆锥形和圆柱形两种。螺纹管件的内螺纹应采用管螺纹，有右螺纹（正丝扣）、左螺纹（反丝扣）两种。除连接散热器的堵头、补心有右、左两种螺纹规格外，常用管件均为右螺纹。管件的公称通径是按连接管子的公称通径标明的。

管螺纹的连接方式有如下三种：

（1）圆柱形接圆柱形螺纹。管端外螺纹和管件内螺纹都是圆柱形螺纹的连接，如图1.65所示。这种连接在内外螺纹之间存在平行而均匀的间隙，这一间隙是靠填料和管螺纹尾部1～2扣拔有梢度的螺纹压紧而严密的。

（2）圆锥形接圆柱形螺纹。管端为圆锥形外螺纹，管件为圆柱形内螺纹的连接，如图1.66所示。由于管外螺纹具有1/16的锥度，而管件的内螺纹工作长度和高度都是相等的，故这种连接能使内外螺纹在连接长度的2/3部分有较好的严密性，整个螺纹的连接间隙明显偏大，尤应注意以填料充填方可得到要求的严密度。

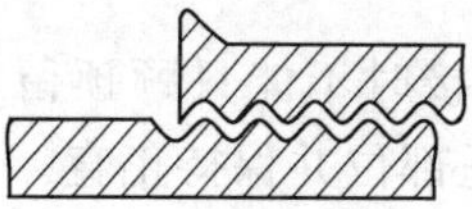

图 1.65 圆柱形接圆柱形螺纹

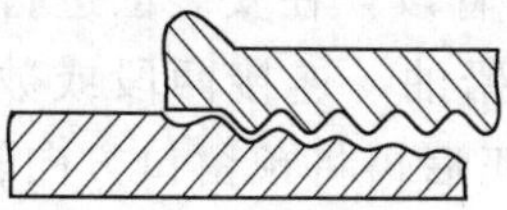

图 1.66 圆锥形接圆柱形螺纹

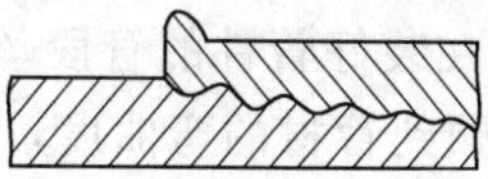

图 1.67 圆锥形接圆锥形螺纹

(3) 圆锥形接圆锥形螺纹。管子和管件的螺纹都是圆锥形螺纹的连接，如图 1.67 所示。这种连接内外螺纹面能密合接触，连接的严密性最高，甚至可不加填料，只需要在管螺纹上涂上铅油等润滑油即可拧紧。

2. 螺纹连接步骤

(1) 断管。根据现场测绘草图，在选好的管材上画线，按线断管。

(2) 套丝。将断好的管材，按管径尺寸分次套制丝扣，一般以管径 15～32mm 者套两次，40～50mm 者套三次，70mm 以上者套 3～4 次为宜。

(3) 配装管件。根据现场测绘草图，将已套好丝扣的管材，配装管件。

1) 配装管件时应将所需管件带入管丝扣，试试松紧度（一般用手带入 3 扣为宜）。在丝扣处涂铅油、缠麻后带入管件，然后用管钳将管件拧紧，使丝扣外露 2～3 扣，去掉麻头，擦净铅油，编号放到适当位置等待调直。

2) 根据配装管件的管径的大小选用适当的管钳（见表 1.29）。管钳的外形如图 1.68 所示。

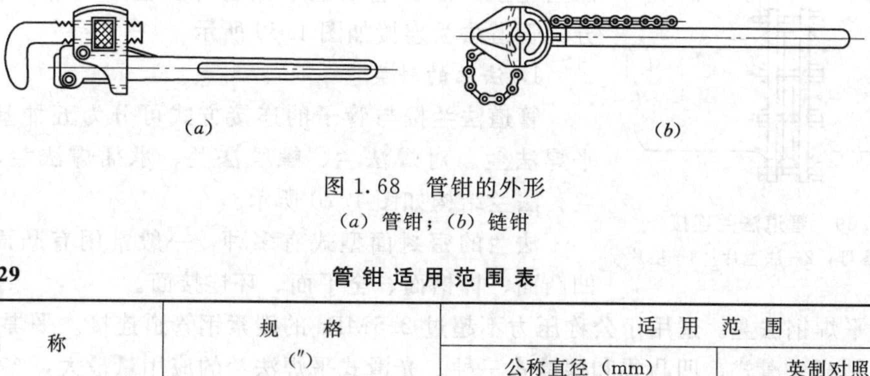

(*a*) (*b*)

图 1.68 管钳的外形

(*a*) 管钳；(*b*) 链钳

表 1.29 管钳适用范围表

名 称	规 格 (″)	适用范围	
		公称直径（mm）	英制对照（″）
管 钳	12	15～20	1/2～3/4
	14	20～25	3/4～1
	18	32～50	1¼～2
	24	50～80	2～3
	36	80～100	3～4

首先将要连接的两管接头丝头用麻丝按顺螺纹方向缠上少许，再涂抹白铅油，涂抹要均匀。如用聚四氟乙烯胶带更为方便。然后将一个管子用管钳夹紧，在丝头处安上活节，拧进 1/2 活节长，此时再把另一支管子用第二把管钳子夹紧，固定住第一把钳子，拧动第二把管钳子，将管拧进活节另 1/2，对突出的油麻，用麻绳往复磨断清扫干净。对于介质温度超过 115℃的管路接口，可采用黑铅油和石棉绳。

3）管段调直。将已装好管件的管段，在安装前进行调直。

a. 在装好管件的管段丝扣处涂铅油，连接两段或数段，连接时不能只顾预留口方向而要照顾到管材的弯曲度，相互找正后再将预留口方向转到合适部位并保持正直。

b. 管段连接后，调直前必须按设计图纸核对其管径、预留口方向、变径部位是否正确。

c. 管段调直要放在调管架上或调管平台上，一般两人操作为宜，一人在管段端头目测，一人在弯曲处用手锤敲打，边敲打，边观测，直至调直管段无弯曲为止，并在两管段连接点处标明印记，卸下一段或数段，再接上另一段或数段直至调完为止。

d. 对于管件连接点处的弯曲过死或直径较大的管道可采用烘炉或气焊加热到600～800℃（火红色）时，放在管架上将管道不停地转动，利用管道自重使其平直，或用木板垫在加热处用锤轻击调直，调直后在冷却前要不停地转动，等温度降到适当时在加热处涂抹机油。

凡是经过加热调直的丝扣，必须标好印记，卸下来重新涂铅油缠麻，再将管段对准印记拧紧。

e. 配装好阀门的管段，调直时应先将阀门盖卸下来，将阀门处垫实再敲打，以防震裂阀体。

f. 镀锌碳素钢管不允许用加热法调直。

g. 管段调直时不允许损坏管材。

1.5.2 法兰连接

法兰是管道之间、管道与设备之间的一种连接装置。在管道工程中，凡需要经常检修或定期清理的阀门、管路附属设备与管子的连接一般采用法兰连接。法兰包括上下法兰片、垫片和螺栓螺母三部分。管道法兰连接如图1.69所示。

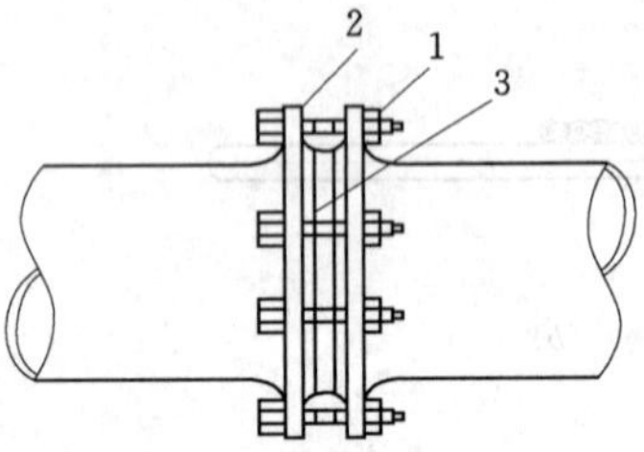

图1.69 管道法兰连接

1—螺栓螺母；2—法兰片；3—垫片

1. *法兰的种类*

管道法兰按与管子的连接方式可分为五种基本类型：平焊法兰、对焊法兰、螺纹法兰、承插焊法兰、松套法兰。法兰结构如图1.70所示。

法兰的密封面型式有多种，一般常用有凸面、凹面、凹凸面、榫槽面、全平面、环连接面。

（1）平焊钢法兰。适用于公称压力不超过2.5MPa的碳素钢管道连接。平焊法兰的密封面可以制成光滑式、凹凸式和榫槽式三种。光滑式平焊法兰的应用量最大，多用于介质条件比较缓和的情况下，如低压非净化压缩空气、低压循环水，它的优点是价格比较便宜。

对焊钢法兰用于法兰与管子的对口焊接，其结构合理，强度与刚度较大，经得起高温高压及反复弯曲和温度波动，密封性可靠．公称压力为0.25～2.5MPa的对焊法兰采用凹凸式密封面。

（2）承插焊法兰。常用于$PN \leqslant 10.0$MPa，$DN \leqslant 40$的管道中。

（3）松套法兰。松套法兰俗称活套法兰、分焊环活套法兰、翻边活套法兰和对焊活套法兰，常用于介质温度和压力都不高而介质腐蚀性较强的情况。当介质腐蚀性较强时，法兰接触介质的部分（翻边短节）为耐腐蚀的高等级材料如不锈钢等材料，而外部则利用低等级材料如碳钢材料的法兰环夹紧它以实现密封。

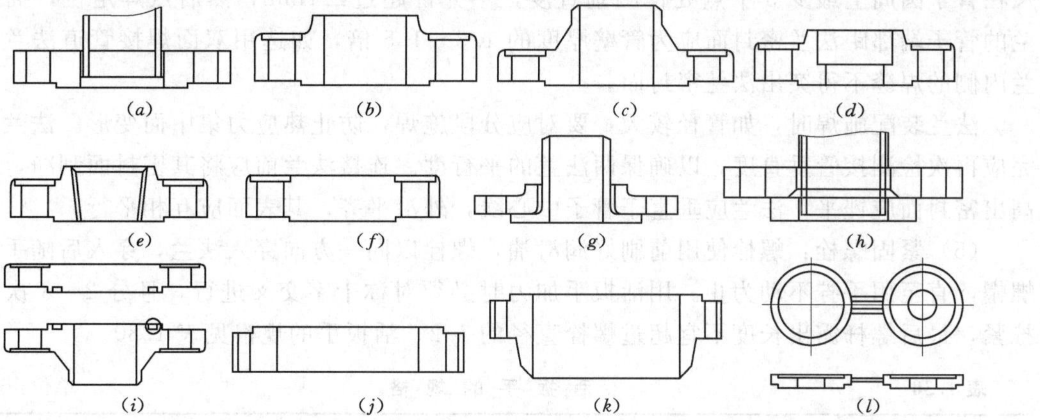

图1.70　法兰结构

(*a*) 板式平焊法兰；(*b*) 带颈平焊法兰；(*c*) 带颈对焊法兰；(*d*) 承插焊法兰 (*DN*15～80)；(*e*) 螺纹法兰 (*DN*15～80)；(*f*) 法兰盖；(*g*) 带颈对焊环松套法兰；(*h*) 平焊环松套法兰；(*i*) 环槽面法兰及法兰盖；(*j*) 大直径平板法兰 (600～4800mm)；(*k*) 大直径高颈法兰 (600～4000mm)；(*l*) 八字盲板

(4) 整体法兰。常常是将法兰与设备、管子、管件、阀门等做成一体，这种型式在设备和阀门上常用。

2. 衬垫

法兰衬垫根据输送介质选定，制垫时，将法兰放平，光滑密封面朝上，将垫片原材盖在密封面上，用水锤轻轻敲打，刻出轮廓印，用剪刀或凿刀裁制成形，注意留下安装把柄。加垫前，须将密封面刮干净，高出密封面的焊肉须挫平。法兰应垂直于管中心。加垫时应放正，不使垫圈突入管内，其外圆到法兰螺栓孔为宜，不妨碍螺栓穿入。禁止加双垫、偏垫，且按衬垫材质选定在其两侧涂抹的铅油等类涂料。

3. 法兰连接方法

法兰连接的过程一般分三步进行，首先将法兰装配或焊接在管端，然后将垫片置于法兰之间，最后用螺栓连接两个法兰并拧紧，使之达到连接和密封管路的目的。

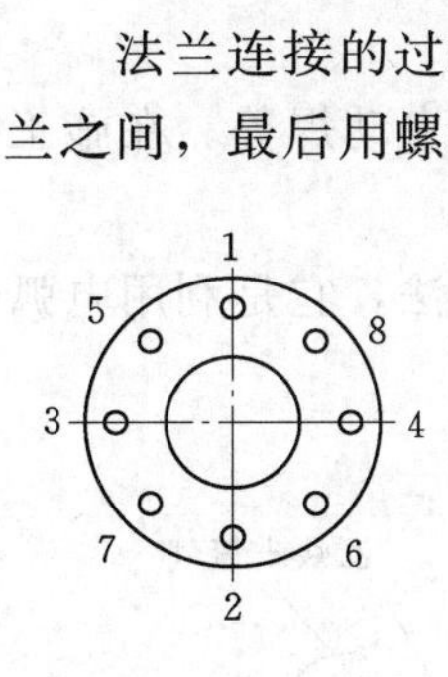

图1.71　紧固法兰螺栓次序

法兰连接时，无论使用哪种方法，都必须在法兰盘与法兰盘之间垫适应输送介质的垫圈，而达到密封的目的。法兰垫圈应符合要求，不允许使用斜垫圈或双层垫圈。连接时，要注意两片法兰的螺栓孔对准，连接法兰的螺栓应使用同一规格，全部螺母应位于法兰的一侧。紧固螺栓时应按照图1.71所示次序进行，大口径法兰最好两人在对称位置同时进行。紧固法兰螺栓次序如图1.71所示。

(1) 凡管段与管段采用法兰盘连接或管道与法兰阀门连接者，必须按照设计要求和工作压力选用标准法兰盘。

(2) 法兰盘的连接螺栓直径、长度应符合规范要求，紧固法兰盘螺栓时要对称拧紧，紧固好的螺栓外露丝扣应为2～3扣，不宜大于螺栓直径的1/2。

(3) 法兰盘连接衬垫，一般给水管（冷水）采用厚度为3mm的橡胶垫，供热、蒸汽、生活热水管道应采用厚度为3mm的石棉橡胶垫。垫片要与管径同心，不得放偏。

(4) 法兰装配：采用成品平焊法兰时，必须使管与法兰端面垂直，可用法兰弯尺或拐尺在管子圆周上最少3个点处检测垂直度，不允许超过±1mm，然后点焊定位，插入法兰的管子端部距法兰密封面应为管壁厚度的1.3～1.5倍，如选用双面焊接管道法兰，法兰内侧的焊缝不得突出法兰密封面。

法兰装配施焊时，如管径较大，要对应分段施焊，防止热应力集中而变形。法兰装配完应再次检测接管垂直度，以确保两法兰的平行度。连接法兰前应将其密封面刮净，焊肉高出密封面应锉平，法兰应垂直于管子中心线，外沿平齐，其表面应互相平行。

（5）紧固螺栓：螺栓使用前刷好润滑油，螺栓以同一方向穿入法兰，穿入后随手戴上螺帽，直至用手拧不动为止。用活扳手加力时必须对称十字交叉进行，且分2～3次逐渐拧紧，最后螺杆露出长度不宜超过螺栓直径的1/2。活扳手的规格见表1.30。

表1.30　　活扳手的规格　　单位：mm

长　度	100	150	200	250	300	375	450	600
最大开口宽度	14	19	24	30	36	46	55	65

法兰盘或螺栓处在狭窄空间、特殊位置及回旋空间极小时，可采用梅花扳手、手动套筒扳手、内六角扳手、增力扳手、棘轮扳手等。

1.5.3 焊接连接

焊接连接是管道工程中最重要且应用最广泛的连接方法。管子焊接是将管子接口处及焊条加热，达到金属熔化的状态，而使两个被焊件连接成一体。

焊接具有以下特点：

（1）接口牢固严密，焊缝强度一般达到管子强度的85%以上，甚至超过母材强度。

（2）焊接是管段间直接连接，构造简单，管路美观整齐，节省了大量定型管件。

（3）焊口严密，不用填料，减少维修工作。

（4）焊口不受管径限制，速度快。

（5）焊接接口是固定接口，连接拆卸困难，如需检修、清理管道则要将管道切断。

1. *焊接方法及选择*

（1）焊接方法。焊接连接有焊条电弧焊、气焊、手工氩弧焊、埋弧自动焊等。在施工现场，手工电弧焊和气焊应用最为普遍。

焊条电弧焊通常又称为手工电弧焊，是应用最普遍的熔化焊焊接方法，它是利用电弧产生的高温、高热量进行焊接的。焊条电弧焊如图1.72所示。

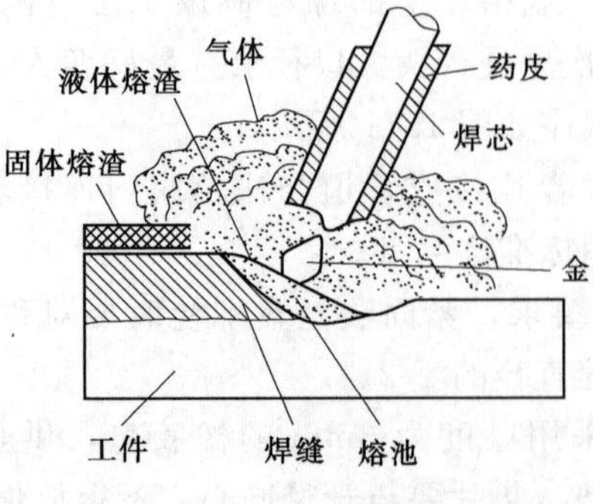

图1.72　焊条电弧焊过程示意图

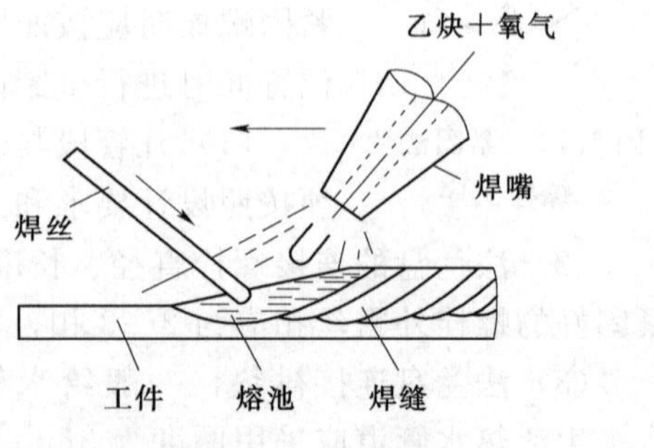

图1.73　气焊示意图

气焊是利用可燃气体和氧气在焊枪中混合后，由焊嘴中喷出点火燃烧，燃烧产生热量来熔化焊件接头处和焊丝形成牢固的接头。如图 1.73 所示，气焊主要应用于薄钢板、有色金属、铸铁件、刀具的焊接以及硬质合金等材料的堆焊和磨损件的补焊。气焊所用的可燃气体主要有乙炔气、液化石油气、天然气及氢气等，目前常用的是乙炔气，因为乙炔在纯氧中燃烧时所放出的有效热量最多。

(2) 焊接方法的选择。手工电弧焊的优点是电弧温度高，穿透能力比气焊大，接口容易焊透，适用厚壁焊件。因此，电焊适合于焊接 4mm 以上的焊件，气焊适合于焊接 4mm 以下的薄焊件，在同样条件下电焊的焊缝强度高于气焊。

气焊的加热面积较大，加热时间较长，热影响区域大，焊件因此局部加热极易引起变形。而电弧焊加热面积狭小，焊件变形比气焊小得多。

气焊不但可以焊接，而且还可以进行切割、开孔、加热等多种作业，便于在管道施工过程中的焊接和加热。对于狭窄地方接口，气焊可用弯曲焊条的方法较方便地进行焊接作业。

在同等条件下，气焊消耗氧气、乙炔气、气焊条，电焊消耗电能和电焊条，相比之下气焊的成本高于气焊。

因此，就焊接而言，电焊优于气焊，故应优先选用电焊。具体采用哪种焊接方法，应根据管道焊接工作的条件、焊接结构特点、焊缝所处空间以及焊接设备和材料来选择使用。在一般情况下，气焊用于公称直径小于 50mm、管壁厚度小于 3.5m 的管道连接，电焊用于公称直径等于或大于 50mm 的管道连接。

2. 焊接设备及材料

(1) 焊接设备。

1) 手工电弧焊使用的机具是：焊机（直流电焊机、交流电焊机、整流式直流弧焊机等，以直流电焊机在工地上使用较多）、焊钳、面罩、连接导线、手把软线等，如图 1.74 所示。

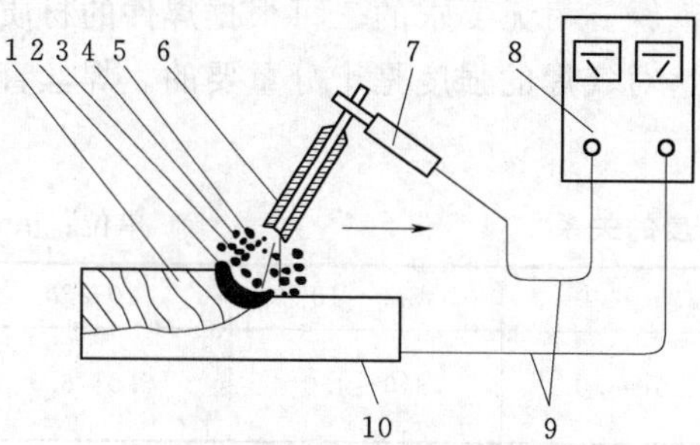

图 1.74　手工电弧焊设备组成

1—焊缝；2—熔池；3—保护气体；4—电弧；5—熔滴；6—焊条；7—焊钳；8—焊机；9—焊接电缆；10—焊件

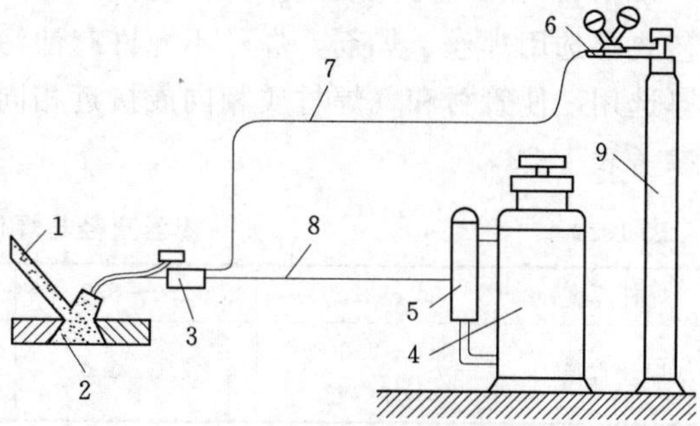

图 1.75　气焊设备组成

1—焊丝；2—焊件；3—焊炬；4—乙炔发生器；5—回火防止器；6—氧气减压器；7—氧气橡皮管；8—乙炔橡皮管；9—氧气瓶

2) 气焊设备。气焊设备包括氧气瓶、乙炔发生器（或溶解乙炔瓶）以及回火保险器等；气焊工具包括焊炬、减压器以及胶管等。气焊设备组成如图 1.75 所示。

氧气瓶是贮存高压氧气的容器；乙炔瓶是贮存乙炔的容器；减压器是将高压气体降为低压气体的调节装置。回火保护器是防止火焰进入喷嘴内延乙炔管道回烧（即回火）的安全装置。焊炬是用于控制氧气与乙炔的混合比例，调节气体流量及火焰并进行焊接的工具。

焊炬按气体的混合方式分为射吸式焊炬和等压式焊炬两类；按火焰的数目分为单焰和多焰两类；按可燃气体的种类分为乙炔用、氢用和汽油用等；按使用方法分为手工和机械两类。

射吸式焊炬也称为低压焊炬，它适用于低压及中压乙炔气（0.001～0.1MPa），目前国内应用较多，如图1.76所示。等压式焊炬仅适用于中压乙炔气。

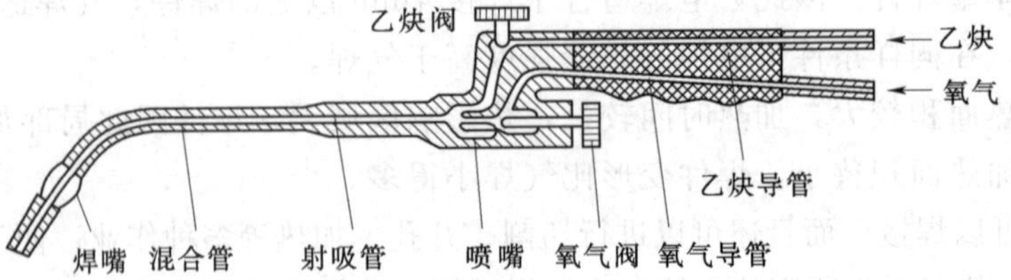

图1.76 射吸式焊炬

（2）焊条。

1）焊条的种类。焊条分电焊条与气焊条两种：用于电焊的接口材料是电焊条，用于气焊的接口材料是气焊条（称为焊丝）。正确地选用焊条，对焊接的质量和速度都十分重要。

手工电弧焊的电焊条种类很多。管道焊接常用结构钢电焊条J422，是以2～6mm碳素钢芯，外涂钛钙药皮材料制成的，其规格见表1.31。管道焊接常采用3.2mm的焊条。

表1.31 电焊条规格 单位：mm

焊芯直径	2	2.5	3.2	4	5	6
焊芯长度	250、35	300	350	350	400	450

常用的气焊条为低碳钢制成，直径2～4mm，长度有0.6m、1m两种，使用时应根据工艺要求选用焊丝、焊剂，焊丝不允许有油污和铁锈。对无要求的，可根据焊件的材质和板厚选用，使管材和气焊材质相同或接近相同，这对气焊的强度是十分重要的。焊丝直径可参考表1.32。

表1.32 焊丝直径与焊件厚度的关系 单位：mm

焊件厚度	1.0～2.0	2.0～3.0	3.0～4.0	5.0～10	10～20
焊丝直径	1.0～2.0或不加焊丝	2.0～3.0	3.0～4.0	3.0～4.0	5.0～6.0

2）焊条的选择。

a. 焊缝金属与母材等强，化学成分接近，低碳钢一般用钛钙型结422，结502。

b. 塑性、韧性、抗裂性能较高重要结构选低氢型结427、结507焊条。

c. 焊缝表面要美观、光滑的薄板构件最好选钛型结421焊条（结422也可）。

d. 焊条使用前烘干管理：碱性低氢焊条在使用前需烘干，一般采用250～3500℃，烘1～2h，不可将焊条往高温箱炉中突然放入，以免药皮开裂，应该徐徐加热，逐渐减温。酸性焊条要根据受潮的具体情况在70～1500℃烘箱中烘干1h。过期与变质焊条使用前应进行工艺性能试验。药皮无成块脱落，碱性焊条没有出现气孔，方可以使用。

e. 焊条的直径及使用电流见表1.33和表1.34。

表1.33 焊条直径的选择 单位：mm

焊件厚度	焊条直径
≥4	不超过焊件厚度
4～12	3.0～4.0
>12	≥

表1.34 各种直径电焊条使用电流

焊件直径（mm）	焊接电流（A）	焊件直径（mm）	焊接电流（A）
1.6	25～40	4	160～210
2.0	40～65	5	200～270
2.5	50～80	5.8	260～300
3.2	100～130		

3. 焊接操作步骤

焊接工艺流程：钢管坡口→对口→点焊定位→施焊（电焊、气焊）→焊口清理→探伤→试压。

(1) 坡口加工。

1) 坡口种类。根据设计或工艺需要，将焊件的待焊部位加工成一定几何形状的沟槽称为坡口。开坡口的目的是为了得到在焊件厚度上全部焊透的焊缝。

常用的坡口形式有I形坡口、Y形坡口、带钝边U形坡口、双Y形坡口、带钝边单边V形坡口等，如图1.77所示。

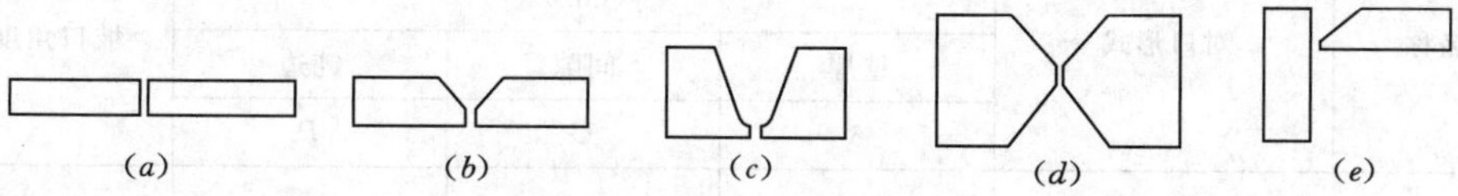

图1.77 常用的坡口形式

(a) I形坡口；(b) Y形坡口；(c) U形坡口；(d) 双Y形坡口；(e) 带钝边单边V形坡口

2) 焊接坡口的加工：

a. 刨边：用刨边机对直边可加工任何形式的坡口。

b. 车削：无法移动的管子应采用可移式坡口机或手动砂轮加工坡口。

c. 铲削：用风铲铲坡口。

d. 氧气切割：是应用较广的焊件边缘坡口加工方法，有手工切割、半自动切割、自动切割三种。

e. 碳弧气刨：利用碳弧气刨枪加工坡口。

对加工好的坡口边缘尚须进行清洁工作，要把坡口上的油、锈、水垢等脏物清除干净，有利获得质量合格的焊缝。清理时根据脏物种类及现场条件可选用钢丝刷、气焊火焰、铲刀、锉刀及除油剂清洗。

(2) 对口。用焊接方法连接的接头称为焊接接头（简称为接头）。它由焊缝、熔合区、热影响区及其邻近的母材组成。在焊接结构中焊接接头起两方面的作用，第一是连接作用，即把两焊件连接成一个整体；第二是传力作用，即传递焊件所承受的载荷。

由于工件厚度及质量要求不同，其接头及坡口形式也不同，焊接接头可分为10种类型，即对接接头、T形接头、十字接头、搭接接头、角接接头、端接接头、套管接头、斜对接接头、卷边接头和锁底接头，如图1.78所示。其中以对接接头和T形接头应用最为普遍。

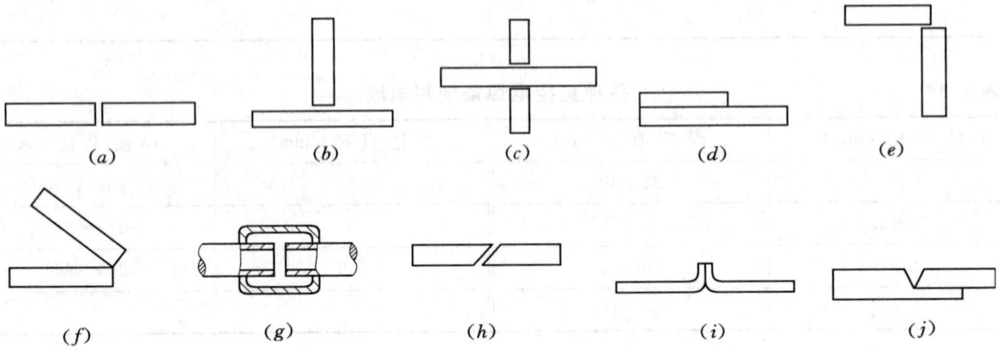

图1.78 焊接接头

(a) 对接接头；(b) T形接头；(c) 十字接头；(d) 搭接接头；(e) 角接接头；(f) 端接接头；(g) 套管接头；(h) 斜对接接头；(i) 卷边接头；(j) 锁底接头

一般管道的焊接为对口形式及组对，如设计无要求，电焊应符合表1.35的规定，气焊应符合表1.36的规定。

表1.35 手工电弧焊对口形式及组对要求

接头名称	对口形式	接头尺寸 (mm)			坡口角度α (°)
		壁厚 δ	间隙 C	钝边 P	
管子对接 V形坡口	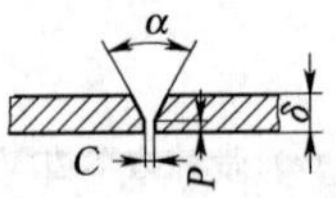	5～8 8～12	1.5～2.5 2～3	1～1.5 1～1.5	60～70 60～65

注 δ≤4毫米管子对接如能保证焊透可不开坡口。

表1.36 氧一乙炔焊对口形式及相对要求

接头名称	对口形式	接头尺寸 (mm)			坡口角度α (°)
		厚度δ	间隙C	钝边P	
对接不开坡口	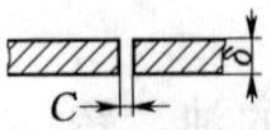	<3	1～2	—	—
对接V形坡口	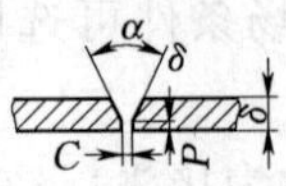	3～6	2～3	0.5～1.5	70～90

水平固定管对口时，管子轴线必须对正，不得出现中心线偏斜。由于先焊管子下部，为了补偿这部分焊接所造成的收缩，除了按技术标准留出对口间隙外，还应将上部间隙稍放大 0.5～2.0mm。

为了保证根部第一层单面焊双面成型良好，对于薄壁小管无坡口的管子，对口间隙可为母材厚度的一半。带坡口的管子采用酸性焊条时，对口的间隙等于焊芯直径为宜。采用碱性焊条不灭弧焊法时，对口间隙应等于焊条芯直径的一半为宜。

（3）定位。对工件施焊前先定位，根据工件纵横向焊缝收缩引起的变形，应事先选用夹紧工具、拉紧工具、压紧工具等进行固定。不同管径所选择定位焊的数目、位置也不相同。如图 1.79 所示。

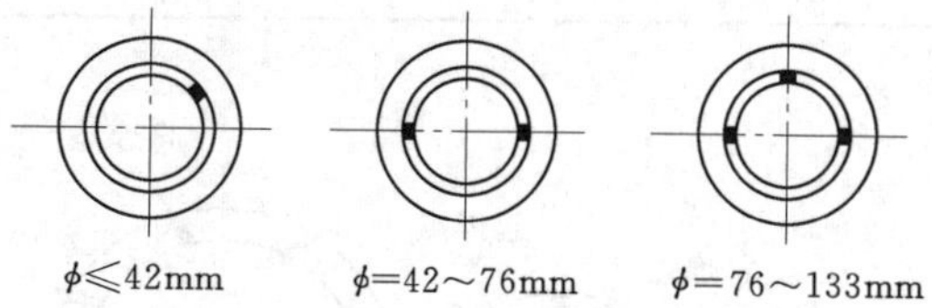

图 1.79 水平固定管定位焊数目及位置

由于定位焊点容易产生缺陷，对于直径较大的管子尽量不在坡口根部定位焊，可利用钢筋焊到管子外壁起定位作用，临时固定管子对口。定位焊缝的参考尺寸见表 1.37。

表 1.37 **定位焊缝的参考尺寸** 单位：mm

焊件厚度	焊缝高度	焊缝长度	间距
≤4	<4	5～10	50～100
4～12	3～6	10～20	100～200
>12	～6	15～30	100～300

（4）施焊。

1）电焊工艺。

a. 焊接中必须把握好引弧、运条、结尾三要素。无论何种位置的焊缝，在结尾操作时均以维持正常熔池温度，做无直线移动的横点焊动作，逐渐填满熔池，而后将电弧拉向一侧提起灭弧。

b. 水平固定管子分半运条角度。为保证接头质量，在焊前半圈时，应在水平最高点过去 5～15mm 处熄弧，见后半圈的焊接，由于起焊时容易产生塌腰、未焊透、夹渣、气孔等缺陷，对于仰焊处接头，可将先焊的焊缝端头用电弧割去一部分（大于 10mm），这样既可除去可能存在的缺陷，又可以形成缓坡形割槽。水平管单面焊双面成型转动焊接技术如图 1.80 所示。

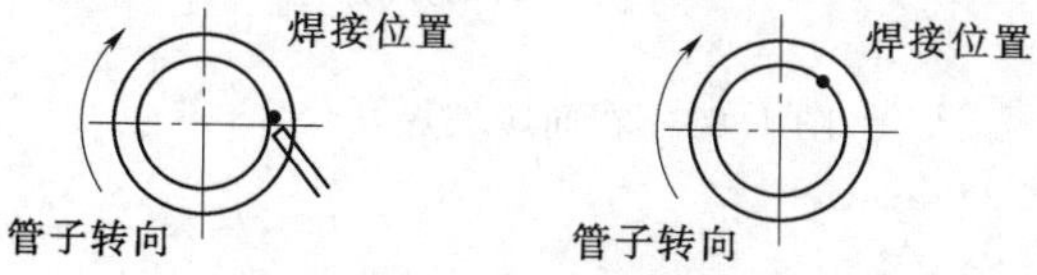

图 1.80 管子转动焊

注意事项：根部及表面焊时，运条与固定管焊接相同，但焊条无向前运条的动作，而是管子向后运动；每层焊缝必须细致清理，以免造成层间夹渣、气孔等缺陷；焊接时，各段焊缝的接头应搭接好并相互错开，尤其是根部一层焊缝的起头和收尾更应注意；焊接时两侧慢、中间快使两侧坡口充分熔合；运条速度不宜过快，保证焊道层间熔合良好，对厚壁管子尤为重要。

2）气焊工艺。

a. 定位焊。工件及管子的点焊固定见图 1.81 及表 1.38、表 1.39。

表 1.38　　工件厚度与焊丝直径的关系　　单位：mm

工件厚度	1.0～2.0	2.0～3.0	3.0～5.0	5.0～10	10～15
焊丝直径	1.0～2.0	2.0～3.0	3.0～4.0	3.0～5.0	4.0～6.0

表 1.39　　工件厚度与焊嘴倾角的关系

工件厚度（mm）	≤1	1.0～3.0	3.0～5.0	5.0～7.0	7.0～15	10～15	≥15
焊嘴倾角（°）	20	30	40	50	60	70	80

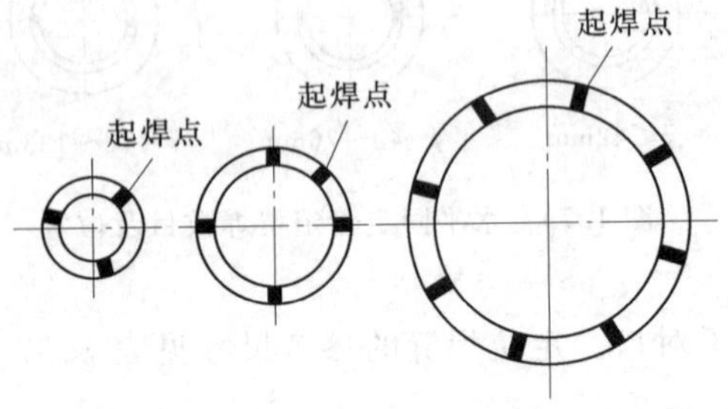

图 1.81　不同管径的点焊及起焊点示意图
(*a*) 直径小于 70mm 点固焊两处；(*b*) 直径 100～300mm 固焊 3～5 处；(*c*) 直径 300～500mm 点固焊 5～7 处

b. 气焊操作。气焊操作分左焊法和右焊法两种。左焊法简单方便，容易掌握，适用焊接较薄和熔点较低的工件。是应用最普遍的气焊方法。右焊法较难掌握，焊接过程火焰始终笼罩着已焊的焊缝金属，使熔池冷却缓慢，有助改善焊缝金属组织，减少气孔夹渣的产生。

c. 管子的几种气焊形式。可转动管的气焊：分为左向爬坡焊和右向爬坡焊，其焊接方向和管子转动方向都是相对而运行，如图 1.82 和图 1.83 所示。

垂直固定管的气焊：焊嘴、焊丝与管子的轴向夹角，与管子切线方向的夹角应保持不变。

水平固定管的气焊：水平固定管的焊接位置包括全方位，有平焊、立焊、仰焊、上爬焊及仰爬焊。

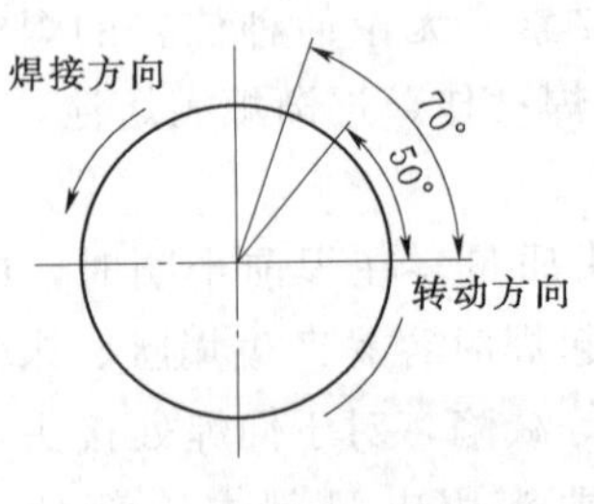

图 1.82　左向爬坡焊

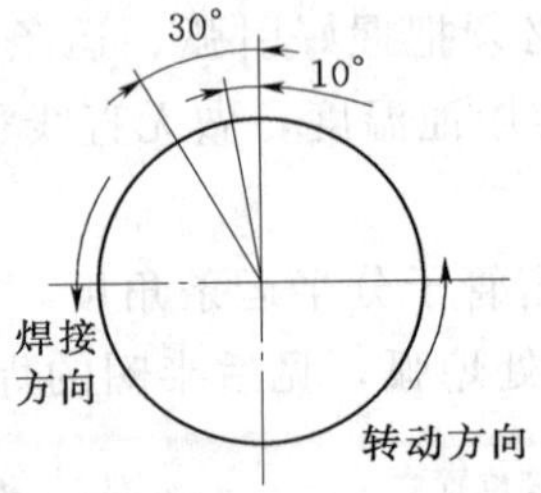

图 1.83　右向爬坡焊

4. 焊接连接的要求

(1) 根据设计要求，工作压力在 0.1MPa 以上的蒸汽管道、一般管径在 32mm 以上的采暖管道以及高层建筑消防管道可采用电、气焊连接。

(2) 管道焊接时应有防风、雨雪措施，焊区环境温度低于－20℃，焊口应预热，预热温度为 100～200℃，预热长度为 200～250mm。

(3) 焊接前要将两管轴线对中，先将两管端部点焊牢，管径在 100mm 以下可点焊三个点，管径在 150mm 以上以点焊四个点为宜。

(4) 管材壁厚在 5mm 以上者应对管端焊口部位铲坡口，如用气焊加工管道坡口，必须除去坡口表面的氧化皮，并将影响焊接质量的凹凸不平处打磨平整。

（5）管材与法兰盘焊接，应先将管材插入法兰盘内，先点焊2～3点再用角尺找正找平后方可焊接，法兰盘应两面焊接，其内侧焊缝不得凸出法兰盘密封面，如图1.84所示。

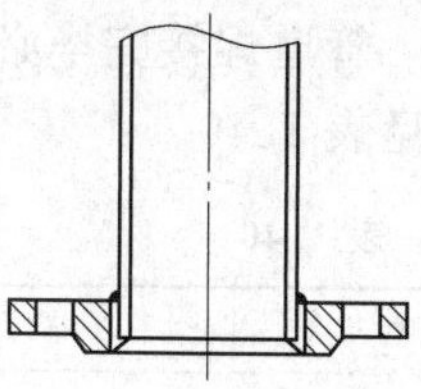

图1.84 管子与法兰焊接

5. 焊缝的外观缺陷及检验

在焊接过程中，焊接接头区域有时会产生不符合设计或工艺文件要求的各种焊接缺陷。焊接缺陷的存在，不但降低承载能力，更严重的是导致脆性断裂，影响焊接结构的使用安全。所以，焊接时应尽量避免焊接缺陷的产生，或将焊接缺陷控制在允许范围内。常见焊接缺陷如图1.85所示。

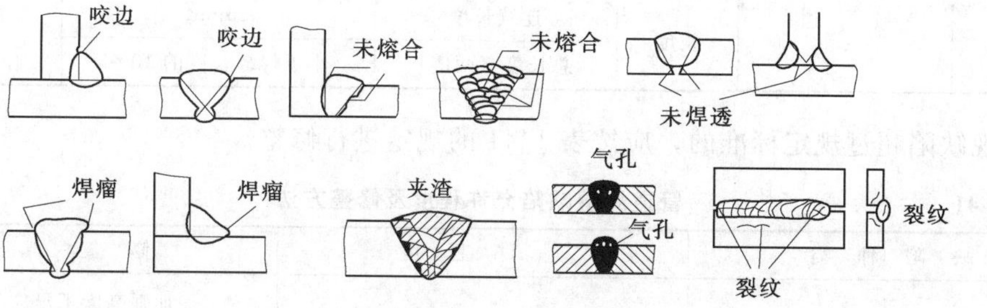

图1.85 常见焊接缺陷

（1）咬边。即在焊缝边缘的母材上出现被电弧烧熔的凹槽。产生的原因主要是电流过大，电弧过长及焊条角度不当。

（2）未熔合。即焊条与母材之间没有熔合在一起，或焊层间未熔合在一起。产生的原因主要是电流过小，焊接速度过快，热量不够或焊条偏于坡口一侧，或母材破口处及底层表面有锈、氧化铁、熔渣等未清除干净。

（3）未焊透。主要是由于焊接电流小，运条速度快，对口不正确（坡口钝边厚，对口间隙小），电弧偏吹及运条角度不当造成的。

（4）焊瘤。即在焊缝范围以外多余的焊条熔化金属。产生焊瘤的主要原因是熔池温度过高，液态金属凝固减慢，从而因自重下坠。管道焊接的焊瘤多存于管内，对介质的流动产生较明显的影响。

（5）夹渣。即熔池中的熔渣未浮出而存于焊缝中的缺陷。产生夹渣的主要原因是焊层间清理不净，焊接电流过小，运条方式不当使铁水和熔渣分离不清。

（6）气孔。即焊接熔池中的气体来不及逸出，而停留在焊缝中的孔眼。低碳钢焊缝中的气孔主要是氢或一氧化碳。产生气孔的主要原因是熔化金属冷却太快，焊条药皮太薄或受潮，电弧长度不当或焊缝污物清理不净。

（7）裂纹。裂纹是焊缝最严重的缺陷。可能发生在焊缝的不同部位，具有不同的裂纹形状和宽度，甚至细微到难以发现。产生裂纹的主要原因有焊条的化学成分与母材材质不符，熔化金属冷却过快，焊接次序不合理，焊缝交叉过多内应力过大等。

焊缝应表面平整，宽度和高度均匀一致，并无明显缺陷，这些都可以用肉眼作外观检查。焊缝的检验方法还有水压、气压、渗油等密封性试验，以及射线探伤、超声波探伤或抗拉、抗弯曲、压扁试验等机械检验方法，可依工程的不同情况做具体的要去。本专业的管道安装工程常以外观检查及水压试验的方法，对管道焊缝进行检验。

管道焊接完毕必须进行外观检查，必要时辅助以放大镜仔细检查，允许偏差和检验方法见表1.40。

表1.40　钢管管道焊口允许偏差和检验方法

项次	项目			允许偏差	检验方法
1	焊口平直度	管壁厚10mm以内		管壁厚的1/4	焊接检验尺和游标卡尺检查
2	焊缝加强面	高度		+1mm	
		宽度			
3	咬边	深度		小于0.5mm	直尺检查
		长度	连续长度	25mm	
			总长度（两侧）	小于焊缝长度的10%	

外观缺陷超过规定标准的，应按表1.41的规定进行修整。

表1.41　管道焊缝缺陷允许程度及修整方法

缺陷种类	允许程度	修整方法
焊缝尺寸不符合规定	不允许	加强高度不足应补焊 加强高度过高过宽作修整
焊瘤	严重的不允许	铲除
咬边	深度不大于0.5mm 连续长度不大于25mm	清理后补焊
焊缝热影响区表面裂纹	不允许	铲除焊口重新焊接
焊缝表面弧坑夹渣、气孔	不允许	铲除焊口后补焊
管子中心线错开或弯折	超过规定的不允许	修整

1.5.4 承插连接

在管道工程中，铸铁管、陶瓷管、混凝土管、塑料管等管材常采用承插连接。承插连接就是把管道的插口插入承口内，然后在四周的间隙内加满填料打实密封。主要适用于给水、排水、化工、燃气等工程。

承插连接是将管子或管件的插口（俗称小头）插入承口（俗称喇叭口），并在其插接的环形间隙内填入接口材料的连接。按接口材料不同，承插连接分为石棉水泥接口、水泥接口，自应力水泥砂浆接口、三合一水泥接口、青铅接口等。

承插接口的填料分两层：内层用油麻丝或胶圈，其作用是使承插口的间隙均匀，并使下一步的外层填料不致落入管腔，有一定的密封作用；外层填料主要起密封和增强的作用，可根据不同要求选择接口材料。

1. 铸铁管承插连接的操作方法

（1）管材检查及管口清理。铸铁管及管件在连接前必须进行检查，一是检查是否有砂眼；二是检查是否有裂纹，裂纹是由于铸铁管性脆，在运输及装卸中碰撞而形成的。

（2）管子对口。将承插管的插口插入承口内，使插口端部与承口内部底端保留2～3mm的对口间隙，并尽量使接口的环形缝隙保持均匀。

(3) 填麻、打麻(或打橡胶圈)。将麻线拧成粗度大于接口环开缝隙的线股，用捻凿打入接口缝隙，打麻的深度一般应为承口深度的 1/3。当管径大于 300mm 时，可用橡胶圈代替麻绳，称为柔性接口。

(4) 填接口材料，打灰口。麻打实后，将接口材料分层填入接口，并分层用捻凿和手捶加力打实至捶打时有回弹力。打实后，填料应与承口平齐。

(5) 接口养护。在接口处绕上草绳或盖上草帘，在上面洒水对水泥材料的填料进行潮润性养护，养护时间一般不少于 48h。

2. 铸铁管承插连接接口材料

(1) 水泥捻口。一般用于室内、外铸铁排水管道的承插口连接，如图 1.86 所示。

1) 为了减少捻固定灰口，对部分管材与管件可预先捻好灰口，捻灰口前应检查管材管件有无裂纹、砂眼等缺陷，并将管材与管件进行预排，校对尺寸有无差错，承插口的灰口环形缝隙是否合格。

2) 管材与管件连接时可在临时固定架上，管与管件按图纸要求将承口朝上，插口向下的方向插好，捻灰口。

3) 捻灰口时，先用麻钎将拧紧的比承插口环形缝隙稍粗一些的青麻或扎绑绳打进承口内，一般打两圈为宜(约为承口深度的 1/3)，青麻搭接处应大于 30mm 的长度，而后将麻打实，边打边找正、找直并将麻须捣平。

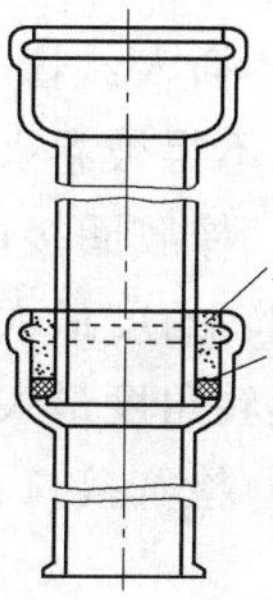

图 1.86 水泥捻口

4) 将麻打好后，即可把捻口灰(水与水泥重量比为 1∶9)分层填入承口环形缝隙内，先用薄捻凿，一手填灰，一手用捻凿捣实，然后分层用手锤、捻凿打实，直到将灰口填满，用厚薄与承口环形缝隙大小相适应的捻凿将灰口打实打平，直至捻凿打在灰口上有回弹的感觉即为合格。

5) 拌和捻口灰，应随拌和随用，拌好的灰应控制在 1.5h 内用完为宜，同时要根据气候情况适当调整用水量。

6) 预制加工两节管或两个以上管件时，应将先捻好灰口的管或管件排列在上部，再捻下部灰口，以减轻其震动。捻完最后一个灰口应检查其余灰口有无松动，如有松动应及时处理。

7) 预制加工好的管段与管件应码放在平坦的场所，放平垫实，用湿麻绳缠好灰口，浇水养护，保持湿润，一般常温 48h 后方可移动运到现场安装。

8) 冬季严寒季节捻灰口应采取有效的防冻措施，拌灰用水可加适量盐水，捻好的灰口严禁受冻，存放环境温度应保持在 5℃以上，有条件亦可采取蒸汽养护。

(2) 石棉水泥接口。一般室内、外铸铁给水管道敷设均采用石棉水泥捻口，即在水泥内掺适量的石棉绒拌和，其具体做法详见 1.2。

图 1.87 橡胶圈安装示意图

(3) 铅接口。一般用于工业厂房室内铸铁给水管敷设，设计有特殊要求或室外铸铁给水管紧急抢修，管道碰头急于通水的情况可采用铅接口。

(4) 橡胶圈接口。一般用于室外铸铁给水管铺设、安装的管与管接口。管与管件仍需采用石棉水泥捻口，橡胶圈安装示意如图 1.87 所示。

1）胶圈应形体完整，表面光滑，粗细均匀，无气泡，无重皮。用手扭曲、拉、折表面和断面不得有裂纹、凹凸及海绵状等缺陷，尺寸偏差应小于1mm，将承口工作面清理干净。

2）安放胶圈，胶圈擦拭干净，扭曲，然后放入承口内的圈槽里，使胶圈均匀严整地紧贴承口内壁，如有隆起或扭曲现象，必须调平。

3）画安装线：对于装入的合格管，清除内部及插口工作面的黏附物，根据要插入的深度，沿管子插口外表面画出安装线，安装面应与管轴相垂直。

4）涂润滑剂：向管子插口工作面和胶圈内表面刷水擦上肥皂。

5）将被安装的管子插口端锥面插入胶圈内，稍微顶紧后，找正将管子垫稳。

6）安装安管器：一般采用钢箍或钢丝绳，先捆住管子，安管器有电动、液压汽动，出力在50kN以下，最大不超过100kN。

7）插入：管子经调整对正后，缓慢启动安管器，使管子沿圆周均匀地进入并随时检查胶圈不得被卷入，直至承口端与插口端的安装线齐平为止。

8）橡胶圈接口的管道，每个接口的最大偏转角不得超过如下规定：$DN\leqslant200$mm时，允许偏转角度最大为5°；$200<DN\leqslant350$mm时，允许偏转角度最大为4°；$DN=400$mm，允许偏转角度最大为3°。

9）检查接口：插入深度、胶圈位置（不得离位或扭曲），如有问题时，必须拔出重新安装。

10）采用橡胶圈接口的埋地给水管道，在土壤或地下水对橡胶有腐蚀的地段，在回填土前应用沥青胶泥、沥青麻丝或沥青锯末等材料封闭橡胶圈接口。

11）推进、压紧：根据管子规格和施工现场条件选择施工方法。小管可用撬棍直接撬入，也可用千斤顶顶入，用锤敲入（锤击时必须垫好管子防止砸坏）。中、大管一般通过钢丝绳用倒链拉入，或使用卷扬机、绞磨、吊车、推土机、挖沟机等拉入。

1.5.5 管道粘接连接

粘接连接是在需要连接的两管端结合处，涂以合适的胶粘剂，使其依靠胶粘剂的粘接力牢固而紧密地结合在一起的连接方法。粘接连接施工简便，价格低廉、自重轻以及兼有耐腐蚀、密封等优点，一般适用于塑料管、玻璃管等非金属管道上。

粘接连接方法有冷态粘接和热态粘接两种。

（1）管道粘接不宜在湿度很大的环境中进行，操作场所应远离火源，防止撞击，在−20℃以下的环境中不得操作。

（2）管子和管件在粘接前应采用清洁棉纱或干布将承插口的内侧和插口外侧擦拭干净，并保持粘接面洁净。若表面沾有油污，应采用棉纱蘸丙酮等清洁剂擦净。

（3）用油刷涂抹胶粘剂时，应先涂承口内侧，后涂插口外侧。涂抹承口时应顺轴向由里向外吐沫均匀、适量，不得漏涂或涂抹过厚。

（4）承插口涂刷胶粘剂后，宜在20s内对准轴线一次连续用力插入。管端插入承口深度应根据实测承口深度，在插入管端表面作出标记，插入后将管旋转90°。

（5）插接完毕，应即刻将接头外部挤出的胶粘剂擦揩干净。应避免受力，静置至接口固化为止，待接头牢固后方可继续安装。

（6）粘接接头不宜在环境温度0℃以下操作，应防止胶粘剂结冻。不得采用明火或电炉等设施加热胶粘剂。UPVC管粘接管端插入深度见表1.42。

表 1.42　　UPVC 管粘接管端插入深度　　单位：mm

代　号	管子外径	管端插入深度	代　号	管子外径	管端插入深度
1	40	25	4	110	50
2	50	25	5	160	60
3	75	40			

1.5.6　管道的热熔连接

热熔连接是由相同热塑性塑料制作的管材与管件互相连接时，采用专用热熔机具将连接部位表面加热，连接接触面处的本体材料互相熔合，冷却后连接成为一个整体。热熔连接有对接式热熔连接、承插式热熔连接和电熔连接。管道热熔连接示意图如图 1.88 所示。

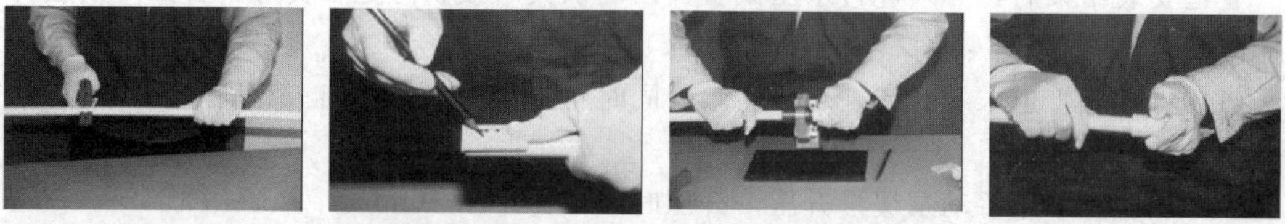

(*a*)　(*b*)　(*c*)　(*d*)

图 1.88　管道热熔连接示意图

电熔连接是由相同的热塑性塑料管道连接时，插入特制的电熔管件，由电熔连接机具对电熔管件通电，依靠电熔管件内部预先埋设的电阻丝产生所需要的热量进行熔接，冷却后管道与电熔管件连接成为一个整体。

热熔连接多用于室内生活给水 PP—R 管、PB 管的安装。热熔连接后，管材与管件形成一个整体，连接部位强度高、可靠性强，施工速度快。热熔连接技术要求见表 1.43。

表 1.43　　热熔连接技术要求

公称直径 (mm)	热熔深度 (mm)	加热时间 (s)	加工时间 (s)	冷却时间 (min)
20	14	5	4	3
25	16	7	4	3
32	20	8	4	4
40	21	12	6	4
50	22.5	18	6	5
63	24	24	6	6
75	26	30	10	8
90	32	40	10	8
110	38.5	50	15	10

注　1. 当操作环境温度低于 5℃，加热时间延长 50%。
2. 在表中规定的加工时间内，刚熔接好的接头还可校正，但严禁旋转。

1. 切割管材

必须使端面垂直管轴线。管材切割一般使用管子剪或管道切割机，必要时可使用锋利的钢锯，但切割后管材断面应去除毛边和毛刺。管材与管件连接端面必须清洁、干燥、无油污。

2. 测量

用专用标尺和适合的笔在管端测量并绘出熔接深度。熔接弯头或三通时，按设计图纸要求，应注意方向，在管件和管材的直线方向上，用辅助标志标出其位置。

3. 加热管材、管件

当热熔焊接器加热到260℃（指示灯亮以后）时，将管材和管件同时推进熔接器模头内，加热时间不可少于5s。

4. 连接

将已加热的管材与管件同时取下，迅速无旋转地直插到所标深度，使接头处形成均匀凸缘直至冷却，形成牢固而完美的结合。管材插入不能太浅或太深，否则会造成缩径或不牢固。

5. 检验与验收

管道安装结束后，必须进行水压试验，以确认其熔接状态是否良好，否则严禁进行管道隐蔽安装。步骤如下：

（1）将试压管道末端封堵，缓慢注水，同时将管道内气体排出。充满水后，进行水密封检查。

（2）加压宜采用手动泵缓慢升压，升压时间不得小于10min。

（3）升至规定试验压力（一般为1.0MPa以上）后，停止加压。稳定1h，观察接头部位是否有漏水现象。

（4）稳压后，补压至规定的试验压力值，15min内的压力下降不超过0.05MPa为合格。

学习情境1.6 给水管道支吊架安装

1.6.1 选定支架形式

管道支架按材料分，可分为钢支架和混凝土支架等。按形状分，可分为悬臂支架、三角支架、门形支架、弹簧支架、独柱支架等。按支架的力学特点，可分为刚性支架和柔性支架。

选择管道支架，应考虑管道的强度、刚度；输送介质的温度、工作压力；管材的线性膨胀系数；管道运行后的受力状态及管道安装的实际位置情况等。同时还应考虑制作和安装的实际成本。

（1）在管道上不允许有任何位移的地方，应设置固定支托架。其一般做法如图1.89所示。

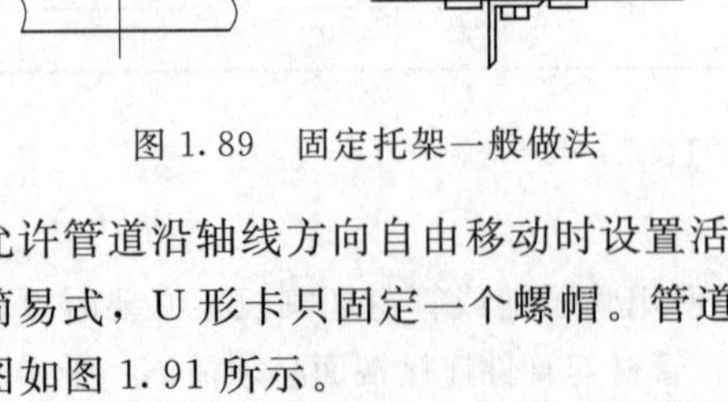

图1.89 固定托架一般做法

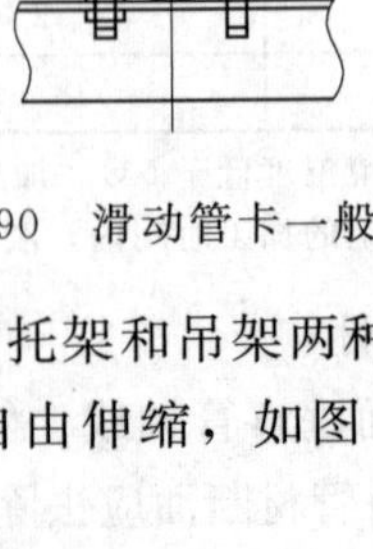

图1.90 滑动管卡一般做法

（2）允许管道沿轴线方向自由移动时设置活动支架。有托架和吊架两种形式。托架活动支架有简易式，U形卡只固定一个螺帽。管道在卡内可自由伸缩，如图1.90所示。支托架示意图如图1.91所示。

(3) 托钩与管卡：托钩一般用于室内横支管、支管等的固定。立管卡用来固定立管，一般多采用成品，如图 1.92 所示。

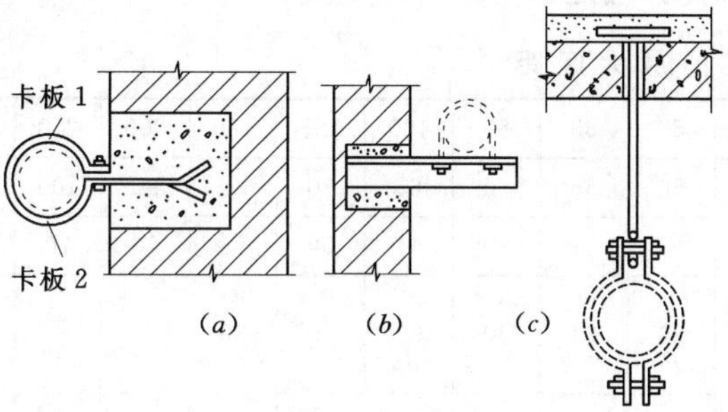

图 1.91　支托架

(a) 管卡；(b) 托架；(c) 吊环

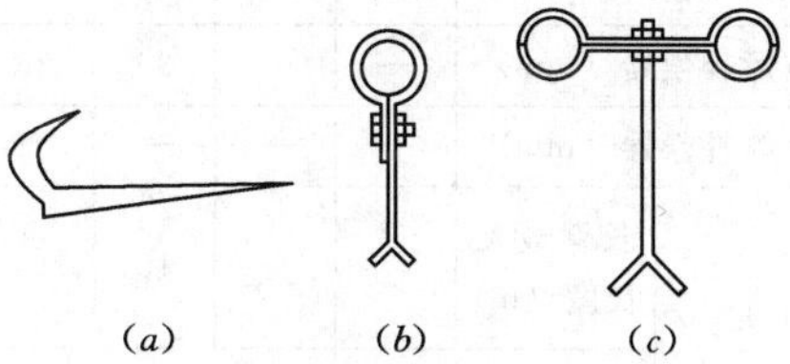

图 1.92　托钩与管卡

(a) 托钩；(b) 单立管卡；(c) 双立管卡

1.6.2　支架制作

首先根据选定的形式和规格计算每个支架组合结构中各部分的料长。

(1) 型钢架下料、划线后切断，若用气割时，应及时凿掉毛刺以便进行螺栓孔钻眼，不得气割成孔。型钢三脚架，水平单臂型钢支架栽入部分应用气割形成劈叉，栽入部分不小于 120mm，型钢下料、切断，煨成设计角度后用电焊焊接。

(2) U 形卡用圆钢制作。将圆钢调直、量尺、下料后切断，用圆扳压扳手将圆钢的两端套出螺纹，活动支架上的 U 形卡可套一头丝，螺纹的长度应套上固定螺栓后留出 2～3 扣为宜。

(3) 吊架卡环制作：用圆钢或扁钢制作卡环时，穿螺栓棍的两个小圆环应保持圆、光、平，且两小环中心相对，并与大圆环相垂直。小环比所穿螺栓外圆稍大一点。各类吊架中各种吊环的内圆必须适合钢管的外圆，其对口部分应留出吊棍空隙。

(4) 吊架中吊杆的长度按实际决定。上螺杆加工成右螺纹，下螺杆加工成左螺纹，都和松紧螺栓相连接。

1.6.3　支架安装

1. 支架安装位置的确定

支架的安装位置要依据管道的安装位置确定，首先根据设计要求定出固定支架和补偿器的位置，然后再确定活动支架的位置。

(1) 固定支架位置的确定。固定支架的安装位置由设计人员在施工图纸上给定，其位置确定时主要是考虑管道热补偿的需要。利用在管路中的合适位置布置固定点的方法，把管路划分成不同的区段，使两个固定点间的弯曲管段满足自然补偿，直线管段可利用设置补偿器进行补偿，则整个管路的补偿问题就可以解决了。

由于固定支架承受很大的推力，故必须有坚固的结构和基础，因而它是管道中造价较大的构件。为了节省投资，应尽可能加大固定支架的间距，减少固定支架的数量，但其间距必须满足以下要求。

1) 管段的热变形量不得超过补偿器的热补偿值的总和。

2) 管段因固定支架所产生的推力不得超过支架所承受的允许推力值。

3）不应使管道产生横向弯曲。

根据以上要求并结合运行的实际经验，固定支架的最大间距按表 1.44 选取，仅供设计时参考，必要时根据具体情况，通过分析计算确定。

表 1.44　　固定支架的最大间距

公称直径（mm）		15	20	25	32	40	50	65	80	100	125	150	200	250	300
方形补偿器（mm）		—	—	30	35	45	50	55	60	65	70	80	90	100	115
套筒补偿器（mm）		—	—	—	—	—	—	—	—	45	50	55	60	70	80
L形补偿器	长臂最大长度（m）			15	18	20	24	34	30	30	30	30	—	—	—
	短臂最小长度（m）			2.0	2.5	3.0	3.5	4.0	5.0	5.5	6.0	6.0	—	—	—

（2）活动支架位置的确定。活动支架的安装在图纸上不予给定，必须在施工现场根据实际情况并参照表的支架间距值具体确定。

有坡度的管道可根据水平管道两端点间的距离及设计坡度计算出两点间的（高差），在墙上按标高确定此两点位置。根据各种管材对支架间距的要求拉线画出每一个支架的具体位置。若土建施工时已预留孔洞、预埋铁件也应拉线放坡检查其标高、位置及数量是否符合要求。钢管管道支架的最大间距规定见表 1.45。塑料管及复合管管道支架的最大间距见表 1.46。

表 1.45　　钢管管道支架的最大间距

公称直径（mm）		15	20	25	32	40	50	70	80	100	125	150	200	250	300
支架的最大间距（m）	保温管	2	2.5	2.5	2.5	3	3	4	4	4.5	6	7	7	8	8.5
	不保温管	2.5	3	3.5	4	4.5	5	6	6	6.5	7	8	9.5	11	12

表 1.46　　塑料管及复合管管道支架的最大间距

公称直径（mm）			12	14	16	18	20	25	32	40	50	63	75	90	110
支架的最大间距（m）	立管		0.5	0.6	0.7	0.8	0.9	1.0	1.1	1.3	1.6	1.8	2.0	2.2	2.4
	水平管	冷水管	0.4	0.4	0.5	0.5	0.6	0.7	0.8	0.9	1.0	1.1	1.2	1.35	1.55
		热水管	0.2	0.2	0.25	0.3	0.3	0.35	0.4	0.5	0.6	0.7	0.8	—	—

实际安装时，活动支架的确定方法如下：

1）依据施工图要求的管道走向、位置和标高，测出同一水平直管段两端管道中心位置，标定在墙或构件表面上。如施工图只给出了管段一端的标高，可根据管段长度 L 和坡度 i 求出两端的高差 $h=iL$，再确定另一端的标高。但对于变径处，应根据变径型式及坡向来确定变径前后两点的标高关系。如图 1.93 所示，变径前后 A、B

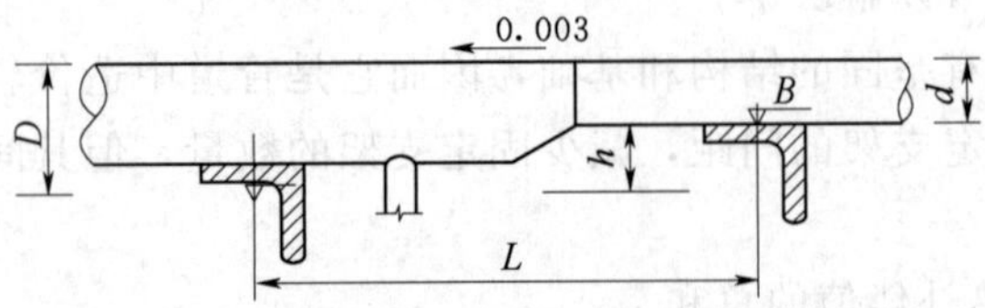

图 1.93　支架安装标高计算图

两点的标高差 $h=iL+(D-d)$。

2）在管中心下方，分别量取管道中心至支架横梁表面的高差，标定在墙上，并用粉线根据管径在墙上逐段画出支架标高线。

3）按设计要求的固定支架位置和“墙不作架、托稳转交、中间等分、不超最大”的原则，在支架标高线上画出每个活动支架的安装位置，即可进行安装。

2. 管道支架安装方法

支架的安装方法主要是指支架的横梁在墙体或构件上的固定方法，俗称支架生根。现场安装以托架安装工序较为复杂。结合实际情况可用栽埋法、膨胀螺栓法、射钉法、预埋焊接法、抱柱法安装。

（1）栽埋法。适用于墙上直形横梁的安装，安装步骤和方法是：在已有的安装坡度线上，画出支架定位的十字线和打洞的方块线，即可打洞、浇水（用水壶嘴往洞顶上沿浇水，直至水从洞下沿流出）、填实砂浆直至抹平洞口，插栽支架横梁。栽埋横梁必须拉线（即将坡度线向外引出），使横梁端部 U 形螺栓孔中心对准安装中心线，即对准挂线后，填塞碎石挤实洞口，在横梁找平找正后，抹平洞口处灰浆。如图 1.94 所示。

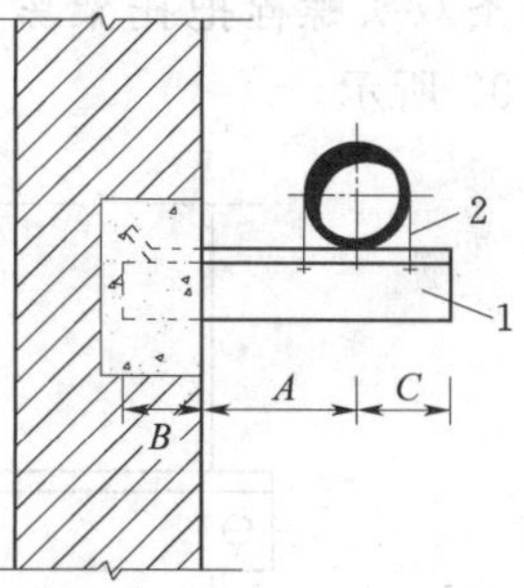

图 1.94　单管栽埋法安装支架
1—支架横梁；2—U 形管卡

（2）膨胀螺栓法。适用于角形横梁在墙上的安装。做法是：按坡度线上支架定位十字线向下量尺，画出上下两膨胀螺栓安装位置十字线后，用电钻钻孔。孔径等于套管外径，孔深为套管长度加 15mm 并与墙面垂直。清除孔内灰渣，套上锥形螺栓拧上螺母，打入墙孔直至螺母与墙平齐，用扳手拧紧螺母直至胀开套管后，打横梁穿入螺栓，并用螺母紧固在墙上。如图 1.95 所示。

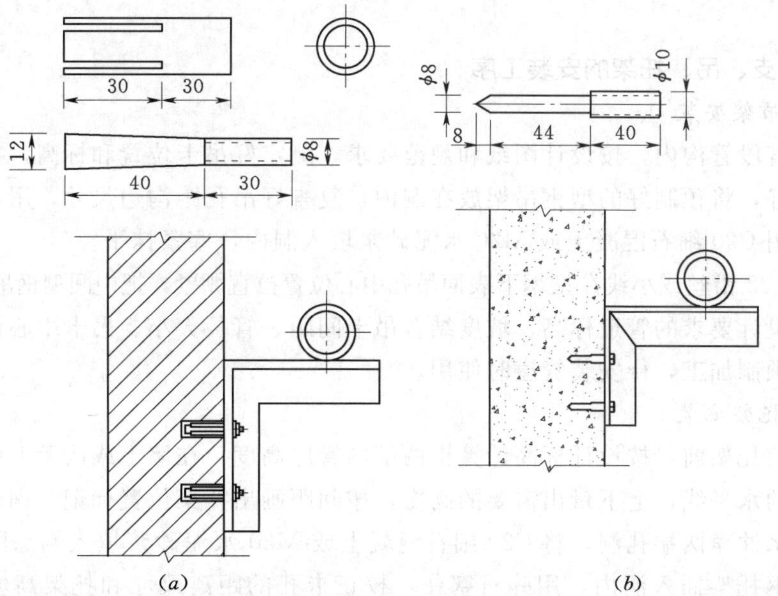

图 1.95　膨胀螺栓及射钉法安装支架
（a）膨胀螺栓法；（b）射钉法

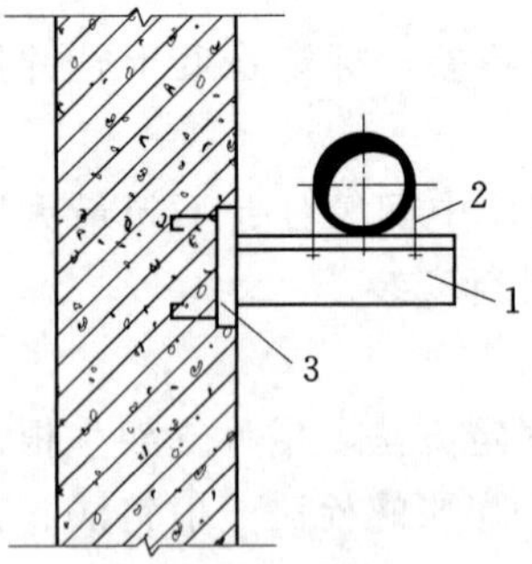

图 1.96 预埋焊接法安装支架

1—钢板；2—管子；3—预埋钢板

(3) 射钉法。多用于角形横梁在混凝土结构上的安装。做法是按膨胀螺栓法定出射钉位置十字线，用射钉枪射入为8～12mm的射钉，用螺纹射钉紧固角形横梁，如图1.95所示。

(4) 预埋焊接法。在预埋的钢板上，弹上安装坡度线，作为焊接横梁的端面安装标高控制线，将横梁垂直焊在预埋钢板上，并使横梁端面与坡度线对齐，先电焊校正后焊牢，如图1.96所示。

(5) 抱柱法。管道沿柱子安装时，可用抱柱法安装支架。做法是把柱上的安装坡度线，用水平尺引至柱子侧面，弹出水平线作为抱柱托架端面的安装标高线，用两条双头螺栓把托架紧固于柱子上，托架安装一定要保持水平，螺母应紧固，如图1.97所示。

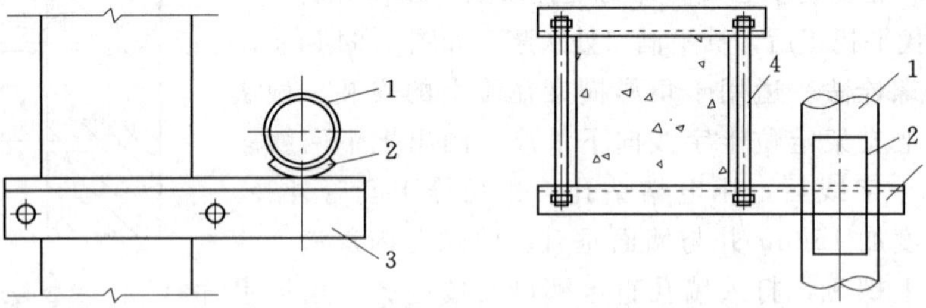

图 1.97 单管抱柱法安装支架

1—管子；2—弧形滑板；3—支架横梁；4—拉紧螺栓

1.6.4 管道支、吊、托架的安装工序

1. 型钢吊架安装

(1) 在直段管沟内，按设计图纸和规范要求，测定好吊卡位置和标高，找好坡度，将吊架孔洞剔好，将预制好的型钢吊架放在洞内，复查好吊孔距沟边尺寸，用水冲净洞内砖渣灰面，再用C20细石混凝土或M20水泥砂浆填入洞内，塞紧抹平。

(2) 用#22铅丝或小线在型钢下表面吊孔中心位置拉直绷紧，把中间型钢吊架依次栽好。

(3) 按设计要求的管道标高、坡度结合吊卡间距、管径大小、吊卡中心计算每根吊棍长度并进行预制加工，待安装管道时使用。

2. 型钢托架安装

(1) 安装托架前，按设计标高计算出两端的管底高度，在墙上或沟壁上放出坡线，或按土建施工的水平线，上下量出需要的高度，按间距画出托架位置标记，剔凿全部墙洞。

(2) 用水冲净两端孔洞，将C20细石混凝土或M20水泥砂浆填入洞深的一半，再将预制好的型钢托架插入洞内，用碎石塞住，校正卡孔的距离尺寸和托架高度，将托架栽平，用水泥砂浆将孔洞填实抹平，然后在卡孔中心位置拉线，依次把中间托架栽好。

(3) U形活动卡架一头套丝，在型钢托架上下各安一个螺母，而U形固定卡架两头套丝，各安一个螺母，靠紧型钢在管道上焊两块止动钢板。

3. 双立管卡安装

采暖、给水及热水供应系统的金属管道立管管卡安装应符合下列规定：楼层高度不大于 5m 时，每层必须安装 1 个；楼层高度大于 5m 时，每层不得少于 2 个；管卡安装高度距地面应为 1.5～1.8m，2 个以上管卡应匀称安装，同一单位工程中管卡宜安装在同一高度上；同一房间内管卡应安装在同一高度上。

(1) 在双立管位置中心的墙上画好卡位印记，其高度是：层高 3m 及以下者为 1.4m，层高 3m 以上者为 1.8m，层高 4.5m 以上者平分三段栽两个管卡。

(2) 按印记剔直径 60mm 左右，深度不小于 80mm 的洞，用水冲净洞内杂物，将 M50 水泥砂浆填入洞深的一半，将预制好 ϕ10mm×170mm 带燕尾的单头丝棍插入洞内，用碎石卡牢找正，上好管卡后再用水泥砂浆填塞抹平。

4. 立支单管卡安装

先将位置找好，在墙上画好印记，剔直径 60mm 左右，深度 100～120mm 的洞，卡子距地高度和安装工艺与双立管卡相同。

管道安装完毕后，必须及时用不低于结构标号的混凝土或水泥砂浆把孔洞堵严、抹平，为了不致因堵洞而将管道移位，造成立管不垂直，应派专人配合土建堵孔洞。堵楼板孔洞宜用定型模具或用木板支搭牢固后，往洞内浇点水再用 C20 以上的细石混凝土或 M50 水泥砂浆填平捣实，不许向洞内填塞砖头、杂物。

1.6.5　管道支架的安装要求

(1) 管道支架必须按照支架图进行制作、安装。

(2) 管道支架上的开孔，应用台钻钻孔，禁止直接用气焊进行开孔。

(3) 管道的支（吊）架、托架、耳轴等在预制场成批制作，并按要求将支架的编号标上。所有管道支架的固定形式均采用螺栓固定。

(4) 无热位移的管道，其吊架（包括弹簧吊架）应垂直安装。有热位移的管道，吊点应设在位移的相反方向，如图 1.98 所示，位移值按设计图纸确定。两根热位移相反或位移值不等的管道，不得使用同一吊杆。

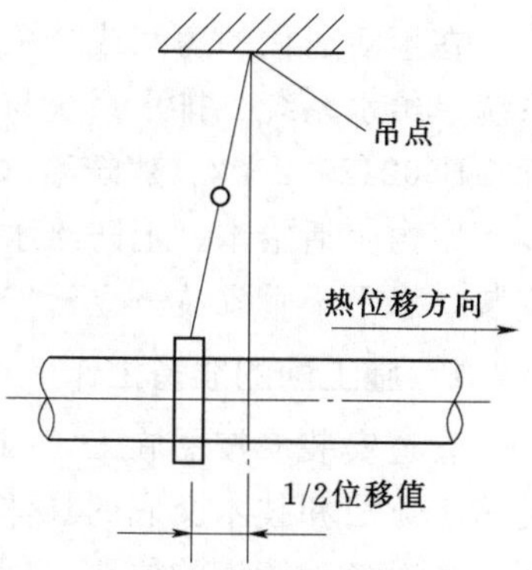

图 1.98　有热位移管道吊架安装位置示意

(5) 导向支架或滑动支架的滑动面应洁净平整，不得有歪斜和卡涩现象。其安装位置应从支撑面中心向位移反方向偏移，如图 1.99 所示，偏移量为位移值的 1/2（位移值由设计定）。

(6) 弹簧支吊架的弹簧高度应按设计文件规定和厂家说明书进行安装。弹簧的临时固定件，应待系统安装、试压、绝热完毕后方可拆除。

(7) 管道安装原则上不宜使用临时支、吊架。如使用临时支吊架时，不得与正式支吊架位置冲突，并应有明显标记；在管道安装完毕后临时支架应予拆除并且必须将不锈钢与碳钢进行隔离。

(8) 管道安装完毕，应按设计图纸逐个核对支、吊架的形式和位置。

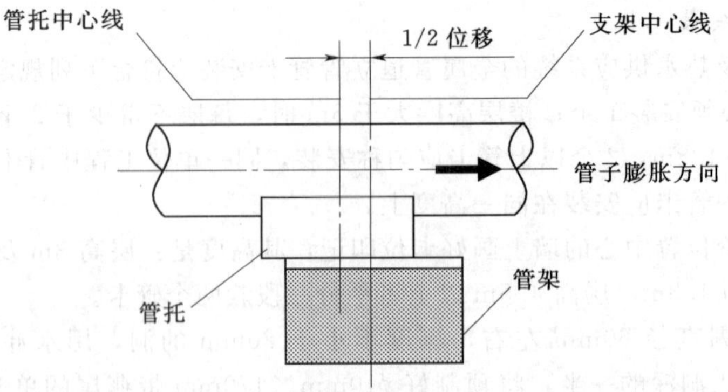

图 1.99 滑动支架安装位置示意

(9) 有热位移的管道，在热负荷运行时，应及时对支、吊架进行下列检查与调整：

1) 活动支架的位移方向、位移值及导向性能应符合设计要求。

2) 管托按要求焊接，不得脱落。

3) 固定支架应安装牢固可靠。

4) 弹簧支吊架的安装标高与弹簧工作载荷应符合设计规定。

5) 可调支架的位置应调整合适。

学习情境1.7 给水系统管道安装

在生活居住的房间或公用建筑内，为保证一定的舒适条件和工作条件，均装设有采暖系统、给水系统、排水系统与供煤气系统等，这些系统统称为暖卫系统。施工时应执行国标 GB50242—2002《建筑给水排水及采暖工程施工质量验收规范》的规定。

室内生活给水、消防给水及热水供应管道安装的一般程序为：引入管安装→水表节点安装→水平干管安装→立管安装→横支管安装。

1.7.1 施工前的准备工作

管道安装应按图施工，因此施工前要熟悉施工图，领会设计意图，根据施工方案决定的施工方法和技术交底的具体措施做好准备工作。同时，参看有关专业设备图和建筑施工图，核对各种管道的位置、标高、管道排列所用空间是否合理。如发现设计不合理或需要修改的地方，与设计人员协商后进行修改。

根据施工图准备材料和设备等，并在施工前按设计要求检验规格、型号、和质量，符合要求，方可使用。

给水管道必须采用与管材相适用的管件。生活给水系统材料必须达到饮用水卫生标准。室内给水管材及连接方式，如表 1.47 所示。

管道的预制加工就是按设计图纸画出管道分支、变径、管径、预留管口、阀门位置等的施工草图，在实际安装的结构位置上做上标记，按标记分段量出实际安装的准确尺寸，记录在施工草图上，然后按草图测得的尺寸预制加工（断管、套丝、上零件、调直、校对），并按管段分组编号。

表1.47 室内给水管材及连接方式

用途	管材类别	管材种类	连接方式
生活给水	塑料管	三型聚丙烯PP—R	热（电）熔连接、螺纹连接、法兰连接
		聚乙烯PE	热（电）熔连接、卡套（环）连接、压力连接
		ABS管	粘接连接
		硬聚氯乙烯UPVC	粘接、橡胶圈连接
	复合管	铝塑复合管PAP	专用管件螺纹连接、压力连接
		钢塑复合管	螺纹连接、卡箍连接、法兰连接
		钢塑不锈钢复合管	螺纹连接、卡箍连接
		铜管	螺纹连接、压力连接、焊接
生产或消防给水	金属管	镀锌钢管	螺纹连接、法兰连接
		非镀锌钢管	螺纹连接、法兰连接、焊接
		给水铸铁管	承插连接（水泥捻口、橡胶圈接口）

通过详细地阅读施工图，了解给排水管与室外管道的连接情况、穿越建筑物的位置及做法，了解室内给排水管的安装位置及要求等，以便管道穿越基础、墙壁和楼板时，配合土建留洞和预埋件等，预留尺寸如设计无要求时应按表1.48的规定执行。在土建浇筑混凝土过程中，安装单位要有专人监护，以防预埋件移位或损坏。

表1.48 预留孔洞尺寸 单位：mm

项次	管道名称		明管 留孔尺寸 （长×宽）	暗管 墙槽尺寸 （宽度×深度）
1	采暖或给水立管	管径≤25	100×100	130×130
		管径32～50	150×150	150×130
		管径70～100	200×200	200×200
2	一根排水立管	管径≤50	150×150	200×130
		管径70～100	200×200	250×200
3	二根采暖或给水立管	管径≤32	150×100	200×130
4	一根给水立管和一根排水立管在一起	管径≤50	200×150	200×130
		管径70～100	250×200	250×200
5	二根给水立管和一根排水立管在一起	管径≤50	200×150	250×130
		管径70～100	350×200	380×200
6	给水支管或散热器支管	管径≤25	100×100	65×60
		管径32～40	150×130	150×100
7	排水支管	管径≤80	250×200	—
		管径100	300×250	

续表

项次	管道名称		明管	暗管
			留孔尺寸（长×宽）	墙槽尺寸（宽度×深度）
8	采暖或排水主干管	管径≤80	300×250	—
		管径100～125	350×300	
9	给水引入管	管径≤100	300×200	—
10	排水排出管穿基础	管径≤80	300×300	—
		管径100～150	（管径+300）×（管径+200）	

注　1. 给水引入管，管顶上部净空一般不小于100mm。
2. 排水排出管，管顶上部净空一般不小于150mm。

在准备工作就绪，正式安装前，总体上还应具备以下几个条件：

（1）地下管道必须在房心土回填夯实或挖到管底标高时敷设，且沿管线敷设位置应清理干净。

（2）管道穿墙时已预留的管洞或安装好的套管，其洞口尺寸和套管规格符合要求，位置、标高应正确。

（3）安装管道应在地沟未盖盖或吊顶未封闭前进行安装，其型钢支架均应安装完毕并符合要求。

（4）明装干管必须在安装层的楼板完成后进行，将沿管线安装位置的模板及杂物清理干净，托、吊架均应安装牢固，位置正确。

（5）立管安装应在主体结构完成后进行，支管安装应在墙体砌筑完毕，墙壁未装修前进行。

1.7.2　引入管安装

（1）给水引入管与排出管的水平净距不小于1.0m；室内给水管与排水管平行敷设时，管间最小水平净距为0.5m，交叉时垂直净距0.15m。给水管应铺设在排水管的上方。当地下管较多，敷设有困难时，可在给水管上加钢套管，其长度不应小于排水管径的3倍，且其净距不得小于0.15 m。

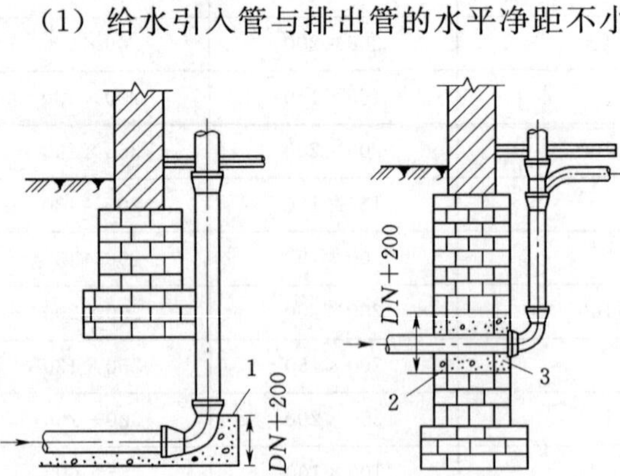

（a）　　（b）

图1.100　引入管进入建筑

（a）从浅基础下通过；（b）穿基础

1—混凝土支座；2—黏土；3—水泥砂浆封口

（2）引入管穿过承重墙或基础时，应配合土建预留孔洞。留洞尺寸见表1.49，给水管道穿基础做法如图1.100所示。

（3）引入管及其他管道穿越地下构筑物外墙时应采取防水措施，加设防水套管。

（4）引入管应有不小于0.003的坡度坡向室外给水管网，并在每条引入管上装设阀门，必要时还应装设泄水装置。

表 1.49 给水引入管穿过基础预留孔洞尺寸规格 单位：mm

管径	50 以下	50～100	125～150
留洞尺寸	200×200	300×300	400×400

1.7.3 水表节点安装

水表节点的形式，有不设旁通管和设旁通管两种。如图 1.101 和图 1.102 所示。安装水表时，在水表前后应有阀门及放水阀。阀门的作用是关闭管段，以便修理或拆换水表。放水阀主要用于检修室内管路时，将系统内的水放空与检验水表的灵敏度。水表与管道的连接方式，有螺纹连接和法兰连接两种。

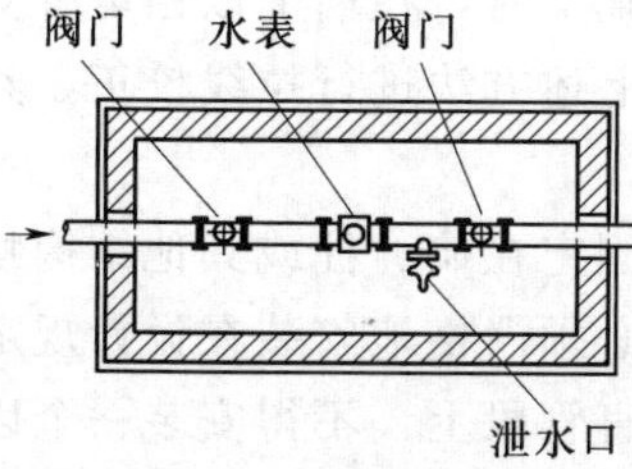

图 1.101 不设旁通的管水表节点安装

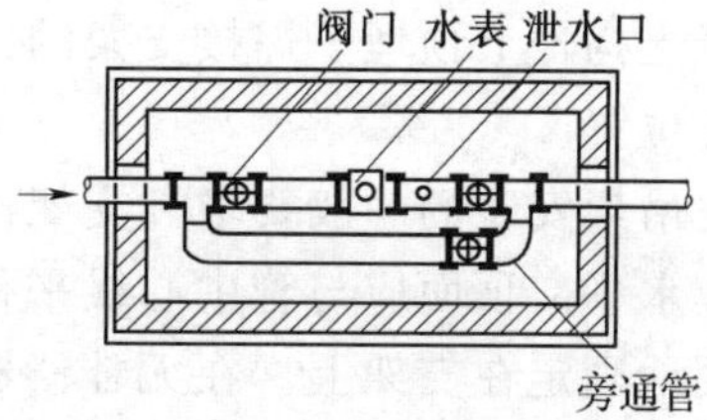

图 1.102 设旁通的管水表节点安装

1.7.4 干管安装

干管安装通常分为埋地式干管安装和上供架空式干管安装两种。对于上行下给式系统，干管可明装于顶层楼板下或暗装于屋顶、吊顶及技术层中；对于下行上给式系统，干管可敷设于底层地面上、地下室楼板下及地沟内。

管道安装应结合具体条件，合理安排顺序。一般先地下、后地上；先大管、后小管；先主管、后支管。当管道交叉中发生矛盾时，避让原则见表 1.50。

表 1.50 管道交叉时避让原则

避让管	不让管	原因
小管	大管	小管绕弯容易，且造价低
压力流管	重力流管	重力流管改变坡度和流向对流动影响较大
冷水管	热水管	热水管绕弯要考虑排气、泄水等
给水管	排水管	排水管径大、且水中杂质多，受坡度限制严格
低压管	高压管	高压管造价高，且强度要求也高
气体管	水管	水流动的动力消耗大
阀件少的管	阀件多的管	考虑安装操作与维护等多种因素
金属管	非金属管	金属管易弯曲、切割和连接
一般管道	通风管	通风管体积大、绕弯困难

水平干管应铺设在支架上，安装时先装支架，然后上管安装。

1. 支架安装

给水管道支架形式有钩钉、管卡、吊架、托架，管径不大于32mm的管子多用管卡或钩钉，管径大于32mm的管子采用吊架或托架。支架安装首先根据干管的标高、位置、坡度、管径，确定支架的形式、安装位置及数量，按尺寸打洞埋好支架。安装支架的孔洞不宜过大，且深度不宜小于120mm。也可以采用膨胀螺栓或射钉枪固定支架。

支架安装应牢固可靠，成排支架的安装应保证其支架台面处在同一直线上，且垂直于墙面。

(1) 管道支架的放线定位。首先根据设计要求定出固定支架和补偿器的位置；根据管道设计标高，把同一水平面直管段的两端支架位置画在墙上或柱上。根据两点间的距离和坡度大小，算出两点间的高度差，标在末端支架位置上；在两高差点拉一根直线，按照支架的间距在墙上或柱上标出每个支架位置。如果土建施工时，在墙上以预留有支架孔洞或在钢筋混凝土构件上预埋了焊接支架的钢板，应采用上述方法进行拉线校正，然后标出支架实际安装位置。

(2) 支吊架安装的一般要求。支架横梁应牢固地固定在墙、柱或其他结构物上，横梁长度方向应水平。顶面应与管中心线平行；固定支架必须严格地安装在设计规定位置，并使管子牢固地固定在支架上。在无补偿器，有位移的直管段上，不得安装一个以上的固定支架；活动支架不应妨碍管道由于热膨胀所引起的移动，其安装位置应从支承面中心向位移反向偏移，偏移值应为位移之半；无热位移的管道吊架的吊杆应垂直安装，吊杆的长度应能调节；有热位移的管道吊杆应斜向位移相反的方向，按位移值之半倾斜安装。补偿器两侧应安装1～2个多向支架，使管道在支架上伸缩时不至偏移中心线。管道支架上管道离墙、柱及管子与管子中间的距离应按设计图纸要求敷设。铸铁管道上的阀门应使用专用支架，不得让管道承重。在墙上预留孔洞埋设支架时，埋设前应检查校正孔洞标高位置是否正确，深度是否符合设计和有关标准图的规定要求，无误后，清除孔洞内的杂物及灰尘，并用水将洞周围浇湿，将支架埋入填实，用1：3水泥砂浆填充饱满。在钢筋混凝土构件预埋钢板上焊接支架时，先校正支架焊接的标高位置，消除预埋钢板上的杂物，校正后施焊。焊缝必须满焊，焊缝高度不得少于焊接件最小厚度。

2. 干管安装

待支架安装完毕后，即可进行干管安装。

给水干管安装前应先画出各给水立管的安装位置十字线。其做法是：先在主干管中心线上定出各分支干管的位置，标出主干管的中心线，然后将各管段长度测量记录并在地面进行预制和预组装，预制的同一方向的干管管头应保证在同一直线上，且管道的变径应在分出支管之后进行，组装好的管子，应在地面上进行检查，若有歪斜扭曲，则应进行调直。上管时，应将管道滚落在支架上，随即用预先准备好的U形管卡将管子固定，防止管道滚落。采用螺纹连接的管子，则吊上后即可上紧。

给水干管的安装坡度不宜小于0.003，以有利于管道冲洗及放空。给水干管的中部应设固定支架，以保证管道系统的整体稳定性。

干管安装后，还应进行最后的校正调直，保证整根管子水平和垂直面都在同一直线上并最后固定。并用水平尺在管段上复核，防止局部管段出现“塌腰”或“拱起”的现象。

当给水管道穿越建筑物的沉降缝时，有可能在墙体沉陷时折剪管道而发生漏水或断裂等，此时给水管道需做防剪切破坏处理。

原则上管道应尽量避免通过沉降缝，当必须通过时，有以下几种处理方法。

(1) 丝扣弯头法。在管道穿越沉降缝时，利用丝扣弯头把管道做成门形管，利用丝扣弯头的可移动性缓解墙体沉降不均的剪切力。这样，在建筑物沉降过程中，两边的沉降差就可用由丝扣弯头的旋转来补偿。这种方法用于小管径的管道，如图 1.103 所示。

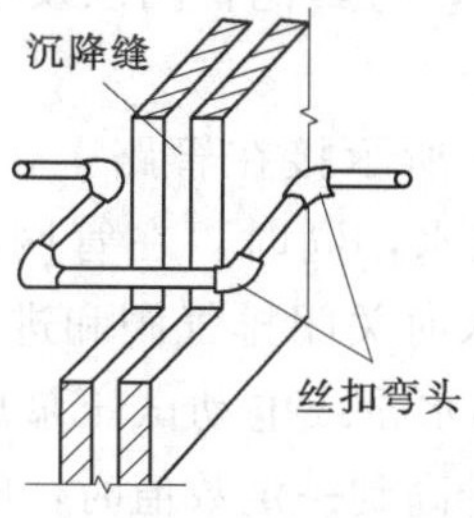

图 1.103 丝扣弯头法

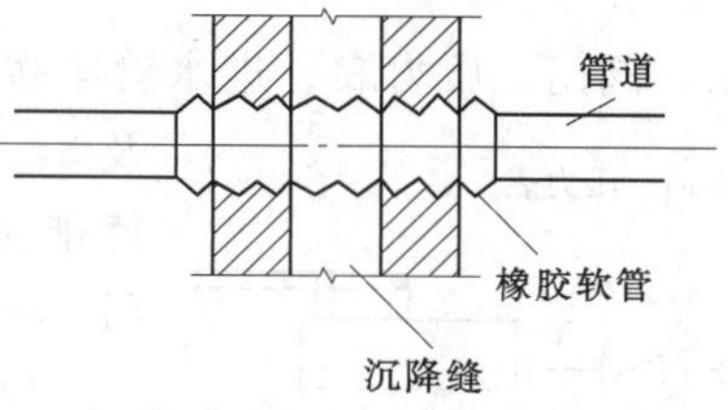

图 1.104 橡胶软管法

(2) 橡胶软管法。用橡胶软管连接沉降缝两端的管道，这种做法只适用于冷水管道（$t\leqslant 20$℃），如图 1.104 所示。

(3) 活动支架法。把沉降缝两侧的支架做成使管道能垂直位移而不能水平横向位移，如图 1.105所示。

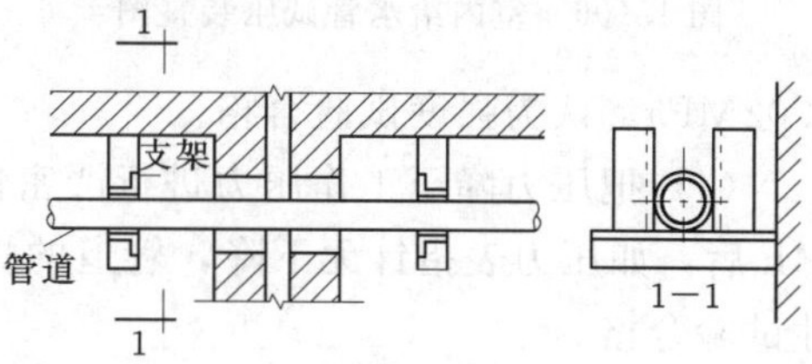

图 1.105 活动支架法

1.7.5 立管安装

干管安装后即可安装立管。给水立管可分为明装和安装于管道竖井或墙槽内的安装。

(1) 根据地下给水干管各立管甩头位置，应配合土建施工，按设计要求及时准确地逐层预留孔洞或埋设套管。

(2) 用线垂吊挂在立管的位置上，用“粉囊”在墙面上弹出垂直线，立管就可以根据该线来安装。立管长度较长，如采用螺纹连接时，可按图纸上所确定的立管管件，量出实际尺寸记录在图纸上，先进行预组装。安装后经过调直，将立管的管段做好编号，再拆开到现场重新组装。

(3) 根据立管卡的高度，在垂直中心线上画横线确定管卡的安装位置并打洞埋好立管卡。每安装一层立管，用立管卡件予以固定，管卡距地面 1.5～1.8m，两个以上的管卡应均匀安装，成排管道或同一房间的管卡和阀门等安装高度应保持一致。

1.7.6 支管安装

立管安装后，就可以安装支管，方法也是先在墙面上弹出位置线，但是必须在所接的设备安装定位后才可以连接，安装方法与立管相同。

安装支管前，先按立管上预留的管口在墙面上画出（或弹出）水平支管安装位置的横线，并在横线上按图纸要求画出各分支线或给水配件的位置中心线，再根据横线中心线测出各支管的实际尺寸进行编号记录，根据记录尺寸进行预制和组装（组装长度以方便上管为宜），检查调直后进行安装。

横支管管架的间距依要求而设，支管支架宜采用管卡做支架。

支架安装时，宜有 0.002～0.005 的坡度，坡向立管或配水点。

1.7.7 室内给水管道试压

1. 管道的试验

埋地的引入管、水平干管必须在隐蔽前进行水压试验，试验合格并验收后方可隐蔽。

管道水压试验的步骤如下：

(1) 首先检查整个管路中的所有控制阀门是否打开，与其他管网以及不能参与试压的设备是否隔开。

(2) 试压泵、阀门、压力表、进水管等按图 1.106 所示接在管路上，打开阀门 1、2 及 3，向管中充水，同时，在管网的最高点排气，待排气阀中出水时关闭排气阀和进水阀 3，打开阀门 4，启动手动水泵或电动试压泵加压。

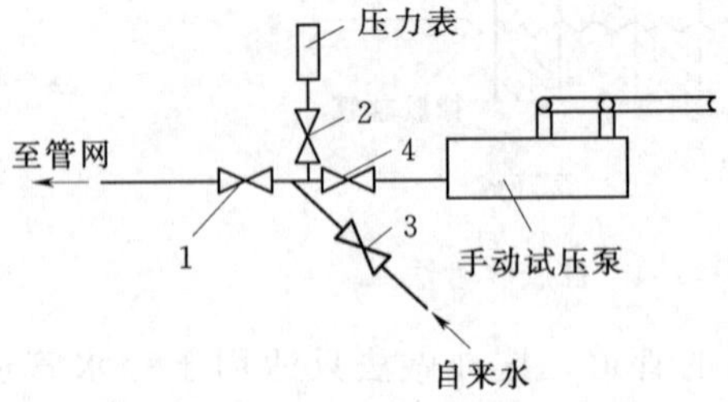

图 1.106 室内给水管试压装置图

(3) 压力升高到一定数值时，应停下来对管道进行检查，无问题时再继续加压，一般分 2～3 次达到试验压力，当压力达到试验压力时，停止加压，关闭阀门 4。管道在试验压力下保持 10min，如管道未发现泄漏现象，压力表指针下降不超过 0.02MPa，认为强度试验合格。

(4) 把压力降至工作压力进行严密性试验。在工作压力下对管道进行全面检查，稳压 24h 后，如压力表指针无下降，管道的焊缝及法兰连接处未发现渗漏现象，即可认为严密性试验合格。

(5) 试验过程中如发生泄漏，不得带压修理。缺陷消除后，应重新试验。

(6) 系统试验合格后，填写“管道系统试验记录”。

2. 管道系统冲洗

管道系统强度和严密性试验合格后，应分段进行冲洗。冲洗顺序一般应按主管、支管、疏排管依次进行，分段进行冲洗。

管道系统冲洗的操作规程如下：

(1) 管道系统的冲洗应在管道试压合格后，调试、运行前进行。

(2) 管道冲洗进水口及排水口应选择适当位置，并能保证将管道系统内的杂物冲洗干净为宜。排水管截面积不应小于被冲洗管道截面的 60%，排水管应接至排水井或排水沟内。

(3) 冲洗时，以系统内可能达到的最大压力和流量进行，直到出口处的水色和透明度与入口处目测一致为合格。

1.7.8 质量验收标准

1. 保证项目

(1) 隐蔽管道和给水系统的水压试验结果必须符合设计要求和施工规范规定。

检验方法：检查系统或分区（段）试验记录。

(2) 管道及管道支座（墩）严禁铺设在冻土和未经处理的松土上。

检查方法：观察或检查隐蔽工程记录。

(3) 给水系统竣工后或交付使用前，必须进行吹洗。

检查方法：检查吹洗记录。

2. 基本项目

(1) 管道坡度的正负偏差符合设计要求。

检验方法：用水准仪（水平尺）拉线和尺量检查或检查隐蔽工程记录。

(2) 碳素钢管的螺纹加工精度符合国际上管螺纹规定，螺纹清洁规整，无断丝或缺丝，连接牢固，管螺纹根部有外露螺纹，镀锌碳素钢管无焊接口，螺纹无断丝。镀锌碳素钢管和管件的镀锌层无破损，螺纹露出部分防腐蚀良好，接口处无外露油麻等缺陷。

检验方法：观察或解体检查。

(3) 碳素钢管的法兰连接应对接平行、紧密，与管子中心线垂直。螺杆露出螺母长度一致，且不大于撑杆直径的1/2，螺母在同侧，衬垫材质符合设计要求和施工规范规定。

检查方法：观察检查。

(4) 非镀锌碳素钢管的焊接焊口平直，焊波均匀一致，焊缝表面无结瘤、夹渣和气孔。焊缝加强面符合施工规范规定。

检查方法：观察或用焊接检测尺检查。

(5) 金属管道的承插和套箍接口结构及所有填料符合设计要求和施工规范规定，灰口密实饱满，胶圈接口平直无扭曲，对口间隙准确，环缝间隙均匀，灰口平整、光滑，养护良好，胶圈接口回弹间隙符合施工规范规定。

检查方法：观察和尺量检查。

(6) 管道支（吊、托）架及管座（墩）的安装应构造正确，埋设平正牢固，排列整齐。支架与管道接触紧密。

检验方法：观察或用手扳检查。

(7) 阀门安装：型号、规格、耐压和严密性试验符合设计要求和施工规范规定。位置、进出口方向正确，连接牢固、紧密，启闭灵活，朝向合理，表面洁净。

检查方法：手扳检查和检查出厂合格证、试验单。

(8) 埋地管道的防腐层材质和结构符合设计要求和施工规范规定，卷材与管道以及各层卷材间粘贴牢固，表面平整，无皱折、空鼓、滑移和封口不严等缺陷。

检查方法：观察或切开防腐层检查。

(9) 管道、箱类和金属支架的油漆种类和涂刷遍数符合设计要求，附着良好，无脱皮、起泡和漏涂，漆膜厚度均匀，色泽一致，无流淌及污染现象。

检验方法：观察检查。

3. 允许偏差项目

水平管道的纵、横方向的弯曲，立管垂直度，平行管道和成排阀门的安装应符合规定。

学习情境1.8 给水管道及设备防腐

腐蚀主要是材料在外部介质影响下所产生的化学作用或电化学作用，使材料破坏和质变。由于化学作用引起的腐蚀属于化学腐蚀，金属与氧气、氯气、二氧化硫、硫化氢等干燥气体或汽油、乙醇、苯等非电解质接触所引起的腐蚀都是化学腐蚀；在潮湿条件下，由电化学作用引起的腐蚀称为电化学腐蚀，一般情况下，管道和设备表面同时受到两种腐蚀作用，但以电化学腐蚀为主。

为保证正常的生产秩序和生活秩序，延长系统的使用寿命，除了正常选材外，采取有效的防腐措施是十分必要的。

防腐的方法很多，如采用金属镀层、金属钝化、电化学保护、衬里及涂料工艺等。在管道及设备的防腐方法中，采用最多的是涂料工艺。对于明装的管道和设备，一般采用油漆涂料，对于设置在地下的管道，则多采用沥青涂料。

管道防腐一般常用的材料有：

(1) 防锈漆、面漆、沥青等。

(2) 稀释剂：汽油、煤油、醇酸稀料、松香水、酒精等。

(3) 其他材料：高岭土、七级石棉、石灰石粉或滑石粉、玻璃丝布、矿棉纸、油毡、牛皮纸、塑料布等。

管道及设备防腐的施工工艺流程：表面去污除锈→调配涂料→刷或喷涂施工→养护。

1.8.1 表面去污除锈

1. *表面去污*

为了使防腐材料能起较好的防腐作用，除所选涂料能耐腐蚀外，还要求涂料和管道、设备表面能很好的结合。一般管道和设备表面总有各种污物，如灰尘、污垢、油渍、锈斑等。为了增加油漆的覆着力和防腐效果，在涂刷底漆前必须将管道或设备表面的污物清除干净，并保持干燥。管道（设备）防腐前必须根据金属表面锈蚀程度分成A、B、C、D四级，见表1.51。

表1.51　　钢材表面原始锈蚀等级

腐蚀等级	锈蚀状况
A级	覆盖着完整的氧化皮或只有极少量锈的钢材表面
B级	部分氧化皮已松动，翘起或脱落，已有一定锈的钢材表面
C级	氧化皮大部分翘起或脱落，大量生锈，但用目测还看不到腐蚀的钢材表面
D级	氧化皮几乎全部翘起或脱落，大量生锈，目测能看到腐蚀的钢材表面

为了增加油漆的附着力和防腐效果，在涂刷底漆前，必须将管道或设备表面的污物清除干净，并保持干燥。金属表面处理方法有手工方法、机械方法和化学方法三种，可根据具体情况或设计要求选用。金属表面去污方法见表1.52。在选取以上方法进行金属表面处理前，应先对系统进行清洗、吹扫。

2. *表面除锈*

(1) 人工除锈。用刮刀、锉刀将管道、设备及容器表面的氧化皮、铸砂除掉，再用钢丝刷将管道、设备及容器表面的浮锈除去，然后用砂纸磨光，最后用棉丝将其擦净。

(2) 机械除锈。先用刮刀、锉刀将管道表面的氧化皮、铸砂去掉。然后一人在除锈机前，一人在除锈机后，将管道放在除锈机反复除锈，直至露出金属本色为止。在刷油前，用棉丝再擦一遍，将其表面的浮灰等去掉。

表 1.52 金属表面去污

去污方法		适用范围	施工要点
溶剂清洗	煤焦油溶剂（甲苯、二甲苯等），石油矿物溶剂（溶剂汽油、煤油）、氯代烃类（过氯乙烯、三氯乙烯等）	除油、油脂、可溶污物和可溶涂层	有的油垢要反复溶解和稀释。最后要用干净溶剂清洗。避免留下薄膜
碱液	氢氧化钠 30g/L、磷酸三钠 15g/L、水玻璃 5g/L、水适量，也可购成品	除掉可皂化的油、油脂和其他污物	清洗后要作充分冲净。并做钝化处理，用含有 0.1%左右的重铬酸、重铬酸钠或重铬酸钾溶液清洗表面
乳剂除污	煤油 67%、松节油 22.5%、月酸 5.4%、三乙醇胺 3.6%、丁基溶纤剂 1.5%	除油、油脂和其他污物	清洗后用蒸汽或热水将残留物从金属表面上冲洗净

(3) 喷砂除锈。喷砂除锈是采用 0.35～0.5MPa 的压缩空气，把粒度为 1.0～2.0mm 的砂子喷射到有锈污的金属表面上，靠砂粒的打击去除金属表面的锈蚀、氧化皮等。

喷砂除锈操作简单、效率高、质量好，但喷砂过程中产生大量的灰尘，污染环境，影响人们的健康。为减少尘埃的飞扬，可用喷湿砂的方法来除锈。

1.8.2 管道、设备及容器防腐

1. 涂料种类

涂料可分为两大类，即油基漆（成膜物质为干性油类）和树脂基漆（成膜物质为合成树脂）。它是通过一定的涂覆方法涂在物体表面，经过固化而形成薄涂层，从而保护设备、管道和金属结构等表面免受化工、大气及酸等介质的腐蚀作用。

(1) 涂料的基本组成。涂料的品种虽然很多，但就其组成而言，大体上可分为三部分，即主要成膜物质、次要成膜物质和辅助成膜物质，见表 1.53。

表 1.53 涂料的组成

主要成膜物质	油基漆	干性油
		半干性油
	树脂基漆	天然树脂
		合成树脂
次要成膜物质	着色颜料	
	防锈颜料	
	体质颜料	
辅助成膜物质	稀料	溶剂
		稀释剂
	辅助材料	催化剂、固化剂
		增塑剂、触变剂

(2) 常用涂料。防锈漆和底漆涂料按其所起的作用，可分为底漆和面漆两种。先用底漆打底，再用面漆罩面。

防锈漆和底漆都能防锈。它们的区别是：底漆的颜料较多，可以打磨，涂料着重在对物面的附着力；而防锈漆的漆料偏重在满足耐水、耐酸等性能的要求。防锈漆一般分为钢铁表面的防锈漆和有色金属表面的防锈漆两种。底漆在涂层中占有重要的地位，它不但能增强涂料与金属表面的附着力，而且对防腐蚀也起到一定的作用。几种常用的底漆为：①生漆；②漆酚树脂漆；③酚醛树脂漆；④环氧—酚醛漆；⑤环氧树脂涂料；⑥过氧乙烯漆；⑦沥青漆。

管道工程中常用的防腐涂料及其性能、使用温度和主要用途见表 1.54。

表 1.54 常用涂料

涂料名称	主要性能	耐温(℃)	主要用途
红丹防锈漆	与钢铁表面附着力强、隔潮、防水、防锈力强	150	钢铁表面打底，不应暴露于大气中，必须用适当面漆覆盖
铁红防锈漆	覆盖性强、薄膜坚韧，涂漆方便，防锈能力较红丹防锈漆差些	150	钢铁表面打底或盖面
铁红醇酸底漆	附着力强，防锈性能和耐气候型较好	200	高温条件下黑色金属打底
灰色防锈漆	耐气候性较调和漆强		做室内外钢铁表面上的防锈底漆的罩面漆
锌黄防锈漆	对海洋性气候及海水侵蚀有防锈性		适用于铝金属或其他金属上防锈
环氧红丹漆	快干，耐水性强		用于经常与水接触的钢铁表面
磷化底漆	能延长有机涂层寿命	60	有色及黑色金属的底层防锈漆
后漆(铅油)	漆膜较软、干燥慢，在炎热而潮湿的天气有发黏现象	60	用清油稀释后，用于室内钢、木表面打底或盖面
油性调和漆	附着力及耐气候性均好，在室外使用优于磁性调和漆	60	做室内外金属、木材、砖墙面漆
铝粉漆		150	专供采暖管道、散热器做面漆
耐温铝粉漆	防锈不防腐	≤300	黑色金属表面漆
有机硅耐高温漆		400～500	黑色金属表面漆
生漆(大漆)	漆层机械强度高，耐酸力强，有毒，施工困难	200	用于钢、木表面防腐
过氧乙烯漆	抗酸性强，耐浓度不大的碱性，不易燃烧，防水绝缘性好	60	用于钢、木表面，以喷涂为佳
耐碱漆	耐碱腐蚀	≤60	用于金属表面
耐酸树脂磁漆	漆膜保光性、耐气候型和耐汽油型好	150	适用于金属、木材及玻璃布的涂刷
沥青漆(以沥青为基础)	干燥快、涂膜硬，但附着力及机械强度差，具有良好的耐水、防潮、防腐及抗化学腐蚀性。但耐气候、保光性差，不宜暴露在阳光下，户外容易收缩龟裂		主要用于水下、地下钢铁构件、管道、木材、水泥面的防潮、防水、防腐

涂料命名原则：全名＝颜料或颜色名称＋成膜物质名称＋基本名称。

2. 管道、设备及容器防腐刷油

一般按设计要求进行防腐刷油，当设计无要求时，应按下列规定进行：

(1) 明装管道、设备及容器必须先刷一道防锈漆，待交工前再刷两道面漆。如有保温和防结露要求应刷两道防锈漆。

（2）暗装管道、设备及容器刷两道防锈漆，第二道防锈漆必须待第一道漆干透后再刷。且防锈漆稠度要适宜。

（3）埋地管道做防腐层时，其外壁防腐层的做法可按表 1.55 的规定进行。

当冬季施工时，宜用橡胶溶剂油或航空汽油溶化 30 甲或 30 乙石油沥青。其重量比为沥青：汽油＝1：2。

表 1.55　管道防腐层种类

防腐层层次（从金属表面起）	普通防腐层	加强防腐层	特加强防腐层
1	冷底子油	冷底子油	冷底子油
2	沥青涂层	沥青涂层	沥青涂层
3	外包保护层	加强包扎	加强保护层
4		（封闭层）	（封闭层）
5		沥青涂层	沥青涂层
6		外包保护层	加强包扎层
7			（封闭层）
8			沥青涂层
9			外包保护层
防腐层厚度不小于（mm）	3	6	9
厚度允许偏差（mm）	－0.3	－0.5	－0.5

注　1. 用玻璃丝布做加强包扎层，须涂一道冷底子油封闭层。
2. 做防腐内包扎层，接头搭接长度为 30～50mm，外包保护层，搭接长度为 10～20mm。
3. 未连接的接口或施工中断处，应做成每层收缩为 80～100mm 的阶梯式接茬。
4. 涂刷防腐冷底子油应均匀一致，厚度一般为 0.1～0.15mm。
5. 冷底子油的重量配合比：沥青：汽油＝1：2.25。

3. 常用防腐涂漆的方法

工程中用漆种类繁多，底、面漆不相配会造成防腐失败。

（1）根据设计要求按不同管道、不同介质、不同用途及不同材质选择油漆涂料。

（2）管道涂色分类：管道应根据输送介质选择漆色，如设计无规定，参考表 1.56 选择涂料颜色。

（3）将选好的油漆桶开盖，根据原装油漆稀稠程度加入适量稀释剂。油漆的调和程度要考虑涂刷方法，调和至适合手工涂刷或喷涂的稠度。喷涂时，稀释剂和油漆的比可为 1：（1～2）。用棍棒搅拌均匀，以可刷不流淌，不出刷纹为准，即可准备涂刷。

表 1.56　管道涂色分类

管道名称	颜色	
	底色	色环
热水送水管	绿	黄
热水回水管	绿	褐

（4）油漆涂刷。

1）手工涂刷。用油刷、小桶进行。每次油刷沾油要适量，不要弄到桶外污染环境。手工涂刷要自上而下、从左到右、先里后外、先斜后直、先难后易、纵横交错地进行。漆层厚薄均匀一致，不得漏刷和漏挂。多遍涂刷时每遍不宜过厚。必须在上一遍涂膜干燥后才可涂刷第二遍。

2）浸涂。用于形状复杂的物件防腐。把调和好的漆倒入容器或槽里，然后将物件浸在涂料液中，浸涂均匀后抬出涂件，搁置在干净的排架上，待第一遍干后，再浸涂第二遍。

3）喷涂法。常用的有压缩空气喷涂、静电喷涂、高压喷涂。喷涂时喷射的漆流应和喷漆面垂直，喷漆面为平面时，喷嘴与喷漆面应相距250～350mm，喷漆面如为圆弧面，喷嘴与喷漆面的距离应为400mm左右。喷涂时，喷嘴的移动应均匀，速度宜保持在10～18m/min，喷漆使用的压缩空气压力为0.2～0.4MPa。

（5）油层深层养护。

1）油漆施工条件。不应在雨天、雾天、露天和0℃以下环境施工。

2）油漆涂层的成膜养护。溶剂挥发型涂料靠溶剂挥发干燥成膜，温度为15～250℃。氧化—聚合型涂料成膜分为溶剂挥发和氧化反应聚合阶段才达到强度；烘烤聚合型的磁漆只有烘烤养护才能成膜；固化型涂料分常温固化和高温固化满足成型条件。

涂漆的施工程序一般分为涂底漆或防锈漆、涂面漆、罩光漆三个步骤。底漆或防锈漆直接涂在管道或设备表面，一般涂一到两遍，每层涂层不能太厚，以免起皱和影响干燥。若发现有不干、起皱、流挂或漏底现象，要进行修补或重新涂刷。面漆一般涂刷调和漆或瓷漆，漆层要求薄而均匀，无保温的管道涂刷刷一遍调和漆，有保温的管道涂刷两遍调和漆。罩光漆层一般由一定比例的清漆和瓷漆混合后涂刷一遍。不同种类的管道设备涂刷油漆的种类和涂刷次数见表1.57。

表1.57　　管道设备涂刷油漆种类和涂刷次数

分　类	名　称	先刷油漆名称和次数	再刷油漆名称和次数
不保温管道和设备	室内布置管道设备	2遍防锈漆	1～2遍油性调和漆
	室外布置的设备和冷水管道	2遍环氧底漆	2遍醇酸磁漆或环氧磁漆
	室外布置的气体管道	2遍云母氧化铁酚醛底漆	2遍云母氧化铁面漆
	油管道和设备外壁	1～2遍醇酸底漆	1～2遍醇酸磁漆
	管沟中的管道	2遍防锈漆	2遍环氧沥青漆
	循环水、工业管和设备	2遍防锈漆	2遍沥青漆
	排气管	1～2遍耐高温防锈漆	—
保温管道设备	介质小于120℃的设备和管道	2遍防锈漆	—
	热水箱内壁	2遍耐高温防锈漆	—
其　他	现场制作的支吊架	2遍防锈漆	1～2遍银灰色调和漆
	室内钢制平台扶梯	2遍防锈漆	1～2遍银灰色调和漆
	室外钢制平台扶梯	2遍云母氧化铁酚醛底漆	2遍云母氧化铁面漆

涂刷油漆前应清理被涂刷表面上的锈蚀、焊渣、毛刺、油污、灰尘等，保持涂物表面清洁干燥。涂料施工宜在15～30℃，相对湿度不大于70%，无灰尘、烟雾污染的环境温度下进行，并有一定的防冻防御措施。漆膜应附着牢固、完整、无损坏，无剥落、皱纹、气泡、针孔、流淌等缺陷。涂层的厚度应符合设计文件要求。对安装后不宜涂刷的部位，在安装前要预先刷漆，焊缝及其标记在压力试验前不应刷漆。有色金属、不锈钢、镀锌钢管、镀锌钢板和铝板等表面不宜刷漆，一般可进行钝化处理。

1.8.3　埋地管道的防腐

埋地管道的防腐层主要由冷底子油、石油沥青玛琋脂、防水卷材及牛皮纸等组成。冷底子油的成分见表 1.58。

表 1.58　冷底子油的成分

使用条件	沥青：汽油（重量比）	沥青：汽油（体积比）
气温在＋5℃以上	1∶2.25～2.5	1∶3
气温在＋5℃以下	1∶2	1∶2.5

调制冷底子油的沥青，是牌号为 30 号甲建筑石油沥青。熬制前，将沥青打成 1.5kg 以上的小块，放入干净的沥青锅中，逐步升温和搅拌，并使温度保持在 180～200℃范围内（最高不超过 200℃），一般应在这种温度下熬制 1.5～2.5h，直到不产生气泡，即表示脱水完结。按配合比将冷却至 100～120℃的脱水沥青缓缓倒入计量好的无铅汽油中，并不断搅拌至完全均匀混合为止。

在清理管道表面后 24h 内刷冷底子油，涂层应均匀，厚度为 0.1～0.15mm。

沥青玛琋脂的配合比为沥青∶高岭土＝3∶1。

沥青应采用 30 号甲建筑石油沥青或 30 号甲与 10 号建筑石油沥青的混合物。将温度在 180～200℃的脱水沥青逐渐加入干燥并预热到 120～140℃的高岭土中，不断搅拌，使其混合均匀。然后测定沥青玛琋脂的软化点、延伸度、针入度等三项技术指标，达到表 1.59 中的规定时为合格。

表 1.59　沥青玛琋脂技术指标

施工气温（℃）	输送介质温度（℃）	软化点（环球法）（℃）	延伸度（＋25℃）（cm）	针入度（0.1mm）
－25～＋5	－25～＋25	＋56～＋75	3～4	—
	＋25～＋56	＋80～＋90	2～3	25～35
	＋56～＋70	＋85～＋90	2～3	20～25
＋5～＋30	－25～＋25	＋70～＋80	2.5～3.5	15～25
	＋25～＋56	＋80～＋90	2～3	10～20
	＋56～＋70	＋90～＋95	1.5～2.5	10～20
＋30 以上	－25～＋25	＋80～＋90	2～3	—
	＋25～＋56	＋90～＋95	1.5～2.5	10～20
	＋56～＋70	＋90～＋95	1.5～2.5	10～20

涂抹沥青玛琋脂时，其温度应保持在 160～180℃，施工气温高于 30℃时，温度可降低到 150℃。热沥青玛琋脂应涂在干燥清洁的冷底子油层上，涂层要均匀。最内层沥青玛琋脂如用人工或半机械化涂抹时，应分成二层，每层各厚 1.5～2mm。

防水卷材一般采用矿棉纸油毡或浸有冷底子油的玻璃网布，呈螺旋形缠包在热沥青玛琋脂层上，每圈之间允许有不大于 5mm 的缝隙或搭边，前后两卷材的搭接长度为 80～100mm，并用热沥青玛琋脂将接头粘合。

缠包牛皮纸时，每圈之间应有 15～20mm 搭边，前后两卷的搭接长度不得小于

100mm，接头用热沥青玛瑞脂或冷底子油粘合。牛皮纸也可用聚氯乙烯塑料布或没有冷底子油的玻璃网布带代替。

制作特强防腐层时，两道防水卷材的缠绕方向宜相批。

已做了防腐层的管子在吊运时，应采用软吊带或不损坏防腐层的绳索，以免损坏防腐层。管子下沟前，要清理管沟，使沟底平整，无石块、砖瓦或其他杂物。上层如很硬时，应先在沟底铺垫 100mm 松软细土，管子下沟后，不许用撬杠移管，更不得直接推管下沟。

防腐层上的一切缺陷，不合格处以及检查和下沟时弄坏的部位，都应在管沟回填前修补好，回填时，宜先用人工回填一层细土，埋过管顶，然后再用人工或机械回填。

1.8.4 质量检验

1. 基本要求

(1) 埋地管道的防腐层应符合以下规定：材质和结构符合设计要求和施工规范规定；卷材与管道以及各层卷材间粘贴牢固，表面平整，无皱折、空鼓、滑移和封口不严等缺陷。

检验方法：观察或切开防腐层检查。

(2) 管道、箱类和金属支架涂漆应符合以下规定：油漆种类和涂刷遍数符合设计要求；附着良好，无脱皮、起泡和漏涂，漆膜厚度均匀，色泽一致，无流坠及污染现象。

检验方法：观察检查。

2. 成品保护

已做好防腐层的管道及设备之间要隔开，不得粘连，以免破坏防腐层。刷油前先清理好周围环境，防止尘土飞扬，保持清洁，如遇大风、雨、雾、雪不得露天作业。涂漆的管道、设备及容器，漆层在干燥过程中应防止冻结、撞击、震动和温度剧烈变化。

3. 应注意的质量问题

(1) 管材表面脱皮、返锈，主要原因是管材除锈不净。

(2) 管材、设备及容器表面油漆不均匀，有流坠或有漏涂现象，主要是刷子沾油漆太多和刷油不认真。

学习情境 1.9 给水管道及设备保温

保温又称绝热，目的是为了减少管道和设备向外传递热量而采取的一种工艺措施。保温的目的是减少管道和设备系统的冷热损失；改善劳动条件，防止烫伤，保障工作人员安全；保护管道和设备系统；保证系统中输送介质品质。根据所起的作用，绝热工程可分为保温、加热保温和保冷三种。

1. 管道及设备保温一般常用的材料

(1) 预制瓦块。有泡沫混凝土、珍珠岩、蛭石、石棉瓦块等。

(2) 管壳制器。有岩棉、矿渣棉、玻璃棉、硬聚氨酯泡沫塑料、聚苯乙烯泡沫塑料管壳等。

(3) 卷材。有聚苯乙烯泡沫塑料、岩棉等。

(4) 其他材料。有铅丝网、石棉灰，或用以上预制板块砌筑或粘接等。

保护壳材料有麻刀、白灰或石棉、水泥、麻刀；玻璃丝布、塑料布、浸沥青油的麻袋布、油毡、工业棉布、铝箔纸、铁皮等。

2. 管道及设备保温的一般要求

（1）管道及设备的保温应在防腐及水压试验合格后方可进行，如需先做保温层，应将管道的接口及焊缝处留出，待水压试验合格后再将接口处保温。

（2）建筑物的吊顶及管井内需要做保温的管道，必须在防腐试压合格，保温完成稳检合格后，土建才能最后封闭，严禁颠倒工序施工。

（3）保温前必须将地沟管井内的杂物清理干净，施工过程遗留的杂物，应随时清理，确保地沟畅通。

（4）保温作业的灰泥保护壳，冬季施工时要有防冻措施。

1.9.1 管道保温工程施工

1. 管道胶泥结构保温涂抹法

工艺流程：配制与涂抹→缠草绳→缠镀锌铁丝网→干燥→保护层→防锈漆。

（1）配制与涂抹。先将选好的保温材料按比例称量并混合均匀，然后加水调成胶泥状，准备涂抹使用。$DN \leqslant 40$mm 时，保温层厚度较薄，可以一次抹好；$DN > 40$mm 时，可分几次抹。第一层用较稀的胶泥散敷，厚度一般为 2～5mm；待第一层完全干燥后再涂抹第二层，厚度为 10～15mm；以后每层厚度均为 15～25mm，直到达到设计要求的厚度为止。表面要抹光，外面再按要求作保护层。

（2）缠草绳。根据设计要求，在第一层涂抹后缠草绳，草绳间距为 5～10mm，然后再于草绳上涂抹各层石棉灰，达到设计要求的厚度为止。

（3）缠镀锌铁丝网。保温层的厚度在 100mm 以内时，可用一层镀锌铁丝网缠于保温管道外面。若厚度大于 100mm 时可做两层镀锌铁丝网。具体做法见图 1.107。

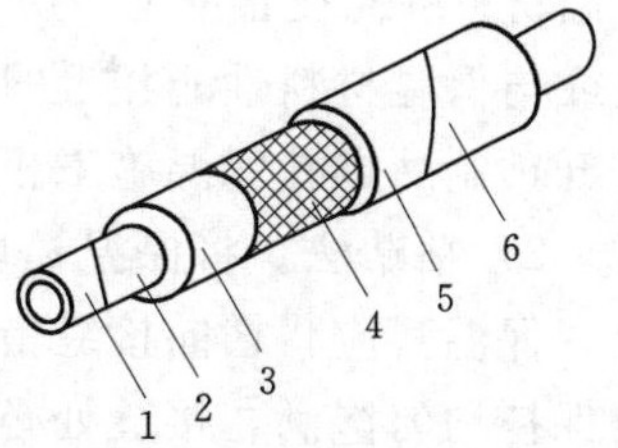

图 1.107　管道胶泥保温结构
1—管道；2—防锈漆；3—保温层；4—铁丝网；5—保护层；6—防腐体

（4）加温干燥。施工时环境温度不得低于 0℃，为加快干燥可在管内通入高温介质（热水或蒸汽），温度应控制在 80～150℃。

（5）法兰、阀门保温时两侧必须留出足够的间隙（一般为螺栓长度加 30～50mm），以便拆卸螺栓。法兰、阀门安装紧固后再用保温材料填满充实做好保温。

（6）管道转弯处，在接近弯曲管道的直管部分应留出 20～30mm 的膨胀缝，并用弹性良好的保温材料填充。

（7）高温管道的直管部分每隔 2～3m、普通供热管道每隔 5～8m 设膨胀缝，在保温层及保护层留出 5～10mm 的膨胀缝并填以弹性良好的保温材料。

2. 管道棉毡、矿纤等结构保温绑扎法

（1）棉毡缠包保温。先将成卷的棉毡按管径大小裁剪成适当宽度的条带（一般为 200～300mm），以螺旋状包缠到管道上。边缠边压边抽紧，使保温后的密度达到设计要求。当单层棉毡不能达到规定保温层厚度时，可用两层或三层分别缠包在管道上，并将两层接缝错开。每层纵横向接缝处必须紧密接合，纵向接缝应放在管道上部，所有缝隙要用同样的保温材料填充。表面要处理平整、封严，如图 1.108 所示。

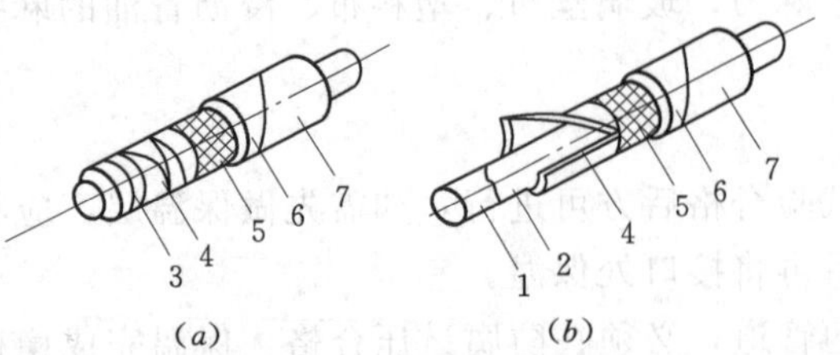

图 1.108 棉毡缠包保温

1—管道；2—防锈漆；3—镀锌铁丝；4—保温毡；5—铁丝网；6—保护层；7—防腐漆

保温层外径不大于 500mm 时，在保温层外面用直径为 1.0～1.2mm 的镀锌铁丝绑成图 1.108（*b*）所示的缠包法保温结构扎，绑扎间距为 150～200mm，每处绑扎的铁丝应不小于两圈。当保温层外径大于 500mm 时，还应加镀锌铁丝网缠包，再用镀锌铁丝绑扎牢。如果使用玻璃丝布或油毡作保护层时就不必包铁丝网了。

（2）矿纤预制品绑扎保温。保温管壳可以用直径 1.0～1.2mm 镀锌铁丝等直接绑扎在管道上。绑扎保温材料时应将横向接缝错开，采用双层结构时双层绑扎的保温预制品内外弧度应均匀并盖缝。若保温材料为管壳应将纵向接缝设置在管道的两侧。

用镀锌铁丝或丝裂膜绑扎带时，绑扎的间距不应超过 300mm，并且每块预制品至少应绑扎两处，每处绑扎的铁丝或带不应少于两圈。其接头应放在预制品的纵向接缝处，使得接头嵌入接缝内。然后将塑料布缠绕包扎在壳外，圈与圈之间的接头搭接长度应为 30～50mm，最后外层包玻璃丝布等保护层，外刷调和漆。

（3）非纤维材料的预制瓦、板保温。

1）绑扎法。适用于泡沫混凝土硅藻土、膨胀珍珠岩、膨胀蛭石、硅酸钙保温瓦等制品。保温材料与管壁之间涂抹一层石棉粉、石棉硅藻土胶泥。一般厚度为 3～5mm，然后在将保温材料绑扎在管壁上。所有接缝均应用石棉粉、石棉硅藻土或与保温材料性能相近的材料配成胶泥填塞。其他过程与矿纤预制品绑扎保温施工相同。保温结构如图 1.109 所示。

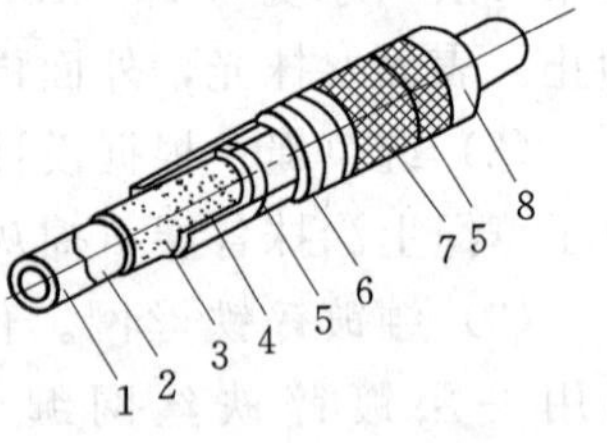

图 1.109 绑扎法保温结构

1—管道；2—防锈漆；3—胶泥；4—保温材料；5—镀锌铁丝；6—沥青油毡；7—玻璃丝布；8—保护层（防腐漆及其他）

2）粘贴法。将保温瓦块用粘接剂直接贴在保温件的面上，保温瓦应将横向接缝错开，粘贴住即可。涂刷粘贴剂时要保持均匀饱满，接缝处必须填满、严实。

（4）管件绑扎保温。管道上的阀门、法兰、弯头、三通、四通等管件保温时应特殊处理，以便于启闭检修或更换。其做法与管道保温基本相同。

1）弯管绑扎保温施工。先将法兰两旁空隙用散状保温材料填充满，再用镀锌铁丝将管壳或棉毡等材料绑扎好外缠玻璃丝布等保护层。做法如图 1.110 和图 1.111 所示。

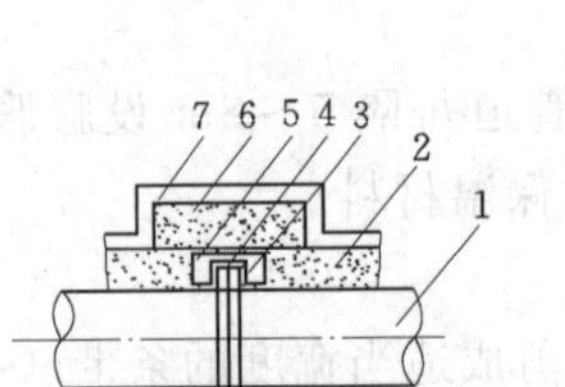

图 1.110 法兰保温结构

1—管道；2—管道保温层；3—法兰；4—法兰保温层；5—填充保温材料；6—镀锌铁丝网；7—保护层

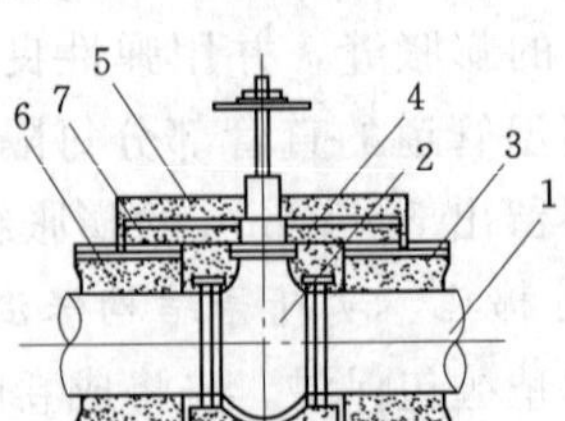

图 1.111 阀门保温结构

1—管道；2—阀门；3—管道保温层；4—绑扎钢带；5—散状保温材料；6—镀锌铁丝；7—保护层

2）弯管绑扎保温施工。对于预制管壳结构，当管径小于 80mm 时，其结构如图 1.112 所示。施工方法是：将空隙用散状保温材料填充，再用镀锌铁丝将裁剪好的直角弯头管壳绑扎好，外作保护层。当管图径大于 100mm 时，其结构如图 1.113 所示。施工方法是：按照管径的大小和设计要求选好保温管壳，再根据管壳的外径及弯管的曲率半径做虾米腰的样板，用样板套在管壳外，划线裁剪成段，再用镀锌铁丝将每段管壳按顺序绑扎在弯管上，外作保护层即可，若每段管壳连接处有空隙可用同样的保料保温材料填充至无缝为止。当管道采用棉毡或其他材时，弯管也可用同样的材料保温。

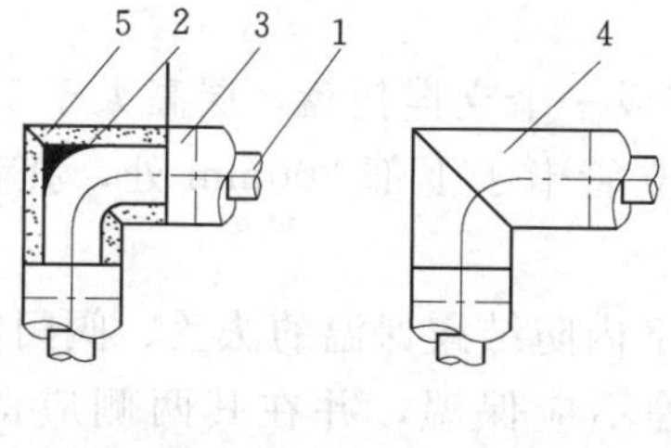

图 1.112　弯管的保温结构（$DN<80$mm）

1—管道；2—预制管壳；3—镀锌铁丝；4—铁皮壳；5—填料保温材料

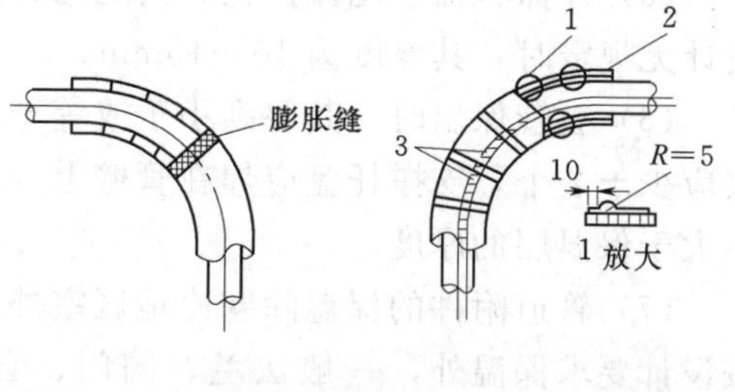

图 1.113　弯管的保温结构（$DN>100$mm）

(*a*) 保温层（硬质材料）；(*b*) 金属保护层

1—0.5mm 铁皮保护层；2—保护层；3—半圆头自攻螺钉（4×6）

3）三通、四通绑扎保温。三通、四通在发生变化时，各个方向的伸缩量都不一样，很容易破坏保温结构，所以一定要认真仔细地绑扎牢固，避免开裂。其结构如图 1.114 所示。三通预制管壳做法如图 1.115 所示。

(5) 膨胀缝：管道转弯处，用保温瓦做管道保温层时，在直线管段上，相隔 7m 左右留一条间隙 5mm 的膨胀缝。保温管道的支架处应留膨胀缝。接近弯曲管道的直管部分也应留膨胀缝，缝宽均为 20～30mm，并用弹性良好的保温材料填充。弯管处留膨胀缝的位置如图 1.116 所示。

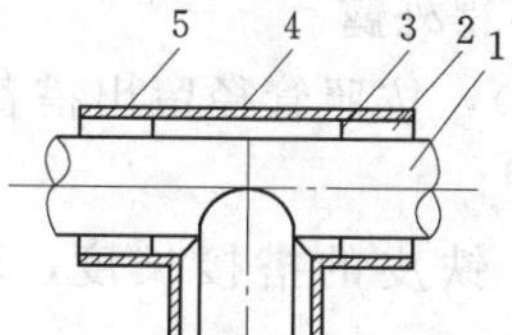

图 1.114　三通保温结构

1—管道；2—保温层；3—镀锌铁丝；4—镀锌铁丝网；5—保护层

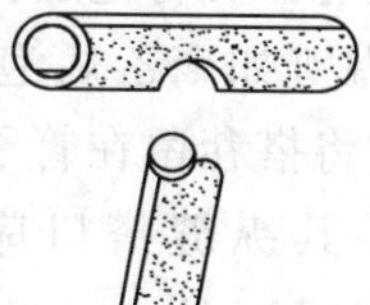

图 1.115　三通保温管壳

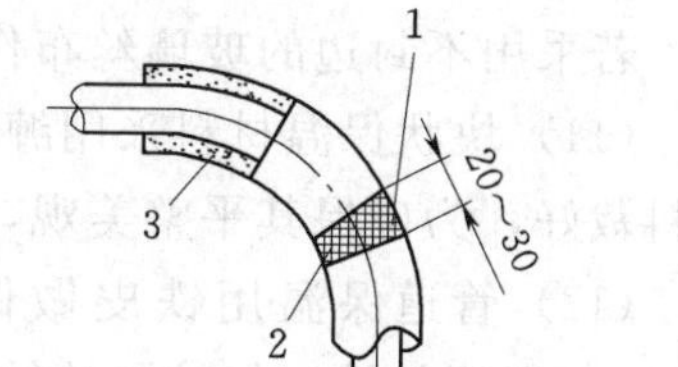

图 1.116　弯管处留膨胀缝位置示意图

1—膨胀缝；2—石棉绳或玻璃棉；3—硬质保温瓦

3. 橡塑保温材料保温

先把保温管用小刀划开，在划口处涂上专用胶水，然后套在管子上，将两边的划口对接，若保温材料为板材则直接在接口处涂胶、对接。

4. 预制瓦块保温

工艺流程：散瓦→断镀锌钢丝→和灰→抹填充料→合瓦→钢丝绑扎→填缝→抹保护壳。

(1) 各种预制瓦块运至施工地点，在沿管线散瓦时必须确保瓦块的规格尺寸与管道的管径相配套。

(2) 安装保温瓦块时，应将瓦块内侧抹 5～10mm 的石棉灰泥，作为填充料。瓦块的纵缝搭接应错开，横缝应朝上下。

(3) 预制瓦块根据直径大小选用 18～20 号镀锌钢丝进行绑扎，固定，绑扎接头不宜过长，并将接头插入瓦块内。

(4) 预制瓦块绑扎完后，应用石棉灰泥将缝隙处填充，勾缝抹平。

(5) 外抹石棉水泥保护壳（其配比石棉灰：水泥＝3：7）按设计规定厚度抹平压光，设计无规定时，其厚度为 10～15mm。

(6) 立管保温时，其层高小于或等于 5m，每层应设一个支撑托盘，层高大于 5m，每层应少于 2 个，支撑托盘应焊在管壁上，其位置应在立管卡子上部 200mm 处，托盘直径不大于保温层的厚度。

(7) 管道附件的保温除寒冷地区室外架空管道及室内防结露保温的法兰、阀门等附件按设计要求保温外，一般法兰、阀门、套管伸缩器等不应保温，并在其两侧应留 70～80mm 的间隙，在保温端部抹 60°～70°的斜坡。设备容器上的人孔、手孔及可拆卸部件的保温层端部应做成 40°斜坡。

(8) 保温管理工作道的支架处应留膨胀伸缩缝，并用石棉绳或玻璃棉填塞。

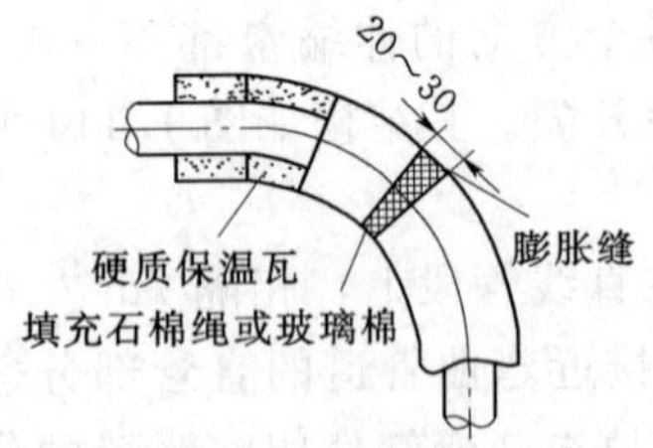

图 1.117　预制瓦块保温

(9) 用预制瓦块做管道保温层，在直线管段上每隔 5～7m 应留一条间隙为 5mm 的膨胀缝，在弯管处管径小于或等于 300mm 膨胀缝，膨胀缝用石棉绳或玻璃棉填塞，其作法如图 1.117 所示。

(10) 用管壳制品作保温层，其操作方法一般由两人配合，一人将管壳缝剖开对包在管上，整体优势和用力挤住，另外一人缠裹保护壳，缠裹时用力要均匀，压茬要平整，粗细要一致。

若采用不封边的玻璃丝布作保护壳时，要将毛边折叠，不得外露。

(11) 块状保温材料采用缠裹式保温（如聚乙烯泡沫塑料），按照管径留出搭茬余量，将料裁好，为确保其平整美观，一般应将搭茬留在管子内侧。

(12) 管道保温用铁皮做保护层，其纵缝搭口应朝下，铁皮的搭接长度，环形为 30mm。弯管处铁皮保护层的结构如图 1.118 所示。

(13) 设备及箱罐保温一般表面比较大，目前采用较多的有砌筑泡沫混凝土块，或珍珠岩块，外抹麻刀、白灰、水泥保护壳。

采用铅丝网石棉灰保温作法是在设备的表面外部焊一些钩钉固定保温层，钩钉的间距一般为 200～250mm，钩钉直径一般为 6～10mm，钩钉高度与保温层厚度相同，将裁好的钢丝网用钢丝与钩钉固定，再往上抹石棉灰泥，第一次抹得不宜太厚，防止粘接不住下垂脱落，待第一遍有一定强度后，再继续分层抹，直至达到设计

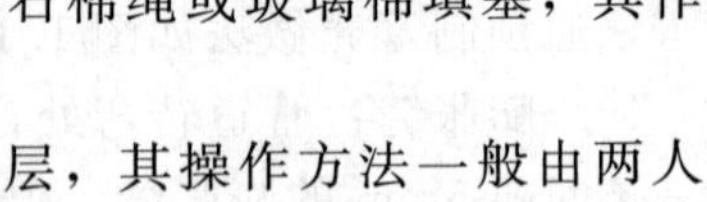

图 1.118　弯管处铁皮保护层的结构
1—0.5mm 铁皮保护层；2—保温层；3—半圆头自攻螺钉 4×16

要求的厚度。待保温层完成，并有一定的强度，再抹保护壳，要求抹光压平。

1.9.2 设备保温工程施工

设备保温层施工分胶泥结构保温、绑扎结构保温、设自锁垫圈结构保温三类进行介绍。

1. 设备胶泥结构保温

(1) 工艺流程：保温钩钉制作安装→涂抹与外包。

(2) 施工准备。

1) 材料。硅藻土石棉粉（鸡毛灰）、碳酸镁石棉粉、碳酸钙石棉粉、重质石棉粉（一级）、(二级)、镀锌铁丝、镀锌铁丝网、钩钉。

2) 工作条件。①设备安装就位，管道、阀门、仪表均要安装完毕；②试压或试验验收合格；③油漆防腐工程均已完成；④施工环境温度宜在0℃以上。

(3) 设备胶泥保温结构的做法及所用的保温材料与管道保温基本相同，如图1.119所示。

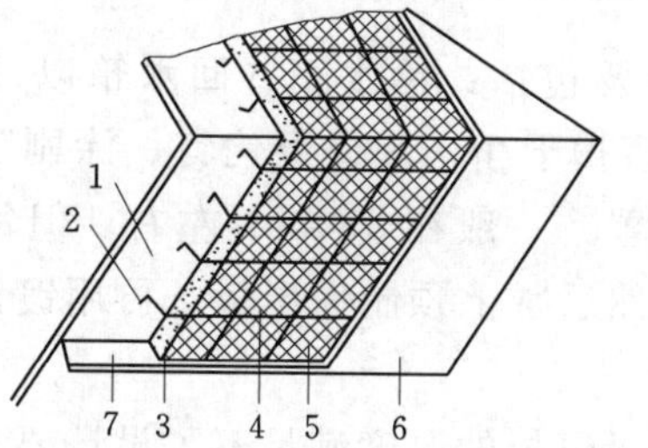

图1.119 胶泥保温结构图

1—热力设备；2—保温钩钉；3—保温层；4—镀锌铁丝；5—镀锌铁丝网；6—保护层；7—支承板

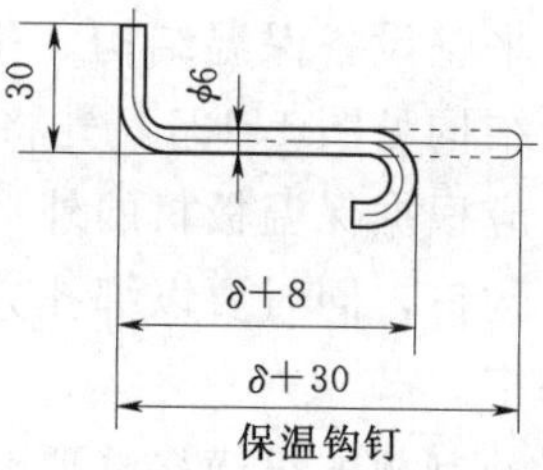

图1.120 保温钩钉

(4) 保温钩钉。保温钩钉用$\phi=5\sim6$mm的圆钢制作，详图如图1.120所示。将设备壁清扫干净，焊保温钩钉，间距250～300mm。

(5) 涂抹与外包。刷防锈漆后，再将已经拌和好的保温胶泥分层进行涂抹。

第一层可用较稀的胶泥散敷，厚度为3～5mm，待完全干燥后再敷第二层。厚度为10～15mm，第二层干燥后再敷第三层，厚度为20～25mm。以后分层涂抹，直至达到设计要求厚度为止。

然后外包镀锌铁丝网一层，用镀锌铁丝绑在保温钩钉上。如果保温厚度在100mm以上或形状特殊，保温材料容易脱落的，可用两层镀锌铁丝网，外面再作15～20mm的保护层。保护层应抹成表面光滑无裂缝。

(6) 保温层厚度均匀，结构牢固，无空鼓；表面平整度允许偏差10mm；厚度允许偏差为－5‰～＋10‰。

(7) 质量通病及其防治。

1) 保温层脱落。主保温层要用镀锌铁丝网和镀锌铁丝绑紧，并用钩钉钩住，留出规定的膨胀缝。作保护层时不要踩在做完的保温层上。

2) 保温层厚度不均匀，表面不平。涂抹前根据厚度制作测量样针，边涂抹，边检测，边抹平。

2. 设备绑扎结构保温

(1) 工艺流程：保温钩钉制作、焊接→保温。

（2）施工准备：板类保温材料（见表1.60）、镀锌铁丝网、镀锌铁丝、保温钩钉。

表1.60 常用设备绑扎结构保温材料表

序号	材料名称	密度（kg/m^3）	导热系数［W/(m·K)］	适用温度（℃）
1	水泥珍珠岩板、管壳	300～400	0.058～0.131	≤600
2	水玻璃珍珠岩板、管壳	200～300	0.056～0.065	≤600
3	硅藻土保温管及板	<550	0.063～0.077	<900
4	岩棉保温板（半硬质）	80～200	0.047～0.058	−268～500
5	硅酸铝纤维板	150～200	0.047～0.059	≤1000
6	可发性聚苯乙烯塑料板、管壳	20～50	0.031～0.047	−80～75
7	硬质聚氨酯泡沫塑料制品	30～50	0.023～0.029	−80～100
8	硬质聚氯乙烯泡沫塑料制品	40～50	≤0.043	−35～80

（3）平壁设备保温结构。平壁设备主要包括：给水箱、回水箱以及其他平板壁形设备，保温结构见图1.121。先将设备表面清扫干净，焊保温钩钉、涂刷防锈漆，保温钩钉的间距，应根据保温板材的外形尺寸来布置，一般在350mm左右。但每块保温板不少于两个保温钩钉，同时要以绑扎方便为准。然后敷上预制保温板，再用镀锌铁丝借助保温钩钉交叉绑牢。

保温预制板的纵横接缝要错开。如果保温板的厚度满足不了设计要求的厚度，可采用两层或多层结构。但每层要分别固定，而且内外层纵横接缝要错开，板与板之间的接缝必须用相同的保温材料填充。

当保温板材有缺陷时，应当用修补好，避免增加热损失。在外面再包上镀锌铁丝网，平整地绑在保温钩钉上，为作保护层做准备。

最后做石棉水泥或其他保护层，涂抹时必须有一部分透过镀锌铁丝网与保温层接触。外表面一定要抹得平整、光滑、棱角整齐，而且不允许有铁丝或铁丝网露出保护层外表面。

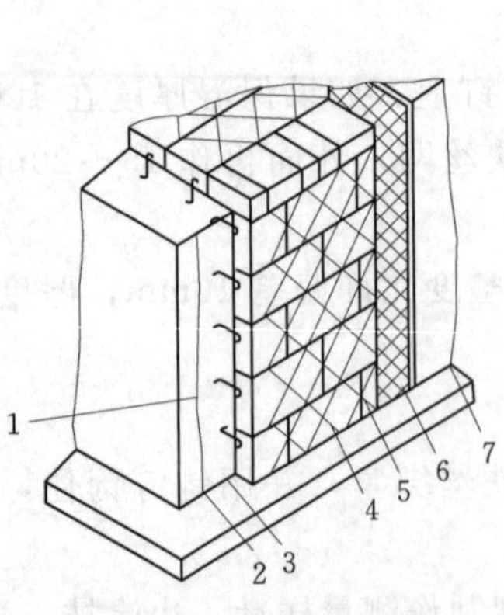

图1.121 平壁设备保温结构

1—平壁设备；2—防锈漆；3—保温钩钉；4—预制保温板；5—镀锌铁丝；6—镀锌铁丝网；7—保护层

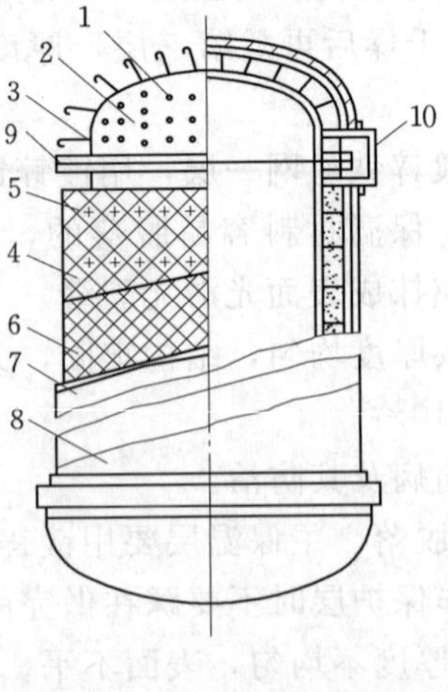

图1.122 立式圆形设备保温结构

1—立式设备；2—防锈漆；3—保温钩钉；4—预制保温板；5—镀锌铁丝；6—镀锌铁丝网；7—保护层；8—色漆；9—法兰；10—法兰保护罩

(4) 立式圆形设备保温结构。属于该类设备有立式热交换器、给水箱、软水罐、塔类等。保温结构如图 1.122 所示。

施工方法与平壁设备保温结构基本相同，敷设保温板材宜是根据筒体弧度制成的弧形瓦，如果筒体直径很大时，可用平板的保温板材进行施工。

最难施工的部位是顶部封头及底部封头。其保温钩钉布置如图 1.123 和图 1.124 所示。尤其是底部的封头更加困难，在安装保温板时需要进行支撑。用镀锌铁丝绑牢，否则因自重而下沉。

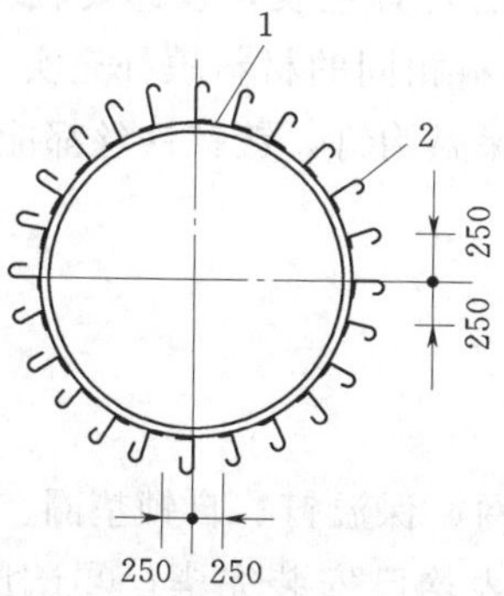

图 1.123　筒体上保温钩钉布置

1—筒体；2—保护钩钉

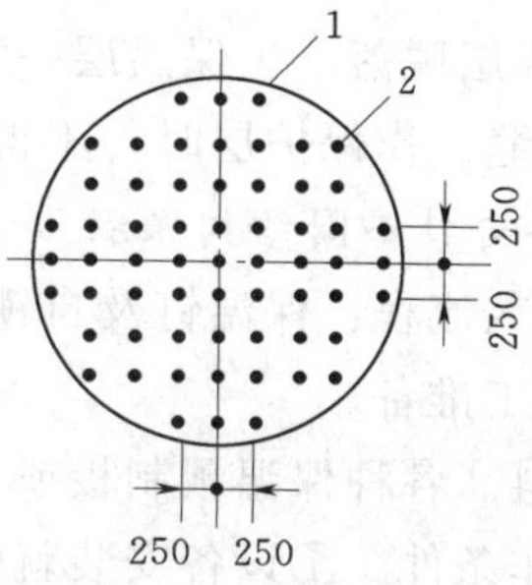

图 1.124　顶部及底部封头保温钩钉的布置

1—顶部或底部封头；2—保温钩钉

板与板之间的缝隙必须用相同的保温材料填充。圆形设备有一定曲度缝隙可能大些，填充时更要填好。然后敷设镀锌铁丝网并做好石棉水泥保护层或其他保护层。

(5) 卧式圆形设备保温结构。这类设备有热交换器，除氧器以及其他设备。保温结构如图 1.125 所示。

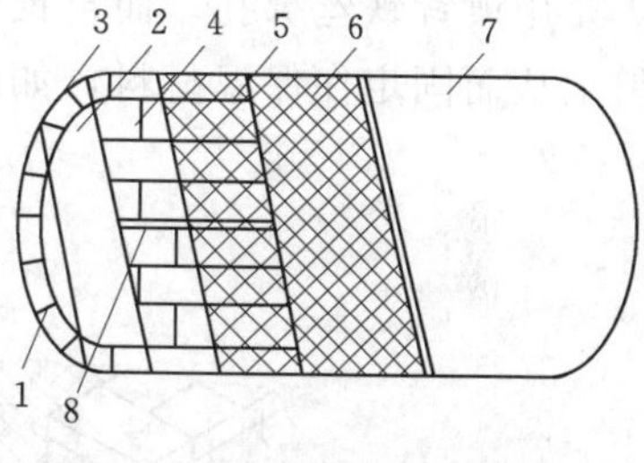

图 1.125　卧式圆形设备保温结构

1—圆形设备；2—防锈漆；3—保温钩钉；4—保温预制板；5—镀锌铁丝；6—镀锌铁丝网；7—保护层；8—支承板

施工方法基本与立式圆形设备相同，筒体上焊保温钩钉时。上半部要稀些。要在封头及筒体中间焊接水平支承板，支承板的宽度为保温层厚度的 3/4。支承板厚度为 5mm。

筒体保温钩钉及支撑板布置如图 1.126 所示；封头上保温钩钉及支撑板布置如图 1.127 所示。

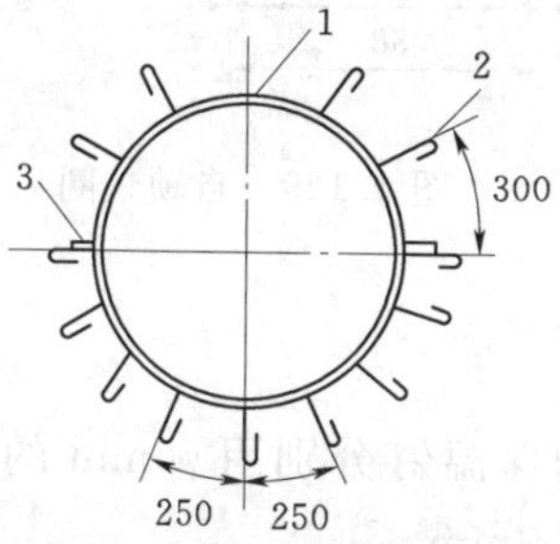

图 1.126　卧式设备筒体上保温钩钉及支承板布置图

1—卧式圆形设备筒体；2—保温钩钉；3—支承板

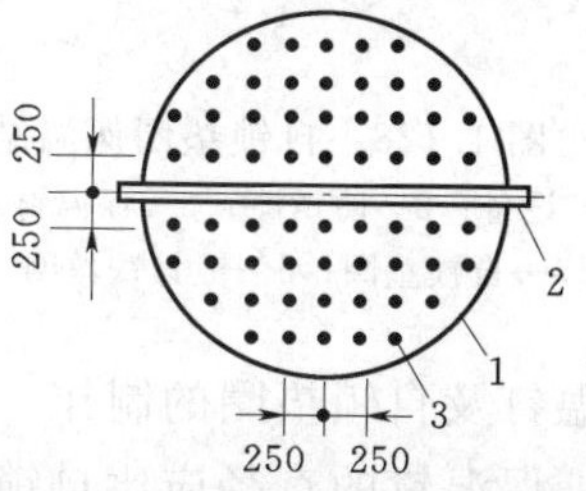

图 1.127　封头上保温钩钉及支承板的布置

1—封头；2—支承板 3—保温钩钉

卧式圆形设备上半部施工比较方便，封头及下半部施工较困难。铁丝必须绑紧，防止下部出现下坠现象。外面包上镀锌铁丝网，再包保护层。

(6) 保温材料必须紧贴管道表面，绑扎牢固，防止脱落。搭、对接缝处严密无间隙，表面平整光滑。保温层表面平整度允许偏差5mm，保温层厚度允许偏差－5%～＋10%。

(7) 质量通病及其防治。

1) 保温层隔热功能不良。制品应在室内堆放码垛，在室外垂放时，下面应设垫板，上面设置防雨设施。预制保温材料吸湿受潮，降低保温效果。

2) 外形缺陷和拼缝过大，降低保温效果。制品运输要有包装，装卸要轻拿轻放。对缺棱、掉角处，断块处与拼缝不严处，应使用与制品材料相同的材料填补充实。

3) 保温层脱落。主保温层一定要绑扎牢固，使用保温钩钉，镀锌铁丝都能起到作用，并留出膨胀缝。作保护层时，不得踩在保温层上施工。

3. 设备自锁垫圈结构保温

(1) 工艺流程：保温钉及自锁垫圈制作→保温。

(2) 施工准备。

1) 材料。各种保温预制板或各种棉毡、镀锌铁丝网、保温钉、自锁垫圈。

2) 工作条件。①设备安装就位，管道、阀门、仪表均已安装完毕；②试压或试验验收合格；③油漆防腐工程均已完成。

(3) 施工程序及方法与设备绑扎结构基本相同，所不同的是，绑扎结构用带钩的保温钉，是用镀锌铁丝绑扎。而自锁垫圈结构中用的保温钉是直的，利用自锁垫圈直接卡在保温钉上从而固定住保温材料，如图1.128所示。

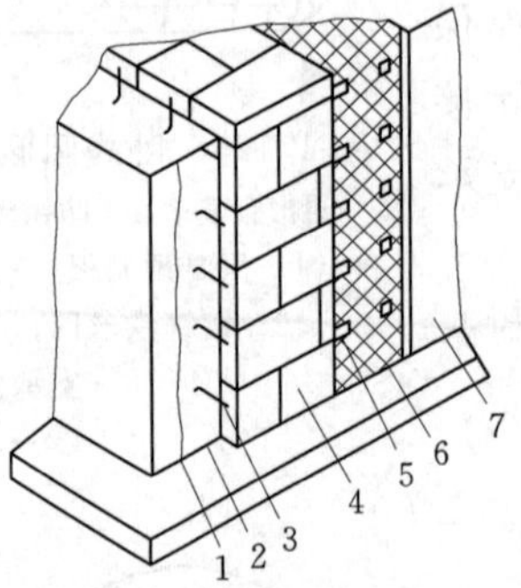

图1.128 自锁垫圈保温结构

1—平壁设备；2—防锈漆；3—保温钉；4—预制保温板；5—自锁垫圈；6—镀锌铁丝网；7—保护层

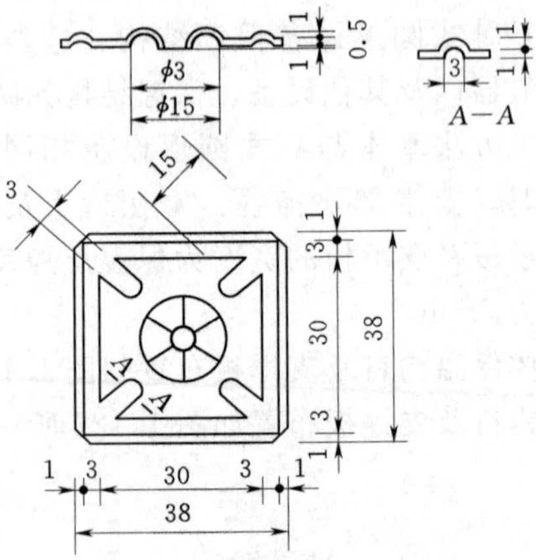

图1.129 自锁垫圈

(4) 保温钉及自锁垫圈的制作。各种不同类型的保温钉分别用ϕ6mm的圆钢、尼龙、白铁皮制作。保温钉的直径应比自锁垫圈上的孔大0.3mm。

自锁垫圈用$\delta=0.5$mm镀锌钢板制作，制作工艺如下：下料→冲孔→切开→压筋。用模具及冲床冲制，如图1.129所示。

用于温度不高的设备保温时，可购买塑料保温钉及自锁垫圈。也可单独购买自锁垫圈，然后自己制作保温钉来完成保温。

（5）施工方法。先将设备表面除锈，清扫干净，焊保温钉，涂刷防锈漆，保温钉的间距应按保温板材或棉毡的外形尺寸来确定，一般为250mm左右，但每块保温板不少于两个保温钉为宜。然后敷设保温板，卡在保温钉上，使保温钉露出头，再将镀锌铁丝网敷上，用自锁垫圈嵌入保温钉上，压住压紧铁丝网，嵌入后保温钉至少应露出5～6mm。镀锌铁丝网必须平整并紧贴在保温材料上，外面作保护层。

圆形设备、平壁设备施工作法相同，但底部封头施工比较麻烦，敷上保温材料就要嵌上自锁垫圈，然后再敷设镀锌铁丝网，在镀锌铁丝网外面再嵌一个自锁垫圈，这样做是防止底部或曲率过大部分的保温材料下沉或翘起，最后作保护层。

（6）保温材料必须紧贴管道表面，自锁垫圈压牢，防止保温层脱落。搭、对接缝处严密，无间隙，表面平整。保温层表面平整度允许偏差5mm，保温层厚度允许偏差－5%～＋10%。

（7）质量通病及其防治。

1）外形缺陷和拼缝过大，保温隔热层功能不良。制品运输要有包装，装卸要轻拿轻放。对缺棱掉角处，断块处与拼缝不严处，应使用与制品材料相同的材料填补充实。制品堆放要防潮，防雨。

2）保温层脱落。主保温层一定要用自锁垫圈压牢。自锁垫圈上的孔要比保温钉小0.3mm。整个保温层要留出膨胀缝。作保护层时不得踩在保温层上施工。

1.9.3　检验与保护

1. 检验项目

（1）基本项目。保温层表面平整，做法正确，搭茬合理，封口严密，无空鼓及松动。

检验方法：观察检查。

（2）允许偏差项目见表1.61。

表1.61　保温层允许偏差

项目名称		允许偏差（mm）	检验方法
保温层厚度		$+0.1\delta$	用钢针刺入保温层和尺量检查
		-0.05δ	
表面平整度	卷材或板材	5	用2m靠尺和楔形塞尺检查
	涂抹或其他	10	

注　δ为保温层厚度。

2. 成品保护

管道及设备的保温，必须在地沟及管井内已进行清理，不再有下落不明道工序损坏保温层的前提下，方可进行保温。一般管道保温应在水压试验合格，防腐已完方可施工，不能颠倒工序。保温材料进入现场不得雨淋或存放在潮湿场所。保温后留下的碎料，应由负责施工的班组自行清理。明装管道的保温，土建若喷浆在后，应有防止污染保温层的措施。

如有特殊情况需拆下保温层进行管道处理或其他工种在施工中损坏保温层时，应及时按原要求进行修复。

3. 应注意的质量问题

(1) 保温材料使用不当交底不清作法不明。应熟悉图纸，了解设计要求，不允许擅自变更保温作法，严格按设计要求施工。

(2) 保温层厚度不按设计要求规定施工。主要是凭经验施工，对保温的要求理解不深。

(3) 表面粗糙不美观。主要是操作不认真，要求不严格。

(4) 空鼓、松动不严密。主要原因是保温材料大小不合适，缠裹时用力不均匀，搭茬位置不合理。

学习情境1.10 建筑给水工程质量检验评定标准

建筑给水工程质量的检验评定，要严格遵守GBJ302—88《建筑采暖卫生与煤气工程质量检验评定标准》的有关规定。在进行给水工程质量检验评定工作中，要坚持认真负责，实事求是的精神，根据工程内容，严格按标准进行检验评定，不得随意降低标准或减少检验评定内容，使评定结果有据可查，准确可靠。

1.10.1 总则

1. 给排水工程质量检验评定依据

(1) GBJ302—88《建筑采暖卫生与煤气工程质量检验评定标准》。

(2) 施工图、设计说明书、设计变更等技术文件。

(3) 给排水工程施工及验收规范、上级颁发的技术规程、工艺标准以及有关规定。

(4) 中间检查验收的主要记录资料（如：试压、隐蔽、试运转和各种调整试验记录等）。

2. 给水工程质量检验评定等级及条件

给排水工程属安装工程中的分项工程，分项工程质量评定是工程质量检验评定的基础，必须认真检验评定。按国家颁发的现行质量检验评定标准规定，给水工程分为“合格”和“优良”两个等级。其具体合格和优良的条件如下。

(1) 工程合格条件。

1) 保证项目（主要项目）必须符合相应质量检验评定标准的规定。

2) 基本项目（一般项目）抽检的处（件）应符合相应质量检验评定标准的合格规定和基本符合规定。

3) 允许偏差项目（实测项目）抽检的点数中，工程有80%及其以上的实测值应在相应质量检验评定标准的允许偏差范围内，其余各测点应接近相应标准。

(2) 工程优良条件。

1) 保证项目（主要项目）必须符合相应质量检验评定标准的规定。

2) 基本项目每抽检的处（件）应符合相应质量检验评定标准的合格规定；其中有50%及其以上的处（件）符合优良的规定，该项即为优良；一般项目基本达到相应标准规定，亦可评为优良。

3）允许偏差项目（实测项目）抽检的点数中，有90%及其以上的实测值在相应质量检验评定标准的允许偏差范围内，其余各抽检点应接近相应标准。

（3）工程质量不合格时的处理。当给排水工程质量经过检验评定，结果不符合相应检验评定标准合格的规定时，必须及时处理。工程质量不设不合格等级，即不合格的工程不能验收、交付使用。对于不合格的工程应按以下规定进行处理：

1）凡返工重做的，可按相应质量检验评定标准规定的合格和优良条件重新评定其质量等级。

2）凡经过加固补强或经法定检测单位鉴定能达到设计要求的，其质量等级只能评为合格。

3）经过法定检测单位鉴定达不到原设计要求，但经设计单位认可又能满足结构安全和使用功能要求，可以不加固补强的，或者经过加固补强后改变了外形尺寸或造成永久性缺陷的，其质量可定为合格，其所在的分部工程不应评为优良。

3. 工程质量评定程序及组织

给排水工程的质量评定，应当在生产班组自检的基础上，由单位工程负责人组织给排水工程负责人进行评定，由专职质量检验员对其评定结果进行核定，并得出核定结果。

4. 工程质量评定的要求

（1）分项工程名称的划分，应严格按《建筑安装工程质量检验评定标准》规定的名称执行，不得随意更改和增减。给排水工程各分项工程的名称如下：

1）室内给水管道安装工程。

2）给水管道附件及卫生器具给水配件安装工程。

3）室内给水管道附属设备安装工程。

4）室内排水管道安装工程。

5）卫生器具安装工程。

6）室外给水管道工程。

7）室外排水管道工程。

（2）各分项工程，应分使用功能、按系统分别进行质量检验评定。

（3）高层建筑的卫生器具安装分项工程，应按使用功能，逐层分别进行质量检验评定。

（4）保温工程应随各分项工程，分别进行配合质量检验评定。

1.10.2　建筑给水管道安装工程质量评定

适用于工作压力不大于0.6MPa的室内给水和消防管道，材质为给水铸铁管、镀锌和非镀锌碳素钢管道的安装。该分项工程规定参加检验评定的保证项目有3条，基本项目9条，允许偏差项目3条。其具体的质量检验评定表见表1.62“室内给水管道安装分项工程质量检验评定表”。

1. 保证项目

（1）水压试验。

1）质量标准。隐蔽管道和给水、消防系统的水压试验结果，必须符合设计要求和施工规范规定。

表 1.62　　建筑给水管道安装分项工程质量检验评定表

工程名称：×××住宅楼　　　　部位：第三单元给水系统

		项　目	质量情况
保证项目	1	隐蔽管道和给水、消防系统的水压试验结果，以及使用的管材品种、规格尺寸，必须符合设计要求和施工规范规定	符合本条规定
	2	管道及管道支座（墩），严禁铺设在冻土和未经处理的松土上	符合本条规定
	3	给水系统竣工后或交付使用前，必须进行吹洗	符合本条规定

		项　目	质量情况 1	2	3	4	5	6	7	8	9	10	等级
基本项目	1	管道坡度	√	√	○	√	○	√	√	√	√		优良
	2	碳素钢管螺纹连接	√	√	√	○	√	√	○	○	√	√	优良
	3	碳素钢管法兰连接											
	4	非镀锌碳素钢管焊接											
	5	金属管道的承插和套箍接口											
	6	管道支（吊、托）架及管座（墩）	○	√	√	○	√	√	√	○	√	√	优良
	7	阀门安装	√	√	√	√	○	√	○	√	√	√	优良
	8	埋地管道的防腐层											
	9	管道、箱类和金属支架涂漆	√	○	√	√	√	○	√	√			优良

		项　目			允许偏差(mm)	实测值(mm) 1	2	3	4	5	6	7	8	9	10
允许偏差项目	1	水平管道纵、横方向弯曲	给水铸铁管	每 1m	1										
				全长（25m 以上）	≤25										
			碳素钢管	每 1m 管径小于或等于 100mm	0.5	0.5	0	0	0	0	0.5	0	1.0	0	0
				每 1m 管径大于 100mm	1										
				全长（25m 以上）管径小于或等于 100mm	≤13	5	4	0	7						
				全长（25m 以上）管径大于 100mm	≤25										
	2	立管垂直度	给水铸铁管	每 1m	3										
				全长（5m 以上）	≤15										
			碳素钢管	每 1m	2	0	1.0	0	0.5	0	0	0	0		
				全长（5m 以上）	≤10	5	2	0	4		3	6			
	3	隔热层	表面平整度	卷材或板材	4	3	2	0	4	3	0	6	0		
				涂抹或其他	8										
			厚　度（δ）		$+0.1\delta$ -0.05δ	+0.1	+0.2	+0.1	+0.2	+0.1					

检查结果	保证项目	符合本标准规定
	基本项目	检查 5 项，其中优良 5 项，优良率 100%
	允许偏差项目	实测 42 点，其中合格 40 点，合格率 95.2%

评定等级	优良	工程负责人：××× 工　　长：××× 班 组 长：×××	核定意见	同意评为优良等级 质量检查员：×××

××××年××月××日

注　基本项目栏内评定代号：优良√，合格○，不合格×。

隐蔽管道是指直接铺设在土壤内、暗装在墙壁、管井、管廊、天棚、不通行地沟内或需要保温的管道，其管道的水压试验必须在隐蔽前进行，试验结果必须符合设计要求或施工规范的规定。

管道的水压试验应具备以下条件：①管道系统应当安装结束；②阀门已安装结束，并且该开的已打开，该关的已关闭；③预留管道的接口部位，已用堵头或盲板封闭好；④管道的固定（支、吊、托架、管卡等）已设置齐全，固定牢固；⑤水压试验的设备及仪表已齐全，其所用的仪表是合格和有效的；⑥有足够的试验水源，并且试验管道已装好并接通；⑦水压试验的环境温度应当在+5℃以上。

管道的试验压力和设计有规定，应符合设计要求，如设计无规定，则应符合以下规定：①给水管道的试验压力不应小于 0.6MPa；②生活饮用水和生产、消防合用管网的试验压力为设计工作压力的 1.5 倍，但不应超过 1.0MPa。

在综合建筑及高层建筑工程中，管道较长时，可按设计要求分段进行水压试验；管道位差较大时，也可以分层做试验。具体分层、分段区域的划分可根据施工现场的情况而确定。

管道在加压试验时，要分 2～3 次升至试验压力。升至所需试验压力后要保证在 10min 内的压力降不大于 0.05MPa，然后再将试验压力降到设计要求的工作压力值，对试压管道系统进行全面检查，要保证不发生渗漏现象，则水压试验为合格。发现有渗漏即为不合格，必须进行修理，并重新进行水压试验，直到试验合格为止。

要及时做好水压试验记录，其记录一定要准确、清晰，要包含以下内容：①试验压力值××MPa；②恒压时间×分钟；③试验结果——须下结论（合格）；④试验时间及有关人员签证。

大于工作压力的强度试验，其目的在于检验管材及管件本身和管道接口的强度，以避免投入运行后发生漏水等质量问题。水压试验工作必须在管道隐蔽前进行完毕，并且一定是试验合格的，否则不得将管道隐蔽。

2）检验方法。检查系统或分区（段）试验记录。

3）检查数量。按系统全数检查。

经检查水压试验记录，符合上述要求，则在“质量情况”栏中填写“符合本条规定”或见“水压试验记录”即可。

（2）管道铺设。

1）质量标准。管道及管道支座（墩），严禁铺设在冻土或未经处理的松土上。

管道的支座（墩）是支承管道的重要结构，管座（墩）在砌筑的同时应做好隐蔽工程记录。管座（墩）直接铺设在冻土或未经处理的松软土层上，则会发生管道局部或全部沉陷坍塌的质量事故。

松土层必须按土建要求分层夯实后，才能砌筑管座（墩），铺设管道前，应对相应管座（墩）进行交接检查验收，并做好记录，各方签证，符合要求后方可铺设管道。

2）检验方法。观察检查或检查隐蔽工程记录。

3）检查数量。按系统全数检查。

经检查符合上述要求的，可在“质量情况”栏中填写“符合本条规定”或见“交接检查验收记录”即可。

(3) 系统吹洗。

1) 质量标准。给水系统竣工后或交付使用前，必须进行吹洗。

管材及管件从采购、搬运、保管到安装期间，管道内腔有可能积存了各种杂（脏）物，为了保证生活用水的水质，因此，必须对给水管道系统进行吹洗。

一般可采用自来水吹洗。用水冲洗时应保持连续进行，水在管道内的流速为3m/s，冲洗管道的末端应保持有0.0045MPa的水压。在设计无特殊要求的情况下，只需观察进、出口水的透明度是否趋向一致。如趋向一致即为合格。同时，需做好吹洗记录。

2) 检验方法。检查吹洗记录。

3) 检查数量。按系统全数检查。

经检查符合上述要求的，则可在“质量情况”栏中填上“符合本条规定”或见“吹洗记录”即可。

上述三条保证项目，经检验均符合要求，则应在“质量情况”栏中，用文字逐条分别填写，不得用“……”符号代替。

2. 基本项目

基本项目的检验，根据标准规定的“合格”和“优良”条件逐条进行。其检验结果，应在“质量情况”的空格中，用评定代号表示，即：优良—√；合格—O；不合格—×。而在“等级”栏中，则应用文字表示，即根据检验的处（段）数量，按条件计算，符合合格条件则写“合格”，符合优良条件则写“优良”。

(1) 管道的坡度。

1) 质量标准。

合格：坡度的正负偏差不超过设计要求坡度值的1/3。

优良：坡度符合设计要求。

2) 检验方法。用水准仪（水平尺）拉线和尺量检查或检查隐蔽工程记录。

3) 检查数量。按系统内直线管段长度每50m抽查2段，不足50m不少于1段；有分隔墙建筑，以隔墙为分段数，抽查5%，但不少于5段。

(2) 碳素钢管道的螺纹连接。

1) 质量标准。

合格：管螺纹加工精度符合国家标准关于管螺纹的规定，螺纹清洁、规整，断丝或缺丝不大于螺纹全扣数的10%；连接牢固，管螺纹根部有外露螺纹，镀锌碳素钢管无焊接口。

优良：在合格的基础上，螺纹无断丝，镀锌碳素钢管和管件的镀锌层无破损，螺纹露出部分防腐蚀良好，接口处无外露填料等缺陷。

2) 检验方法。观察和解体检查。

3) 检查数量。不少于10个接口。

(3) 碳素钢管道的法兰连接。

1) 质量标准。

合格：两法兰平面对接必须相互平行、紧密，与管子中心线垂直，螺杆露出螺母，衬垫材质符合设计要求和施工规范规定，法兰中心与衬垫中心一致，垫片内径与法兰孔内径一致，且无双层。

优良：在合格的基础上，螺母在同侧，螺杆露出螺母长度一致，且不大于螺杆直径1/2。

2）检验方法。观察检查。

3）检查数量。不少于5副。

（4）非镀锌碳素钢管焊接。

1）质量标准。

合格：焊口平直度、焊缝加强面符合施工规范规定；焊口表面无烧穿、裂纹和明显的结瘤、夹渣及气孔等缺陷。

优良：在合格的基础上，焊波均匀一致，焊缝表面无结瘤、夹渣和气孔。

2）检验方法。观察或用焊接检验测尺检查。

3）检查数量。不少于10个焊口。

（5）金属管道的承插和套箍接口。

1）质量标准。

合格：接口结构和所用填料符合设计要求和施工规范规定；灰口密实、饱满；填料凹入承口边缘不大于2mm；胶圈接口平直无扭曲；对口间隙准确。

优良：在合格的基础上，环缝间隙均匀，灰口平整、光滑，养护良好，胶圈接口回弹间隙符合施工规范规定。

2）检验方法。观察或尺量检查。

3）检查数量。不少于10个接口。

（6）管道支（吊、托）架及管座（墩）安装。

1）质量标准。

合格：构造正确，埋设平正牢固。

优良：在合格的基础上，排列整齐，支架与管子接触紧密。

2）检验方法。观察或用手扳检查。

3）检查数量。各抽查5%，但均不少于5件（个）。

（7）阀门安装。

1）质量标准。

合格：型号、规格、耐压强度和严密性试验结果，符合设计要求和施工规范规定；位置、进出水方向正确；连接牢固、紧密。

优良：在合格的基础上，启闭灵活，朝向合理，表面洁净。

2）检验方法。手扳检查和检查出厂合格证、试验单。

3）检查数量。按不同规格、型号抽查全数的5%，但不少于10个。

（8）埋地管道的防腐层。

1）质量标准。

合格：材质和结构符合设计要求和施工规范规定，卷材与管道以及各层卷材间粘贴牢固。

优良：在合格的基础上，表面平整，无皱折、空鼓、滑移和封口不严等缺陷。

2）检验方法。观察或切开防腐层检查。

3）检查数量。每213m抽查1处，但不少于5处。

(9) 管道、箱类和金属支架涂漆。

1) 质量标准。

合格：油漆种类和涂刷遍数符合设计要求；漆膜附着良好，无脱皮、起泡和漏涂。

优良：在合格的基础上，漆膜厚度均匀，色泽一致，无流淌及污染现象。

2) 检验方法。观察检查。

3) 检查数量。各不少于 5 处。

3. 允许偏差项目

允许偏差项目，应根据标准规定的检验项次，对管道进行实体测量。检查数量应符合标准规定，测得的数据要求如实填写，一定要写具体数据。

(1) 允许偏差和检验方法。室内给水管道安装的允许偏差和检验方法应符合表 1.63 的规定。

表 1.63　　室内给水管道安装的允许偏差和检验方法

<table>
<tr><th>项次</th><th colspan="3">项目</th><th>允许偏差</th><th>检验方法</th></tr>
<tr><td rowspan="6">1</td><td rowspan="6">水平管道纵横方向弯曲</td><td rowspan="2">钢管</td><td>每米</td><td>1</td><td rowspan="6">用水平尺直尺拉线和尺量检查</td></tr>
<tr><td>全长 25m 以上</td><td>≤25</td></tr>
<tr><td rowspan="2">塑料管复合管</td><td>每米</td><td>1.5</td></tr>
<tr><td>全长 25m 以上</td><td>≤25</td></tr>
<tr><td rowspan="2">铸铁管</td><td>每米</td><td>2</td></tr>
<tr><td>全长 25m 以上</td><td>≤25</td></tr>
<tr><td rowspan="6">2</td><td rowspan="6">立管垂直度</td><td rowspan="2">钢管</td><td>每米</td><td>3</td><td rowspan="6">吊线尺量检查</td></tr>
<tr><td>5m 以上</td><td>≤8</td></tr>
<tr><td rowspan="2">塑料管复合管</td><td>每米</td><td>2</td></tr>
<tr><td>5m 以上</td><td>≤8</td></tr>
<tr><td rowspan="2">铸铁管</td><td>每米</td><td>3</td></tr>
<tr><td>5m 以上</td><td>≤10</td></tr>
<tr><td>3</td><td colspan="2">成排管段和成排阀门</td><td>在同一平面上间距</td><td>3</td><td>尺量检查</td></tr>
<tr><td rowspan="3">4</td><td rowspan="3">隔热层</td><td rowspan="2">表面平整度</td><td>卷材或板材</td><td>4</td><td rowspan="2">用 2m 靠尺和楔形塞尺检查</td></tr>
<tr><td>涂抹或其他</td><td>8</td></tr>
<tr><td colspan="2">厚度 δ</td><td>$+0.1\delta$
-0.05δ</td><td>用钢针刺入隔热层尺量检查</td></tr>
</table>

(2) 检查数量。

1) 水平管道纵、横方向弯曲。按系统直线管段长度每 50m 抽查 2 段，不足 50m 不少于 1 段；有分隔墙建筑，以隔墙为分段数，抽查 5%，但不少于 5 段。

2) 立管垂直度。一根立管为 1 段，两层及其以上按楼层分段，各抽查 5%，但不少于 10 段。

3) 隔热层。水平管和立管，凡能按隔墙、楼层分段的，均以每一楼层分隔墙内的管段为一个抽查点。抽查数为 5%，但不少于 5 处；不能按隔墙、楼层分段的，每 20m 抽查一处，但不少于 5 处。

4. 检查结果

(1) 保证项目。实际是将该分项工程各条保证项目检查的汇总，该分项工程的实际保证项目共三条。经检验，如果各条的质量情况均是“符合本条规定”，则在检查结果的保证项目后边的空栏中填写“符合本标准规定”即可。说明三条保证项目均已达到标准。

(2) 基本项目。实际上是将该分项工程各条基本项目检查的结果汇总，该分项工程的基本项目有九条，如果工程范围不大，有些内容没有的，就不参加检验。在基本项目后边，按规定填写检查×项，其中优良×项，优良率××%。其中优良项，只要把基本项目中的“等级”的优良个数写上即可。优良率是通过计算后得出的，为评定质量等级做好准备。

优良率=优良项数/基本项数×100%

(3) 允许偏差项目。实测××点，包括达标和超标（通常在实测值外加圆圈，以示区别）的总测点数，其中合格××点是去掉超标点（即加圈实测值）数，即达标点数。合格率是根据实测点数与其中合格点数计算算出来的。合格率也是为评定质量等级做好准备。

合格率=合格点数/实测点数×100%

5. 评定等级

(1) 质量等级应按照保证项目、基本项目、允许偏差项目检验的结果，对照标准规定的分项工程“合格”和“优良”等级条件，达到“合格”等级条件就写“合格”，符合“优良”等级条件就写“优良”，切不可把等级条件掌握错。工程负责人、工长、班组长 3 人均要签名，因为分项工程质量检验评定是在生产班组提供自检记录的基础上，由单位工程负责人组织有关人员进行评定的，因此负责该项工程施工的班组长一定要签字。

(2) 质量等级应由专职质量检查人员来核定，也就是对评定的等级给予确认。核定时，不应随意用词或签写意见。可写“同意评为合格等级”或“同意评为优良等级”，专职质量检查员要签字。

(3) 评定表上方的“工程名称”、“部位”；评定表下方的“年、月、日”均应填写齐全。

(4) 分项工程质量检验评定，是分部工程和单位工程质量评定的基础。分项工程质量检验评定量大面广，如果出现“漏评”、“漏检”和“错评”，将直接影响该分部工程和单位工程的质量评定等级的准确性，务必请各级技术人员，认真组织评定。专职质量检查人员，应认真、细致、严格的给予核定。

(5) 建筑给水管道安装分项工程质量检验评定后的形式见表 1.63。

1.10.3　给水管道附件及卫生器具给水配件安装工程质量评定

适用于饮水器、水表、消火栓、喷头等管道附件和各类卫生器具的水龙头、角阀、截止阀等室内给水配件的安装。

该分项工程规定参加质量检验评定的保证项目 1 条，基本项目 3 条，允许偏差项目 4 条。其具体的质量检验评定表见表 1.64“建筑给水管道附件及卫生器具给水配件安装分项工程质量检验评定表”。

表1.64　建筑给水管道附件及卫生器具给水配件安装分项工程质量检验评定表

工程名称：　　　　　　　　　　　　　　　　　　　　部位：

<table>
<tr><td rowspan="2">保证项目</td><td colspan="3">项　目</td><td colspan="11">质　量　情　况</td></tr>
<tr><td colspan="3">喷头及管道附件的型号、规格，自动喷洒和水幕消防装置的喷头位置、间距和方向必须符合设计要求和施工规范规定</td><td colspan="11"></td></tr>
<tr><td rowspan="5">基本项目</td><td colspan="3" rowspan="2">项　目</td><td colspan="10">质　量　情　况</td><td rowspan="2">等级</td></tr>
<tr><td>1</td><td>2</td><td>3</td><td>4</td><td>5</td><td>6</td><td>7</td><td>8</td><td>9</td><td>10</td></tr>
<tr><td>1</td><td colspan="2">明装分户水表</td><td></td><td></td><td></td><td></td><td></td><td></td><td></td><td></td><td></td><td></td><td></td></tr>
<tr><td>2</td><td colspan="2">箱式消火栓</td><td></td><td></td><td></td><td></td><td></td><td></td><td></td><td></td><td></td><td></td><td></td></tr>
<tr><td>3</td><td colspan="2">卫生器具给水配件</td><td></td><td></td><td></td><td></td><td></td><td></td><td></td><td></td><td></td><td></td><td></td></tr>
<tr><td rowspan="6">允许偏差项目</td><td colspan="2" rowspan="2">项　目</td><td rowspan="2">允许偏差（mm）</td><td colspan="11">实　测　值（mm）</td></tr>
<tr><td>1</td><td>2</td><td>3</td><td>4</td><td>5</td><td>6</td><td>7</td><td>8</td><td>9</td><td colspan="2">10</td></tr>
<tr><td>1</td><td>大便器高、低水箱角阀及截止阀</td><td>±10</td><td></td><td></td><td></td><td></td><td></td><td></td><td></td><td></td><td></td><td colspan="2"></td></tr>
<tr><td>2</td><td>水龙头</td><td>±10</td><td></td><td></td><td></td><td></td><td></td><td></td><td></td><td></td><td></td><td colspan="2"></td></tr>
<tr><td>3</td><td>淋浴器莲蓬头下沿</td><td>±15</td><td></td><td></td><td></td><td></td><td></td><td></td><td></td><td></td><td></td><td colspan="2"></td></tr>
<tr><td>4</td><td>浴盆软管淋浴器挂钩</td><td>±20</td><td></td><td></td><td></td><td></td><td></td><td></td><td></td><td></td><td></td><td colspan="2"></td></tr>
<tr><td rowspan="3">检查结果</td><td colspan="2">保证项目</td><td colspan="12"></td></tr>
<tr><td colspan="2">基本项目</td><td colspan="12">检查　　项，其中优良　　项，优良率　　%</td></tr>
<tr><td colspan="2">允许偏差项目</td><td colspan="12">实测　　点，其中合格　　点，合格率　　%</td></tr>
<tr><td>评定等级</td><td colspan="2">工程负责人：
工　　长：
班　组　长：</td><td>核定意见</td><td colspan="11">质量检查员：</td></tr>
</table>

1. 保证项目

自动喷洒和水幕消防装置：

（1）质量标准。其喷头位置、间距和方向必须符合设计要求和施工规范规定。

（2）检验方法。观察和对照图纸及规范检查。

（3）检查数量。全数检查。

2. 基本项目

（1）明装分户水表。

1）质量标准。

合格：表外壳距墙表面净距离为10～30mm；水表进出口中心距地面高度偏差不大于20mm。

优良：在合格的基础上，安装平正，水表进出口中心距地面高度偏差小于10mm。

2）检验方法。观察和尺量检查。

3）检查数量。抽查10%，但不少于5个。

（2）箱式消火栓的安装。

1）质量标准。

合格：栓口朝外，阀门中心距地面、箱壁的尺寸符合施工规范规定。

优良：在合格的基础上，水龙带与消火栓和快速接头的绑扎紧密，并卷折、挂在托盘或支架上。

2）检验方法。观察和尺量检查。

3）检查数量。系统的总组数少于5组全检，大于5组抽查1/2，但不少于5组。

（3）卫生器具给水配件的安装。

1）质量标准。

合格：镀铬件安装后应完好无损伤，接口严密，配件启闭部分灵活。

优良：在合格的基础上，安装端正，表面洁净，连接处无外露填料。

2）检验方法。观察和启闭检查。

3）检查数量。各抽查10%，但不少于5组。

3．允许偏差项目

（1）允许偏差和检验方法。室内给水管道附件及卫生器具给水配件安装标高的允许偏差和检验方法应符合表1.65的规定。

表1.65　建筑给水管道附件及卫生器具给水配件安装标高的允许偏差和检验方法

项次	项目	允许偏差（mm）	检验方法
1	大便器高、低水箱角阀及截止阀	±10	尺量检查
2	水龙头		
3	淋浴器莲蓬头下沿	±15	
4	浴盆软管淋浴器挂钩	±20	

（2）检查数量。各抽查10%，但均不少于5组。

该分项工程质量检验评定程序及填写要求，可参照1.10.2建筑给水管道安装工程质量评定。

本项目学习小结

本项目讲述了给排水施工图的识读方法和步骤，列举了常用的给水管材和施工工机具，详尽地阐述了给水管道的加工、连接、管道支架的安装以及管道和设备的防腐、保温，明确给水管道安装的步骤和注意事项，对给水管道安装工程质量评定的内容和标准也进行了讲述。

思考题与习题

1.1　建筑给排水施工图包括哪些部分？它们各自表达的内容是什么？

1.2　识读建筑给排水施工图时应按什么步骤进行？

1.3　常用的给水管材有哪些？其规格怎样表示？

1.4　常用的施工工机具有哪些？

1.5　管道的预制加工的方法有哪些？

1.6　管道的连接方法有哪些？

1.7　管道支架有什么作用？一般用哪些材料制作？

1.8 管道支架的种类有哪些？各适用于哪些管道？

1.9 建筑给水管道安装的工艺流程有哪些？

1.10 建筑给水管道安装的基本技术要求有哪些？

1.11 给水管道试压试验的步骤是什么？

1.12 涂刷防腐漆之前管道应作何处理？目的是什么？

1.13 对金属管道及设备进行表面处理时，主要有哪几种方法？这几种方法的主要特点是什么？

1.14 涂料的基本组成有哪几部分？涂覆方法有哪几种？

1.15 防腐工程中除了涂刷涂料以外，还有哪些防腐措施？

1.16 管道保温的目的是什么？对保温材料有哪些要求？

1.17 保温结构有哪几种？

1.18 建筑给水管道工程质量评定的内容是什么？

项目2 建筑消防系统施工

学习目标：通过本项目的学习能完成消防系统管材及设备的进场验收工作；能够识读消防系统施工图；能编制消防系统施工材料计划；能编制消防系统施工准备计划；能合理选择管道的加工机具、编制加工机具、工具需求计划；能编制消防系统施工方案、组织加工并进行安装；能在施工过程中收集验收所需要的资料；能进行消防系统质量检查与验收。

学习情境2.1 建筑消防系统施工图识读

2.1.1 室内消火栓灭火系统组成

室内消火栓灭火系统一般由消火栓设备（水枪、水龙带、消火栓，如图2.1所示）、消防管道、消防水池和水箱、水泵结合器、消防水泵、报警装置及消防泵启动按钮等组成。室内消火栓灭火系统常采用环状管网的形式，如图2.2所示。

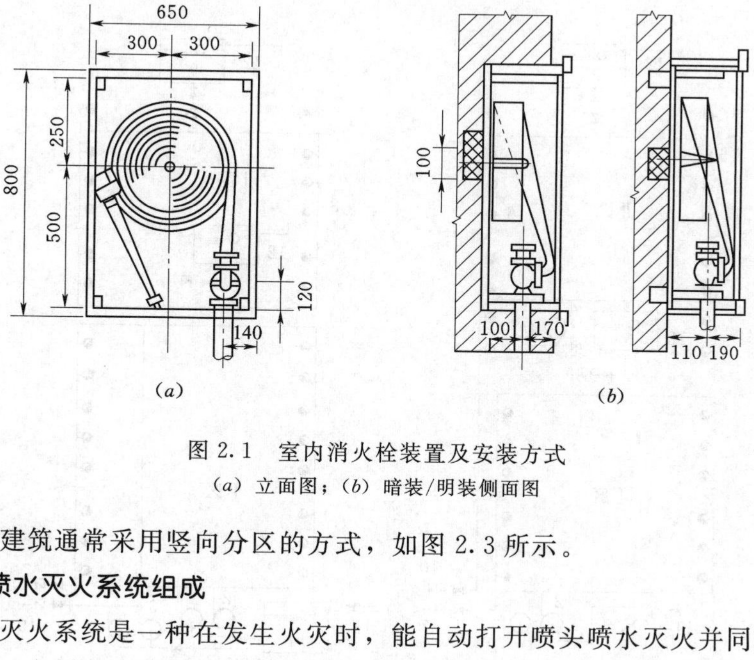

图2.1 室内消火栓装置及安装方式

(*a*) 立面图；(*b*) 暗装/明装侧面图

对于高层建筑通常采用竖向分区的方式，如图2.3所示。

2.1.2 自动喷水灭火系统组成

自动喷水灭火系统是一种在发生火灾时，能自动打开喷头喷水灭火并同时发出火警信号的消防设施，主要由火灾探测报警系统、喷头、管道系统、水流指示器、控制组件等部分组成。

自动喷水灭火系统按喷头的开启形式可分为闭式喷头系统和开式喷头系统。

闭式包括湿式、干式、预作用式系统，如图2.4～图2.6所示。

开式包括雨淋喷水、水幕、水喷雾系统，如图2.7～图2.9所示。

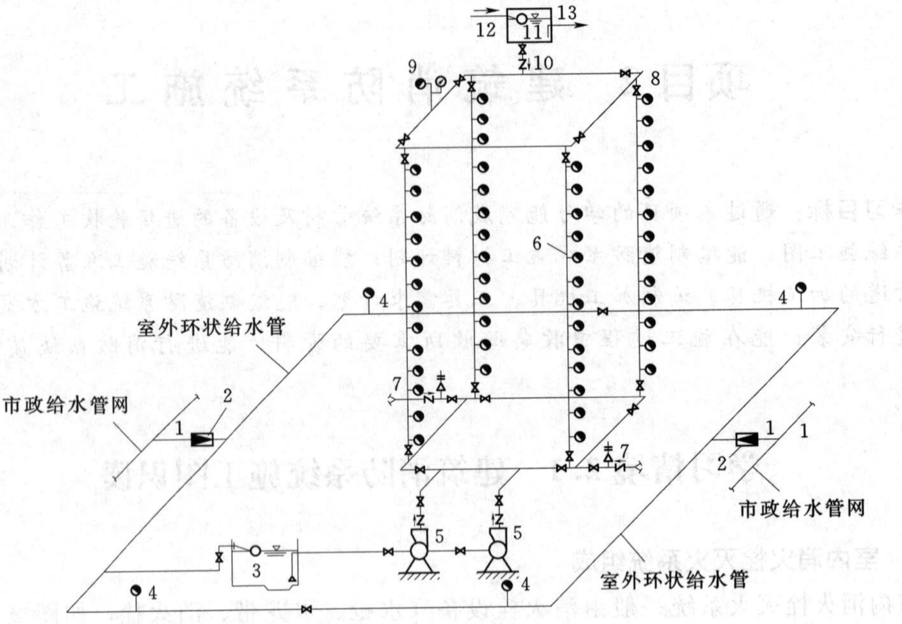

图 2.2　消火栓灭火系统

1—市政给水管网；2—水表；3—贮水池；4—室外消火栓；5—水泵；6—消防立管；7—水泵结合器；8—室内消火栓；9—屋顶消火栓；10—止回阀；11—屋顶水箱；12—进水管；13—出水管

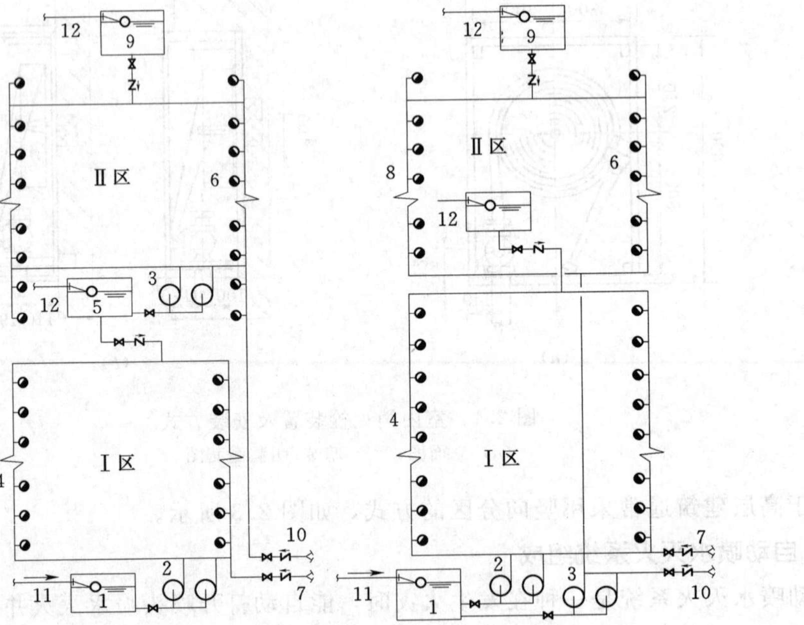

图 2.3　分区供水的室内消火栓系统

(a) 并联分区供水方式；(b) 串联分区供水方式

1—水池；2—Ⅰ区消防泵；3—Ⅱ区消防泵；4—Ⅰ区管网；5—Ⅰ区水箱；6—消火栓；7—Ⅰ区水泵接合器；8—Ⅱ区管网；9—Ⅱ区水箱；10—Ⅱ区水泵接合器；11—水池进水管；12—水箱进水管

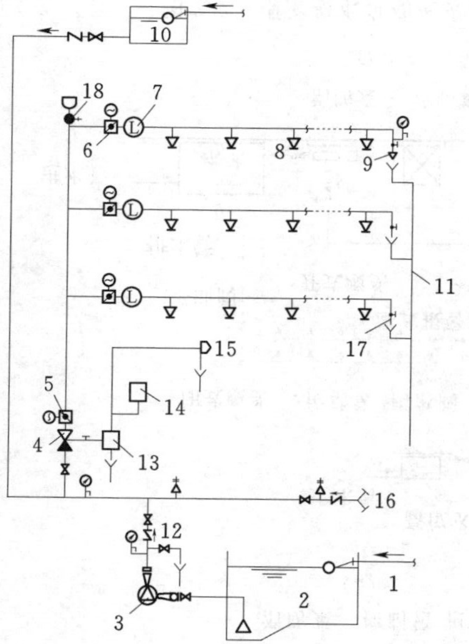

图 2.4　湿式自动喷水灭火系统组成示意图

1—消防水池进水管；2—消防水池；3—喷淋水泵；4—湿式报警阀；5—系统检修阀(信号阀)；6—信号控制阀；7—水流指示器；8—闭式喷头；9—末端试水装置；10—屋顶水箱；11—试水排水管；12—试验放水阀；13—延迟器；14—压力开关；15—水力警铃；16—水泵接合器；17—试水阀；18—火灾探测器

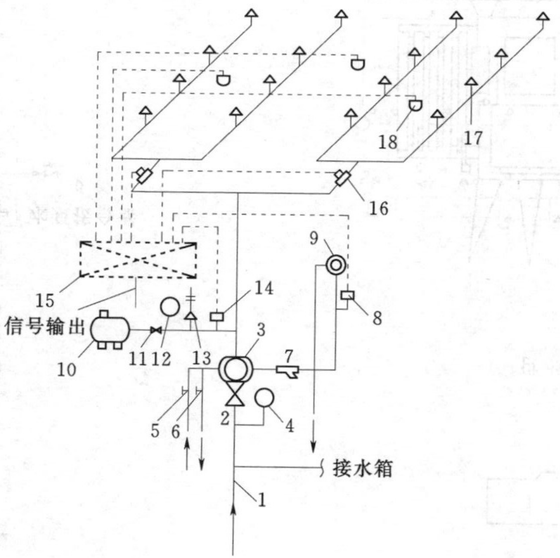

图 2.5　干式自动喷水灭火系统图式

1—供水管；2—闸阀；3—干式阀；4—压力表；5、6—截止阀；7—过滤器；8—压力开关；9—水力警铃；10—空压机；11—止回阀；12—压力表；13—安全阀；14—压力开关；15—火灾报警控制箱；16—水流指示器；17—闭式喷头；18—火灾探测器

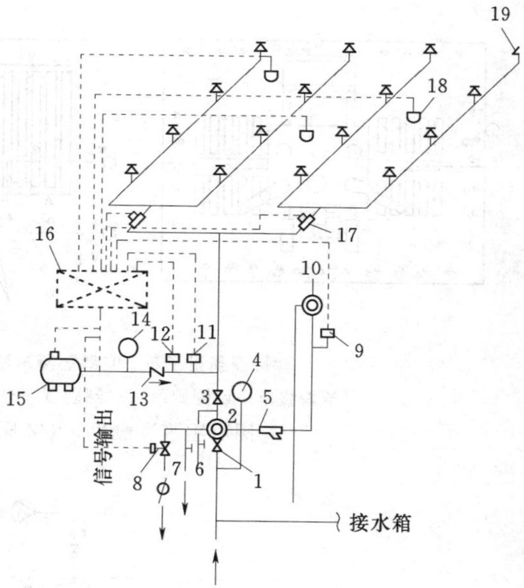

图 2.6　预作用喷水灭火系统图式

1—总控制阀；2—预作用阀；3—检修闸阀；4—压力表；5—过滤器；6—截止阀；7—手动开启截止阀；8—电磁阀；9—压力开关；10—水力警铃；11—压力开关(启闭空压机)；12—低气压报警压力开关；13—止回阀；14—压力表；15—空压机；16—火灾报警控制箱；17—水流指示器；18—火灾探测器；19—闭式喷头

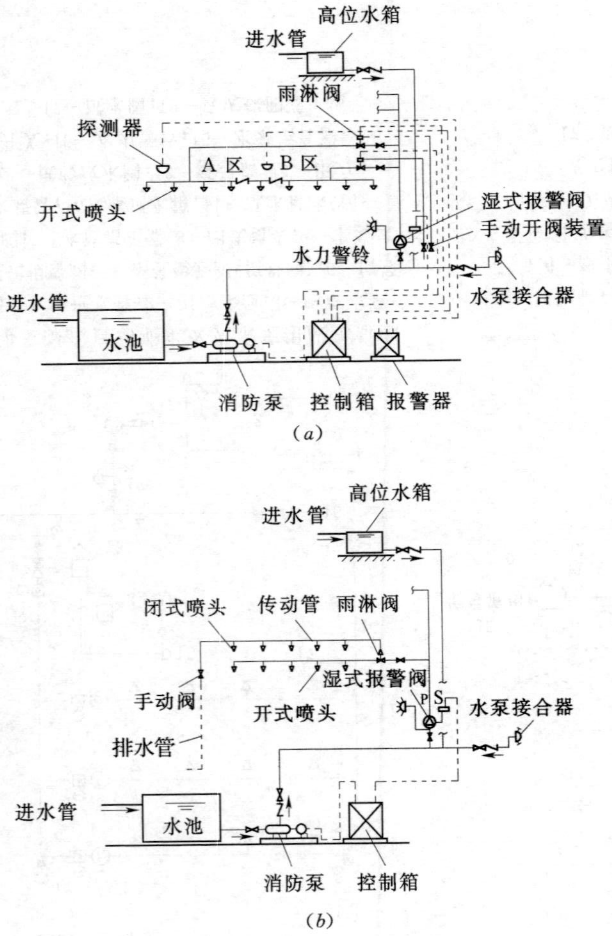

图 2.7　雨淋喷水自动灭火系统图式

(a)电动启动;(b)传动管启动

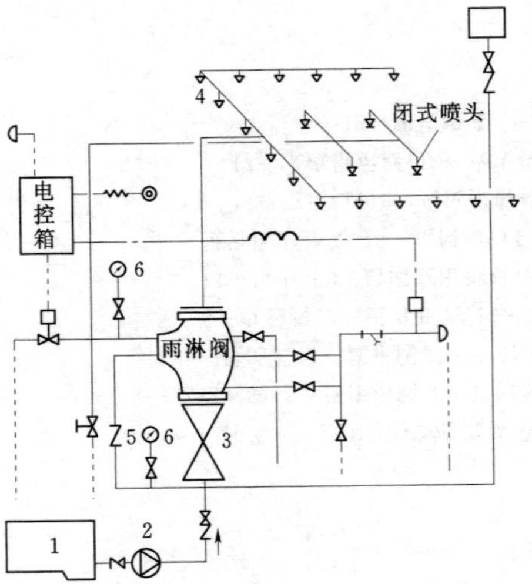

图 2.8　水幕系统示意图

1—供水管;2—总闸阀;3—控制阀;4—水幕喷头;
5—火灾探测器;6—火灾报警控制器

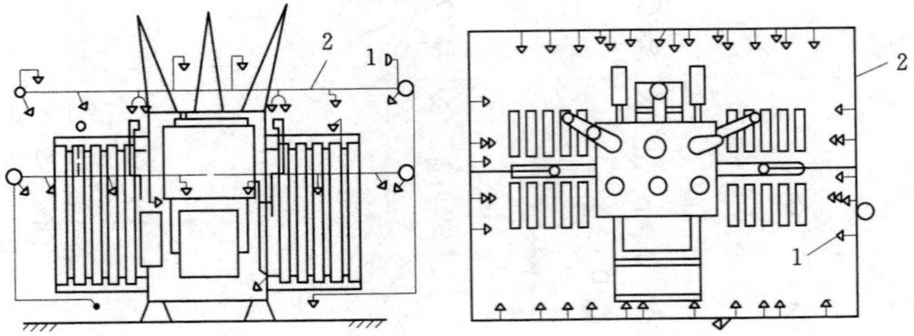

图 2.9　保护变压器时喷头布置示意图

1—水喷雾喷头;2—管路

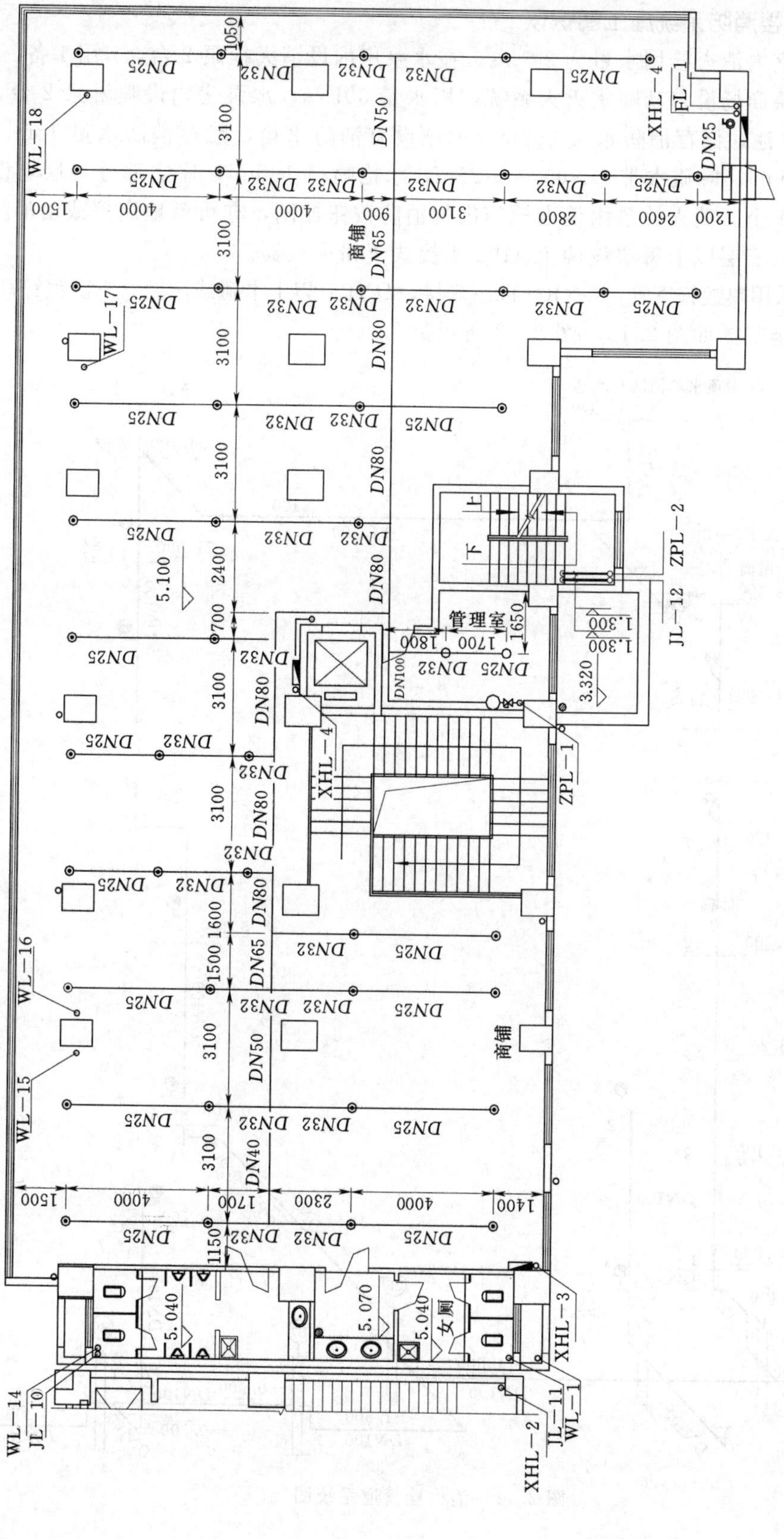

图 2.10　消防系统平面图

2.1.3　某商住楼消防系统施工图识读

本建筑物室内消火栓用水量为20L/s，在水泵房内设消火栓泵2台，1用1备。

一层、二层商场设自动喷水灭火系统，用水量30L/s，水泵房内设喷淋泵2台，1用1备。设消防水池，储存消防水量252m，屋顶设有消防水箱，贮存消防水量18m。消火栓栓口直径*DN*65，麻质水带*DN*65，长25m，水枪喷口19mm，住宅部分各层均设双阀双出口消火栓1个。消火栓泵由消火栓箱内的消防按钮控制，亦可就地启停或由消防值班室控制。此外，三层以上每层设两个MF2手提式干粉灭火器。

消防管道采用热镀锌钢管，*DN*100以下焊接，*DN*100以上卡箍或法兰（二次镀锌）连接。

消防系统施工图如图2.10～图2.12所示。

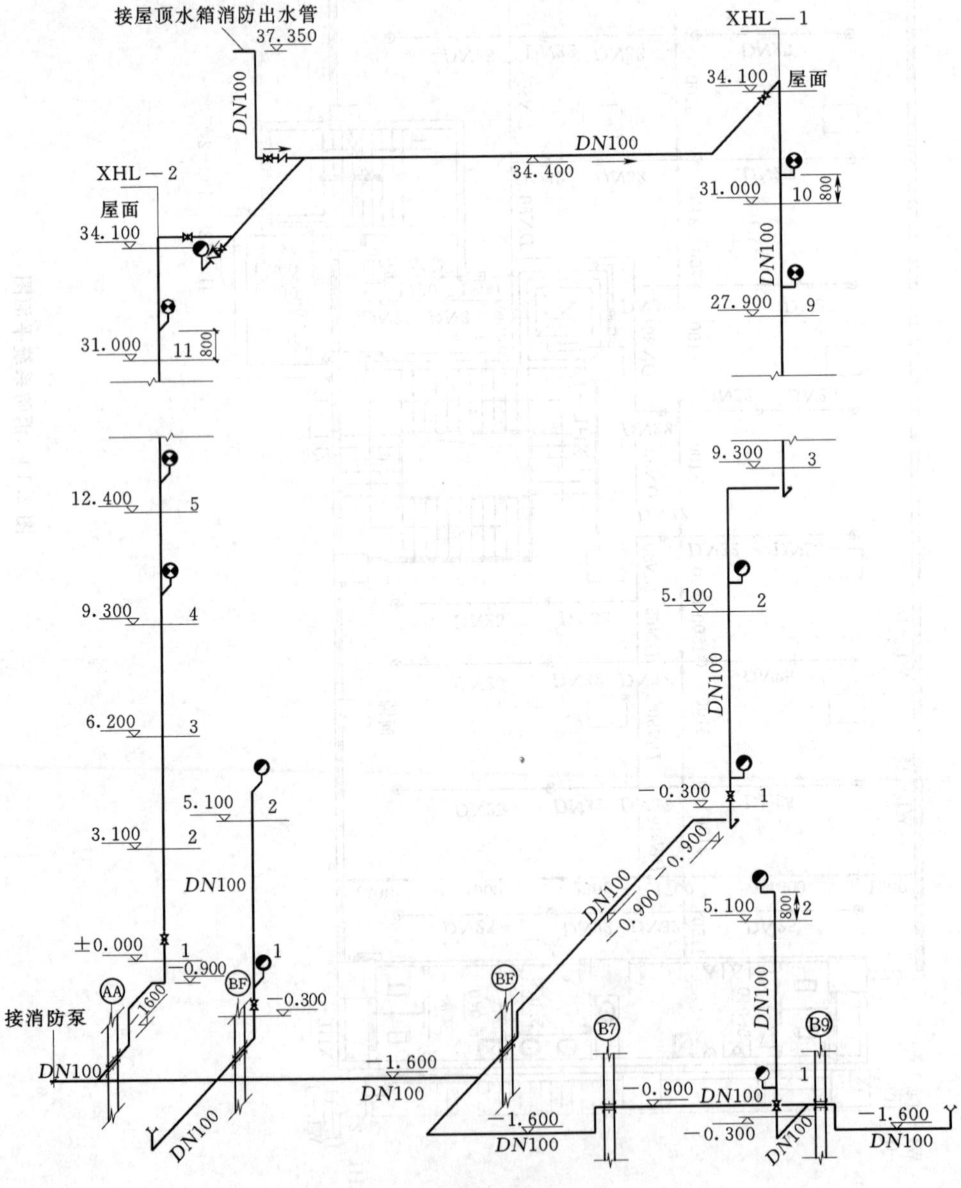

图2.11　消火栓管道系统图

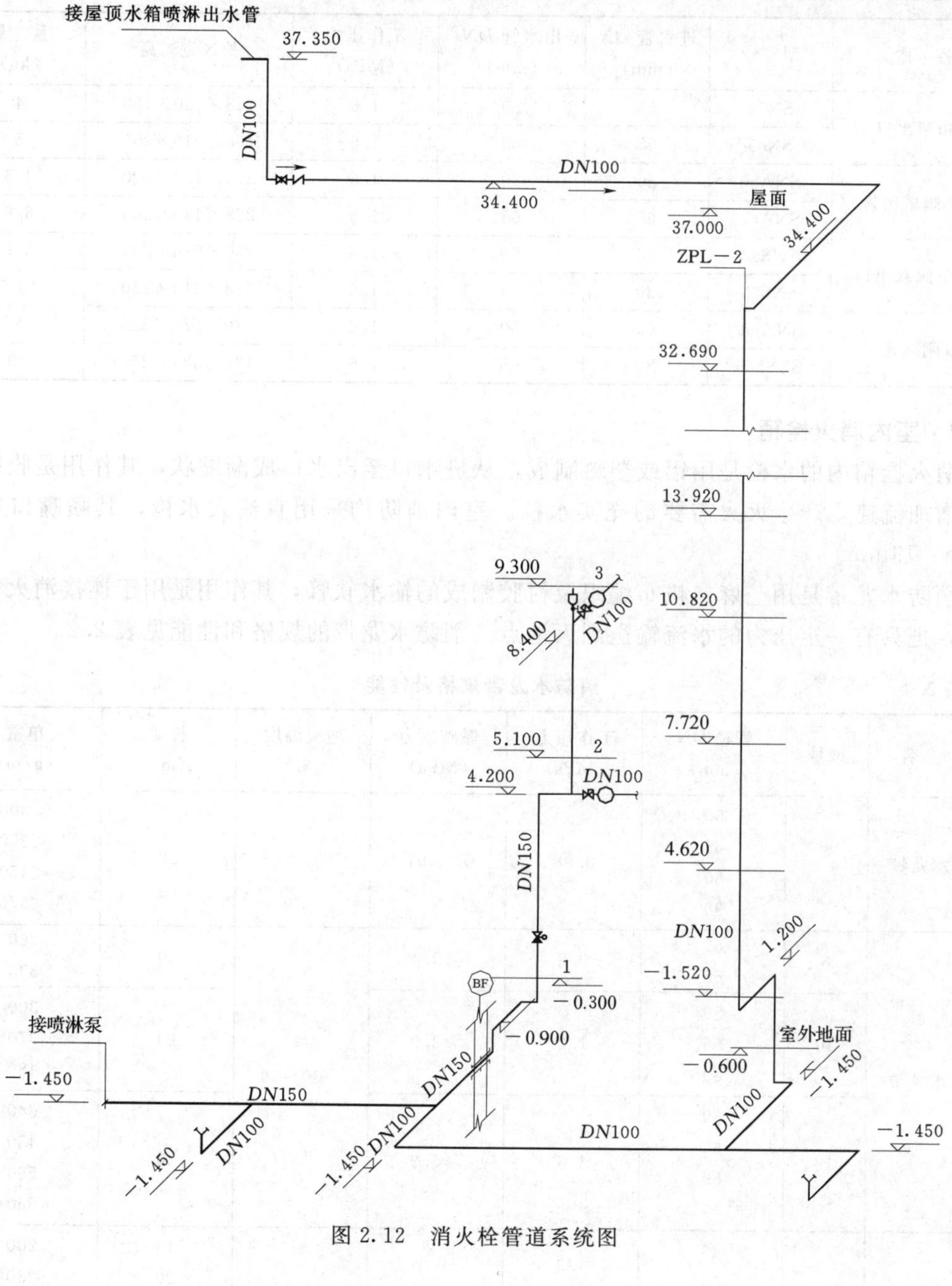

图 2.12 消火栓管道系统图

学习情境 2.2 消 防 器 材

2.2.1 室内消火栓

室内消火栓是具有内螺纹接口的球形阀式龙头，其作用是控制水流。平时关闭，发生火灾时开启水流。它一端与消防立管用短支管连接，另一端用内螺纹式快速接头与水龙带连接。室内消火栓主要规格及性能见表 2.1。

表 2.1　　室内消火栓规格及性能

名　称	型　号	进水管 *DN* (mm)	出水管 *DN* (mm)	工作压力 (MPa)	长×宽×高	重　量 (kg)
直角单出口	SN50	50	50	1.6	168×120×190	4
	SN65	65	65	1.6	168×140×205	5
45°单阀单出口	SNA50	50	50	1.6	200×120×190	4.5
	SNA65	65	65	1.6	228×140×205	6.5
直角单阀双出口	SNS50	65	50	1.6	230×210×205	5.5
	SNS65	80	65	1.5	238×210×230	10.5
60°双闸双出口	SNSS50	65	50	1.6	176×276×228	8
	SNSS65	80	65	1.6	182×324×255	10

2.2.2　室内消火栓箱

消火栓箱内的水枪是用铝或塑料制成，从进水口至出水口成渐缩状，其作用是收缩水流，增加流速，产生灭火需要的充实水柱。室内消防均采用直流式水枪，其喷嘴口径有16mm、19mm。

消防水龙带是用苎麻、帆布编织及衬胶制成的输水软管，其作用是用于连接消火栓和水枪，把具有一定压力的水流输送到灭地点。消防水龙带的规格和性能见表 2.2。

表 2.2　　消防水龙带规格及性能

品　名	型号	管径 *DN* (mm)	工作压力 (MPa)	爆破压力 (MPa)	适应温度 (℃)	长度 (m)	单重 (g/m)
苎麻水龙带		50 65 80 90	0.98	≥2.94		20	<300 <370 <450 <570
衬胶水龙带	8	50 65	0.8	≥2.4		20	260 330
	10	50 65 80	1.0	≥3.0	－30～50	20	300 370 480
	13	50 65 80 90	1.3	≥3.9		20	340 430 560 660
环编水龙带		40 50 65 80	1.3 1.6	4.0 5.0		15 20 30 40	200 230 320 380
涤纶聚氨酯衬里水龙带	8	50 65	0.8	2.55			125 220
	10	50 65	1.0	3.2	－50～70	15、20、25	150 220
	13	50 65	1.3	3.9			187 260

水枪、水龙带和消火栓合设于消火栓箱内，在同一建筑物内应采用同一规格的消火栓、水枪和水龙带，以便于维护保养和替换使用。

2.2.3 消防水泵接合器

低层建筑室内消火栓给水系统，超过四层的厂房和库房，设有消防管网的住宅及超过五层的其他民用建筑，其室内消防管网应设消防水泵接合器。

高层建筑室内消火栓给水系统应设水泵接合器，当室内消防水泵因检修、停电、发生故障或室内消防用水量不足（例如遇到大面积恶性火灾，火场用水量超过固定消防泵供水能力）时，需要利用消防车从室外消火栓、消防蓄水池或天然水源取水，通过水泵接合器送至室内管网，供灭火使用。

采取分区给水的高层建筑，每个分区的消防给水管网应分别设置水泵接合器。

水泵接合器有壁式、地上式和地下式三种，如图 2.13 所示，其型号及尺寸见表 2.3 和表 2.4。

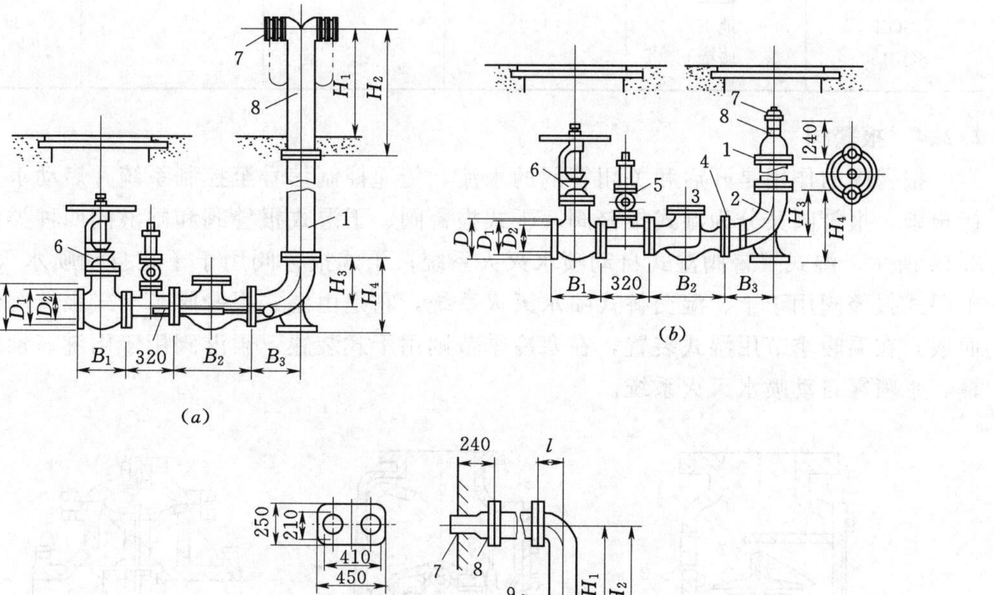

图 2.13 水泵结合器外形图

(*a*) SQ 型地上式；(*b*) SQ 型地下式；(*c*) SQ 型墙壁式

1—法兰接管；2—弯管；3—升降式单向阀；4—放水阀；5—安全阀：6—楔式闸阀；7—进水用消防接口；8—本体；9—法兰弯管

表 2.3　水泵接合器的基本尺寸

公称管径 (mm)	结构尺寸（mm）								法　兰（mm）					消防接口
	B_1	B_2	B_3	H_1	H_2	H_3	H_4	L	D	D_1	D_2	d	n	
100	300	350	220	700	800	210	318	130	220	180	158	17.5	8	KWS65
150	350	480	310	700	800	325	465	160	285	240	212	22	8	KWS80

表 2.4　水泵接合器型号及其基本参数

型号规格	型　式	公称直径 (mm)	公称压力 (MPa)	进　水　口	
				型　式	口径（mm）
SQ100 SQX100 SQB100	地上 地下 墙壁	100	1.6	内扣式	65×65
SQ150 SQX SQB150	地上 地下 墙壁	150			80×80

2.2.4　报警阀

报警阀的作用是开启和关闭管网的水流，传递控制信号至控制系统并启动水力警铃直接报警。报警阀又分为湿式报警阀、干式报警阀、干湿式报警阀和雨淋阀四种类型，如图 2.14 所示。湿式报警阀湿式自动喷水灭火系统；干式报警阀用于干式自动喷水灭火系统；干湿式报警阀用于干、湿交替式喷水灭火系统，它是由湿式报警阀与干式报警阀依次连接而成，在温暖季节用湿式装置，在寒冷季节则用干式装置。雨淋阀用于雨淋、预作用、水幕、水喷雾自动喷水灭火系统。

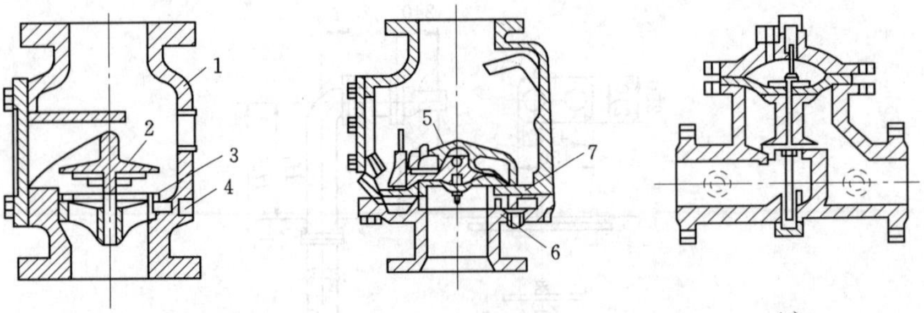

(*a*)　　(*b*)　　(*c*)

图 2.14　报警阀构造示意图

(*a*) 座圈型湿式阀；(*b*) 差动式干式阀；(*c*) 雨淋阀

1—阀体；2、5—阀瓣；3—沟槽；4—水力警铃接口；6—水力警铃接口；7—弹性隔膜

报警阀宜设在明显地点，且便于操作，距地面高度宜为 1.2m，报警阀地面应有排水措施。

2.2.5　喷头

闭式喷头的喷口用热敏元件组成的释放机构封闭，当达到一定温度时能自动开启，如玻璃球爆炸、易熔合金脱离。其构造按溅水盘的形式和安装位置有直立型、下垂型、边墙、普通型、吊顶型和干式下垂型喷头之分，如图 2.15 所示，各种喷头的适用场所见表 2.5。

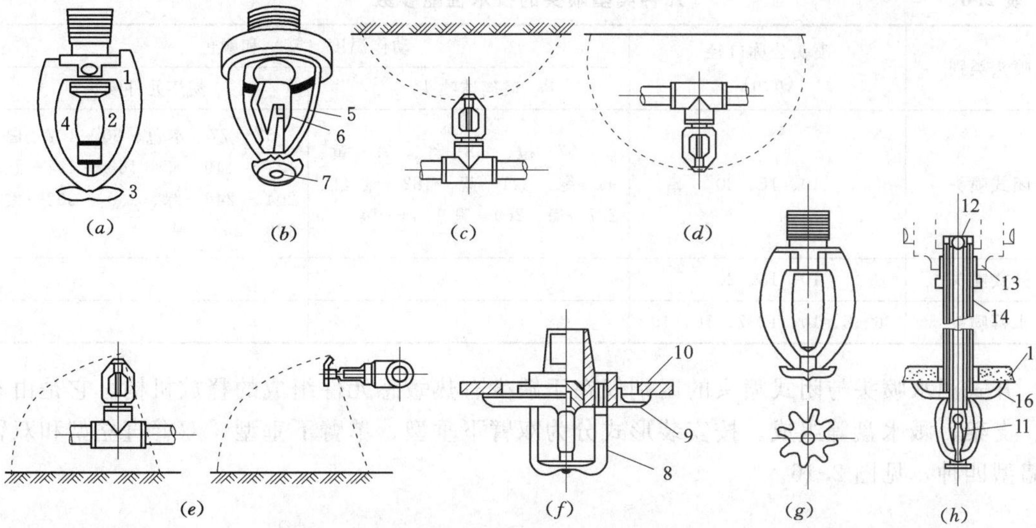

图 2.15 闭式喷头构造示意图

(a) 玻璃球洒水喷头；(b) 易熔合金洒水喷头；(c) 直立型；(d) 下垂型；(e) 边墙型（立式、水平式）；(f) 吊顶型；(g) 普通型；(h) 干式下垂型

1、5、8—支架；2—玻璃球；3、7—溅水盘；4—喷水口；6—合金锁片；9—装饰罩；10—吊顶；11—热敏元件；12—钢球；13—铜球密封圈；14—套筒；15—吊顶；16—装饰罩

表 2.5　　各种类型喷头适用场所

	喷头类型	适用场所
闭式喷头	玻璃球洒水喷头	因具有外形美观、体积小、重量轻、耐腐蚀，适用于宾馆等美观要求高和具有腐蚀性场所
	易熔合金洒水喷头	适用于外观要求不高、腐蚀性不大的工厂、仓库和民用建筑
	直立型洒水喷头	适用安装在管路下经常有移动物体场所，在尘埃较多的场所
	下垂型洒水喷头	适用于各种保护场所
	边墙型洒水喷头	安装空间狭窄、通道状建筑适用此种喷头
	吊顶型喷头	属装饰型喷头，可安装于旅馆、客厅、餐厅、办公室等建筑
	普通型洒水喷头	可直立，下垂安装，适用于有可燃吊顶的房间
	干式下垂型洒水喷头	专用于干式喷水灭火系统的下垂型喷头
开式喷头	开式洒水喷头	适用于雨淋喷水灭火和其他开式系统
	水幕喷头	凡需保护的门、窗、洞、檐口、舞台口等应安装这类喷头
	喷雾喷头	用于保护石油化工装置、电力设备等
特殊喷头	自动启闭洒水喷头	这种喷头具有自动启闭功能，凡需降低水渍损失场所均适用
	快速反应洒水喷头	这种喷头具有短时启动效果，凡要求启动时间短场所均适用
	大水滴洒水喷头	适用于高架库房等火灾危险等级高的场所
	扩大覆盖面洒水喷头	喷水保护面积可达 30～36m^2，可降低系统造价

各种喷头的技术性能和色标见表2.6。

表2.6　几种类型喷头的技术性能参数

喷头类别	喷头公称口径（mm）	动作温度（℃）和颜色	
		玻璃球喷头	易熔元件喷头
闭式喷头	10、15、20	57—橙、68—红、79—黄、93—绿、141—蓝、182—紫红、227—黑、260—黑、343—黑	57～77—本色、80～107—白、121～149—蓝、163～191—红、204～246—绿、260～302—橙、320～343—黑
开式喷头	10、15、20	—	—
水幕喷头	6、8、10、12.7、16、19		

开式洒水喷头与闭式喷头的区别仅在于缺少有热敏感元件组成的释放机构。它是由本体、支架、溅水盘等组成。按安装形式分为双臂下垂型、单臂下垂型、双臂直立型和双臂边墙型四种，见图2.16。

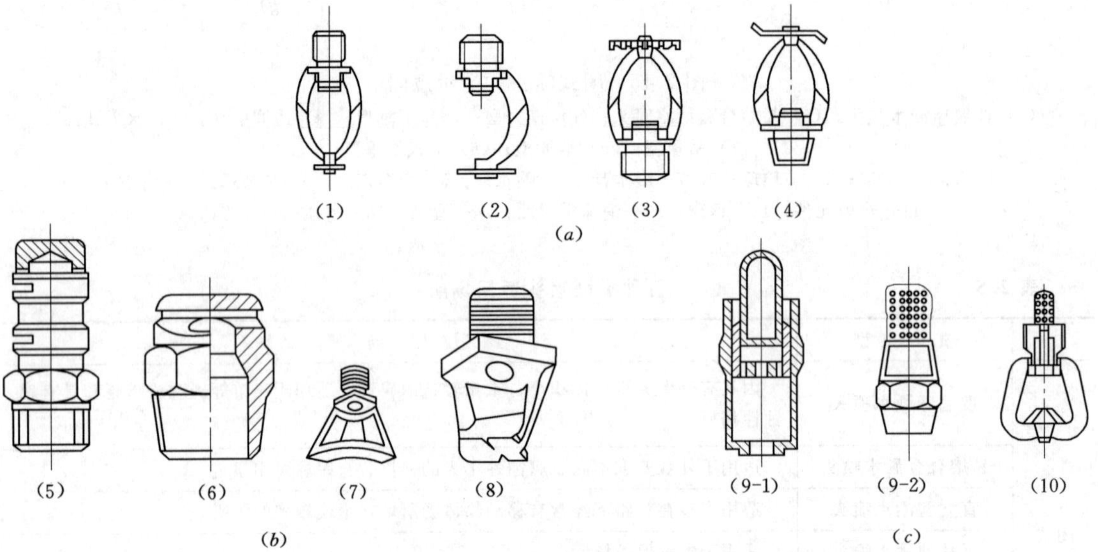

图2.16　开式喷头构造示意图

(*a*) 开启式洒水喷头；(*b*) 水母喷头；(*c*) 喷雾喷头

(1) 双臂下垂型；(2) 单臂下垂型；(3) 双臂直立型；(4) 双臂边墙型；(5) 双隙式；(6) 单隙式；(7) 窗口式；(8) 檐口式；(9) 高速喷雾式；(10) 中速喷雾式

选择喷头时应严格按照环境温度来选用喷头温度。为了正确有效地使喷头发挥喷水作用，在不同环境温度场所内设置喷头时，喷头的公称动作温度要比环境温度高30℃左右。

学习情境2.3　建筑消防系统施工中常用的工机具

常用机具有套丝机、砂轮切割机、台钻、冲击电钻、手提式砂轮机、手电钻、电焊机、试压泵、铰板、管钳、台虎钳、龙门夹头、链条钳、手锤、钢锯、扳手、倒链、电气焊等工具。具体内容见学习情境1.3给水工程安装施工中常用的工机具。

学习情境2.4　消防管道预制加工

具体内容见学习情境1.4给水管道预制加工。

学习情境2.5　消防管道连接

具体内容见学习情境1.5给水管道连接。

学习情境2.6　消防管道支吊架安装

具体内容见学习情境1.6给水管道支吊架的安装。

学习情境2.7　消火栓灭火系统安装

消火栓系统安装工艺流程：安装准备→干管安装→立管安装→消火栓（箱）及支管安装→消防水泵、高位水箱、水泵结合器安装→管道试压→管道冲洗→系统综合试压及冲洗→节流装置安装消火栓配件安装→管道试压。

2.7.1　作业条件

（1）建筑主体结构已验收，现场已清理干净。

（2）管道安装所需要的基准线应测定并标明，如吊顶标高、地面标高、内隔墙位置线等。

（3）设备基础经检验符合设计要求，达到安装条件。

（4）安装管道所需要的脚手架应由专业人员搭设完毕。

（5）检查管道支架、预留孔洞的位置、尺寸是否正确。

2.7.2　安装准备

（1）认真熟悉图纸，根据施工方案、技术、安全交底的具体措施选用材料，测量尺寸，绘制草图，预制加工。

（2）核对有关专业图纸，查看各种管道的坐标、标高是否有交叉或排列位置不当，及时与设计人员研究解决，办理洽商手续。

（3）检查预埋件和预留洞是否正确。

（4）检查管材、管件、阀门、设备及组件等是否符合设计要求和质量标准。

（5）根据施工现场情况，安排合理的施工顺序，避免各工种交叉作业，互相干扰，影响施工。

2.7.3　干管安装

（1）消火栓系统干管安装应根据设计要求使用管材，按压力要求选用碳素钢管或无缝钢管。当要求使用镀锌管件时（干管直径在100mm以上，无镀锌管件时采用焊法兰连接，试完压后做好标记拆下来加工镀锌），在镀锌加工前不得刷油和污染管道。需要拆装镀锌的管道应先安排施工。

(2) 干管用法兰连接每根配管长度不宜超过 6m，直管段可把几根连接一起，使用倒链安装，但不宜过长，也可调直后，编号依次顺序吊装，吊装时，应先吊起管道一端，待稳定后再吊起另一端。

(3) 管道连接紧固法兰时，检查法兰端面是否干净，采用 3～5mm 的橡胶垫片。法兰螺栓的规格应符合规定。紧固螺栓应先紧最不利点，然后依次对称紧固。法兰接口应安装在易拆装的位置。

(4) 配水干管、配水管应做红色或红色环圈标志。

(5) 管网在安装中断时，应将管道的敞口封闭。

(6) 管道在焊接前应清除接口处的浮锈、污垢及油脂。

(7) 不同管径的管道焊接，连接时如两管径相差不超过小管径的 15%，可将大管端部缩口与小管对焊。如果两管相差超过小管径 15%，应加工异径短管焊接。

(8) 管道对口焊缝上不得开口焊接支管，焊口不得安装在支吊架位置上。

(9) 管道穿墙处不得有接口（丝接或焊接）；管道穿过伸缩缝处应有防冻措施。

(10) 碳素钢管开口焊接时要错开焊缝，并使焊缝朝向易观察和维修的方向上。

(11) 管道焊接时先焊三点以上，然后检查预留口位置、方向、变径等无误后，找直、找正，再焊接，紧固卡件、拆掉临时固定件。

(12) 管道的安装位置应符合设计要求。当设计无要求时，应符合表 2.7 的要求。

表 2.7 管道的中心线与梁、柱、楼板等的最小距离 单位：mm

公称直径	50	70	80	100	125	150	200
距离	60	70	80	100	125	150	200

2.7.4 消火栓系统立管安装

(1) 立管暗装在竖井内时，在管井预埋铁件上安装卡件固定，立管底部的支吊架要牢固，防止立管下坠。

(2) 立管明装时每层楼板要预留孔洞，立管可随结构穿入，以减少立管接口。

2.7.5 消火栓及支管安装

(1) 消火栓箱体要符合设计要求（其材质有木、铁和铝合金等），栓阀有单出口和双出口双控等。产品均应有消防部门的制造许可证及合格证方可使用。

(2) 消火栓支管要以栓阀的坐标、标高定位甩口，核定后再稳固消火栓箱，箱体找正稳固后再把栓阀安装好，栓阀侧装在箱内时应在箱门开启的一侧，箱门开启应灵活。

(3) 消火栓箱体安装在轻质隔墙上时，应有加固措施。

(4) 箱式消火栓的安装应符合下列规定：

1) 栓口应朝外，并不应安装在门轴侧，并平行于墙面。

2) 栓口中心距地面为 1.1m，允许偏差±20mm。

3) 阀门中心距箱侧面为 140mm，距箱后内表面为 100mm，允许偏差±5mm。

4) 消火栓箱体安装的垂直度允许偏差为 3mm。

(5) 安装消火栓水龙带，水龙带与水枪和快速接头绑扎好后，应根据箱内构造将水龙带挂放在箱内的挂钉、托盘或支架上。

(6) 室内消火栓系统安装完成后应取屋顶层（或水箱间内）试验消火栓和首层取二处

消火栓做试射试验，达到设计要求为合格。

2.7.6　阀门及其他附件安装

（1）节流装置应安装在公称直径不小于 50mm 的水平管段上；减压孔板安装在管道内水流转弯处下游一侧的直管上，且与转弯处的距离不应小于管道公称直径的 2 倍。

（2）水泵结合器的安装。消防水泵接合器的三种形式，适用安装于不同的场所。地上消防水泵接合器，栓身与接口高出地面，目标显著使用方便。地下消防水泵接合器安装在路面下，不占地方，特别适用于寒冷地区。墙壁式消防水泵接合器安装在建筑物墙根处，目标清晰、美观，使用方便。安装时，按图 2.13 各部位和尺寸进行安装（放水阀水平处长至开启方便处），使用消防水泵接合器的消防给水管路，应与生活用水管道分开，以防污染生活用水（如无条件分开，也应保证使用进断开）；各零部件的连接及与地下管道的连接均需密封，以防渗漏。安装好后，应保证管道水平，闸阀、放水阀等开启应灵活，并进行 1.6MPa 压力的水压试验；放水阀及安全阀溢水口要和下水道其他水道相通以便用完后放出余水。

2.7.7　系统通水调试

消防系统通水调试应达到消防部门测试规定条件。消防水泵应接通电源并已试运转，测试最不利点的消火栓的压力和流量能否满足设计要求。消防系统的调试、验收结果应由当地公安消防部门负责核定。

2.7.8　应注意的质量问题

（1）管道拆改严重，是由于各专业工序安装协调不好，施工中应注意各专业工种的协调。

（2）水泵接合器不能加压，是由于阀门未开启，止回阀装反或有盲板未拆除造成的。

（3）消火栓箱门关闭不严，是因为安装时未找正或箱门强度不够变形造成的。

（4）消火栓关闭不严，是由于管道未冲洗干净，阀座内有杂物造成的。

2.7.9　安全注意事项

（1）在倒链吊起部件下进行泵体组装时，应将拉链打结保险，并必须用道木或支架等将泵体垫稳。

（2）在安装消防干管时，不得将管道浮放在支架上，要临时固定，以防滑下伤人。

（3）使用电、气焊时，要遵守有关操作规程，要有防爆、防火、防烧伤、防止触电等安全措施。

学习情境 2.8　自动喷水灭火系统安装

自动喷水灭火系统施工工艺流程：安装准备→干管安装→报警阀安装→立管安装→喷洒分层干支管→水流指示器、消防水泵→管道试压→管道冲洗→喷洒头支管安装（系统综合试压及冲洗）→节流装置安装→报警阀配件、喷洒头安装→系统通水试压→管道冲洗。

2.8.1　作业条件

（1）建筑主体结构已验收，现场已清理干净。

（2）管道安装所需要的基准线应测定并标明，如吊顶标高、地面标高、内隔墙位置线等。

（3）设备基础经检验符合设计要求，达到安装条件。

（4）安装管道所需要的脚手架应由专业人员搭设完毕。

(5) 检查管道支架、预留孔洞的位置、尺寸是否正确。

(6) 喷头安装按建筑装修图确定位置，吊顶龙骨安装完，按吊顶材料厚度确定喷头的标高。封吊顶时按喷头预留位置在顶板上开孔。

2.8.2 安装准备

(1) 认真熟悉图纸，根据施工方案、技术、安全交底的具体措施选用材料，测量尺寸，绘制草图，预制加工。

(2) 核对有关专业图纸，查看各种管道的坐标、标高是否有交叉或排列位置不当，及时与设计人员研究解决，办理洽商手续。

(3) 检查预埋件和预留洞是否正确。

(4) 检查管材、管件、阀门、设备及组件等是否符合设计要求和质量标准。

(5) 根据施工现场情况，安排合理的施工顺序，避免各工种交叉作业，互相干扰，影响施工。

2.8.3 固定支架安装

支吊架的位置以不妨碍喷头喷效果为原则。一般吊架距喷头应大于300mm，对圆钢吊架可小到70mm。

为防止喷头喷水时管道产生大幅度晃动，干管、立管均应加防晃固定支架。干管或分层干管可设在直管段中间，距立管及末端不宜超过12m，单杆吊架长度小于150mm时，可不加防晃固定支架。

防晃固定支架应能承受管道、零件、阀门及管内水的总重量和50%水平方向推动力而不损坏或产生永久变形。立管要设两个方向的防晃固定支架。

吊架与喷头的距离，应不小于300mm，距末端喷头的距离不大于750mm。

吊架应设在相邻喷头间的管段上，当相邻喷头间距不大于3.6m时，可设一个；小于1.8m时，允许隔段设置。

2.8.4 干管、立管安装

喷洒管道一般要求使用镀锌管件（干管直径在100mm以上，无镀锌管件时采用焊接法兰连接，试完压后做好标记拆下来加工镀锌）。需要镀锌加工的管道应选用碳素钢管或无缝钢管，在镀锌加工前不允许刷油和污染管道。需要拆装镀锌的管道应先安排施工。

自动喷淋系统管网布置形式如图2.17所示。喷洒干管用法兰连接每根配管长度不宜超过6m，直管段可把几根连接一起，使用倒链安装，但不宜过长。也可调直后，编号依次顺序吊装，吊装时，应先吊起管道一端，待稳定后再吊起另一端。

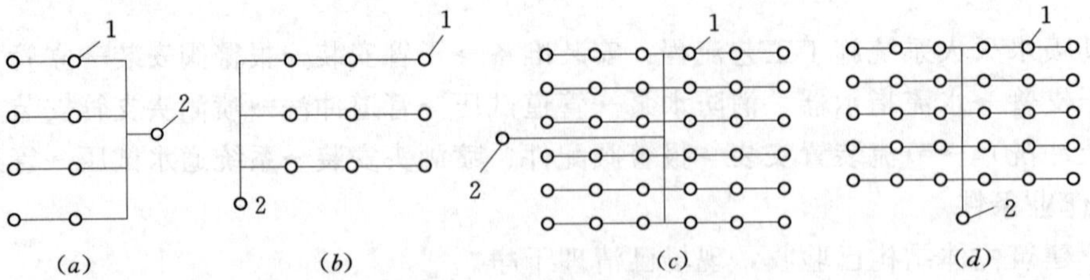

图2.17 管网布置的形式

(*a*) 侧边中心方式；(*b*) 侧边末端方式；(*c*) 中央中心方式；(*d*) 中央末端方式

1—喷头；2—配水管

管道连接紧固法兰时，检查法兰端面是否干净，采用3～5mm的橡胶垫片。法兰螺栓的规格应符合规定。紧固螺栓应先紧最不利点，然后依次对称紧固。法兰接口应安装在易拆装的位置。

自动喷洒和水幕消防系统的管道应有坡度。充水系统应不小于0.002；充气系统和分支管应不小于0.004。

立管暗装在竖井内时，在管井内预埋铁件上安装卡件固定，立管底部的支吊架要牢固，防止立管下坠。

立管明装时每层楼板要预留孔洞，立管可随结构穿入，以减少立管接口。

2.8.5　自动喷淋灭火系统附件安装

1. 报警阀安装

报警阀应设在明显、易于操作的位置，距地高度宜为1m左右。报警阀处地面应有排水措施，环境温度不应低+5℃。报警阀组装时应按产品说明书和设计要求，控制阀应有启闭指示装置，并使阀门工作处于常开状态。

报警阀配件安装应在交工前进行，延迟器安装在闭式喷头自动喷水灭火系统上，是防止误报警的设施。可按说明书及组装图安装，应装在报警阀与水力警铃之间的信号管道上。水力警铃安装在报警阀附近。与报警阀连接的管道应采用镀锌钢管。

2. 水流指示器安装

水流指示器一般安装在每层的水平分支干管或某区域的分支干管上。应水平立装，倾斜度不宜过大，保证叶片活动灵敏，水流指示器前后应保持有5倍安装管径长度的直管段，安装时注意水流方向与指示器的箭头一致。国内产品可直接安装在丝扣三通上，进口产品可在干管开口用定型卡箍紧固。水流指示器适用于直径为50～150mm的管道上安装。

3. 喷洒头支管安装

喷洒头支管指吊顶型喷洒头的末端一段支管，这段管不能与分支干管同时顺序完成，要与吊顶装修同步进行。吊顶龙骨装完，根据吊顶材料厚度定出喷洒头的预留口标高，按吊顶装修图确定喷洒头的坐标，使支管预留口做到位置准确。支管管径一律为25mm，末端用25mm×15mm的异径管箍口，管箍口与吊顶装修层平，拉线安装。支管末端的弯头处100mm以内应加卡件固定，防止喷头与吊顶接触不牢，上下错动。支管装完，预留口用丝堵拧紧。准备系统试压。

4. 喷洒头安装

喷洒头的规格、类型、动作温度要符合设计要求。喷洒头安装的保护面积、喷头间距及距墙、柱的距离应符合规范要求。

喷洒头的两翼方向应成排统一安装。护口盘要贴紧吊顶，走廊单排的喷头两翼应横向安装。安装喷洒头应使用特制专用扳手（灯叉型），填料宜采用聚四氟乙烯带，防止损坏和污染吊顶。水幕喷洒头安装应注意朝向被保护对象，在同一配水支管上应安装相同口径的水幕喷头。

5. 末端试水装置安装

末端试水装置由试水阀、压力表、试水接头及排水管组成。它设置与供水的最不利

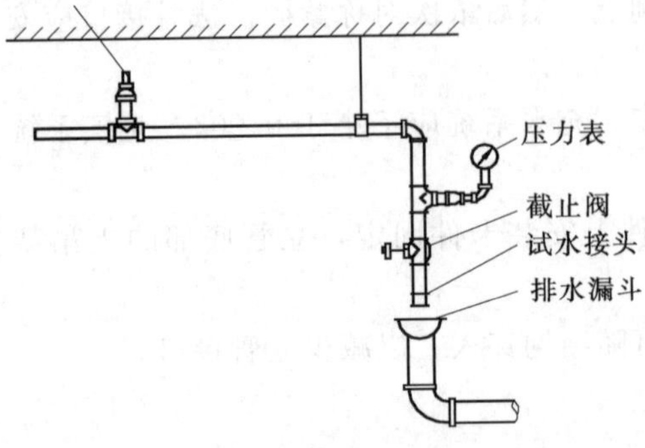

图 2.18 末端试水装置安装

点，用于检测系统和设备的安全可靠性。末端试验装置的出水，应采取孔口出流的方式排入排水管道，如图 2.18 所示。

6. 高位水箱安装

高位水箱应在结构封顶前就位，并应做满水试验，消防用水与其他共用水箱时应确保消防用水不被它用，留有 10min 的消防总用水量。与生活水合用时应使水经常处于流动状态，防止水质变坏。消防出水管应加单向阀（防止消防加压时，水进入水箱）。所有水箱管口均应预制加工，如果现场开口焊接应在水箱上焊加强板。

7. 节流装置安装

在高层消防系统中，低层的喷洒头和消火栓流量过大，可采用减压孔板或节流管等装置均衡。减压孔板应设置在直径不小于 50mm 水平管段上，孔口直径不应小于安装管段直径的 50%，孔板应安装在水流转弯处下游一侧的直管段上，与弯管的距离不应小于设置管段直径的两倍。采用节流管时，其长度不宜小于 1m。节流管直径按表 2.8 选用。

表 2.8 节流管直径 单位：mm

管段直径	50	70	80	100	125	150	200
节流管直径	25	32	40	50	70	80	100

2.8.6 系统通水调试

消防系统通水调试应达到消防部门测试规定条件。消防水泵应接通电源并已试运转，测试最不利点的喷头的压力和流量能否满足设计要求。消防系统的调试、验收结果应由当地公安消防部门负责核定。

2.8.7 应注意的质量问题

（1）喷洒管道拆改严重，是由于各专业工序安装协调不好，施工中应注意各专业工种的协调。

（2）喷头处有渗漏现象，是由于系统尚未试压就封吊顶，造成通水后渗漏。所以封吊顶前必须经试压，办理隐蔽工程验收手续。

（3）喷头与吊顶接触不严，护口盘偏斜，是由于支管末端弯头处未加卡件固定，支管尺寸不准，使护口盘不正。

（4）喷头不成排、成行，是因为安装时未拉线造成的。

（5）水流指示器工作不灵敏，是由于安装方向相反或电接点有氧化物造成接触不良。

（6）水泵接合器不能加压，是由于阀门未开启，止回阀装反或有盲板未拆除造成的。

（7）水幕消防系统测试时喷头堵塞，是由于管道内有杂物或水中有杂质，应在安装喷头前做冲洗和吹扫工作。

2.8.8 安全注意事项

同 2.7.11。

学习情境 2.9　消防管道及设备防腐

具体内容见学习情境 1.8 给水管道及设备防腐。

学习情境 2.10　消防管道及设备保温

具体内容见学习情境 1.9 管道及设备保温。

学习情境 2.11　建筑消防系统安装质量检验评定标准

给水工程质量的检验评定，要严格遵守 GBJ302—88《建筑采暖卫生与煤气工程质量检验评定标准》的有关规定。在进行排水工程质量检验评定工作中，要坚持认真负责，实事求是的精神，根据工程内容，严格按标准进行检验评定，不得随意降低标准或减少检验评定内容，使评定结果有据可查，准确可靠。

2.11.1　总则

具体内容详见 1.10.1 总则。

2.11.2　建筑消防安装工程质量评定

该分项工程规定参加质量检验评定的保证项目 1 条，基本项目 1 条。其具体的质量检验评定表见表 1.64。

1. 保证项目

自动喷洒和水幕消防装置。

(1) 质量标准。其喷头位置、间距和方向必须符合设计要求和施工规范规定。

(2) 检验方法。观察和对照图纸及规范检查。

(3) 检查数量。全数检查。

2. 基本项目

箱式消火栓的安装。

(1) 质量标准。

合格：栓口朝外，阀门中心距地面、箱壁的尺寸符合施工规范规定。

优良：在合格的基础上，水龙带与消火栓和快速接头的绑扎紧密，并卷折、挂在托盘或支架上。

(2) 检验方法。观察和尺量检查。

(3) 检查数量。系统的总组数少于 5 组全检，大于 5 组抽查 1/2，但不少于 5 组。

3. 允许偏差项目

该分项工程质量检验评定程序及填写要求，可参照 1.10.2 建筑给水管道安装工程质量评定。

本项目学习小结

本项目讲述了建筑消防施工图的识读方法，列举了常用消防器材的规格和适用环境，详尽地阐述了消火栓和自动喷水灭火系统的安装步骤和注意事项，对建筑消防系统安装工程质量评定的内容和标准也进行了讲述。

思考题与习题

2.1 室内消火栓系统有哪几部分组成？

2.2 自动喷水灭火系统分哪几类？各有何特点？

2.3 各种喷头的适用场所是什么？

2.4 安装建筑消防管道有哪些要求？

2.5 自动喷水灭火系统安装时应注意哪些质量问题？

2.6 建筑消防系统安装工程质量评定的内容是什么？

项目3　建筑排水管道施工

学习目标：通过本项目的学习能完成排水系统管材及设备的进场验收工作；能够识读排水系统施工图；能编制排水系统施工材料计划；能编制排水系统施工准备计划；能合理选择管道的加工机具、编制加工机具、工具需求计划；能编制排水系统施工方案、组织加工并进行安装；能在施工过程中收集验收所需要的资料；能进行排水系统质量检查与验收。

学习情境3.1　建筑排水施工图识读

3.1.1　建筑排水系统的组成

根据所排除污水的性质，建筑内部排水系统可分为三类：

（1）生活污水排水系统。排除人们日常生活过程中产生的污（废）水的管道系统，包括粪便污水排水管道及生活废水排水管道。

（2）工业废水排水系统。排除生产过程中产生的污（废）水的管道系统，包括生产废水排水管道及生产污水排水管道。

（3）屋面雨水排水系统。排除降落在屋面的雨（雪）水的管道系统，其中含有从屋面冲刷下来的灰尘。

建筑内部排水系统一般由卫生器具或生产设备受水器、排水管系、通气管系、清通设备、污水抽升设备、室外排水管道及污水局部处理设施等部分组成，如图3.1所示。

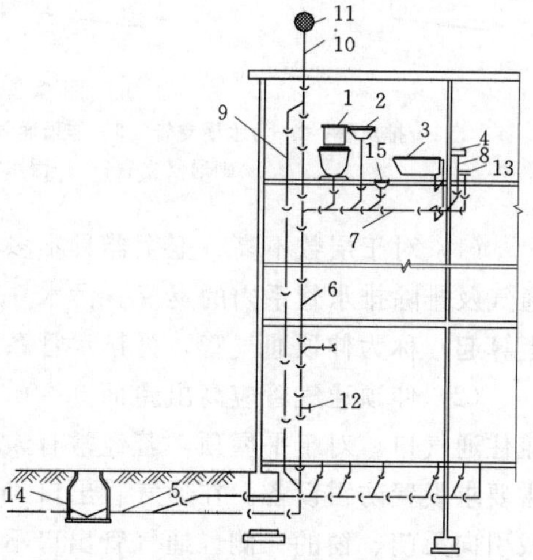

图3.1　建筑内部排水系统的组成

1—大便器；2—洗脸盆；3—浴盆；4—洗涤盆；5—排出管；6—立管；7—横支管；8—支管；9—通气立管；10—伸顶通气管；11—网罩；12—检查口；13—清扫口；14—检查井；15—地漏

1. 卫生器具或生产设备受水器

卫生器具是建筑内部排水系统的起点，是用来承受用水和将用后的废水、废物排泄到排水系统中的容器。污水、废水从器具排水口经器具内的水封装置或器具排水管连接的存水弯排入排水管系。建筑内的卫生器具应具备内表面光滑、不渗水、耐腐蚀、耐冷热、耐磨损、便于清洁卫生、有一定强度等特性。

2. 排水管系

排水管系由器具排水管（连接卫生器具和横支管之间的一段短管，除坐式大便器以外，其间包括存水弯）、有一定坡度的横支管、立管、埋设在室内地下的总干管和排出到室外的排出管等组成。其作用是将污（废）水能迅速安全地排除到室外。

3. 通气管系

建筑内的污水、废水是依靠重力作用排出室外的，即排水管系内部的流动是重力流。为了保证排水管系的良好工作状态，排水管系必须和大气相通，从而保证管系内气压恒定，维持重力流状态。由此可见，通气管系是维持建筑排水系统正常工作的重要的组成部分之一。通气管系是与排水管系相连通的一个系统，但是其内不通水，主要功能为加强排水管系内部气流循环流动，控制排水管系内压力的变化。

根据建筑物层数、卫生器具数量、卫生标准等情况的不同，通气管系可分为如下几种类型，如图 3.2 所示。

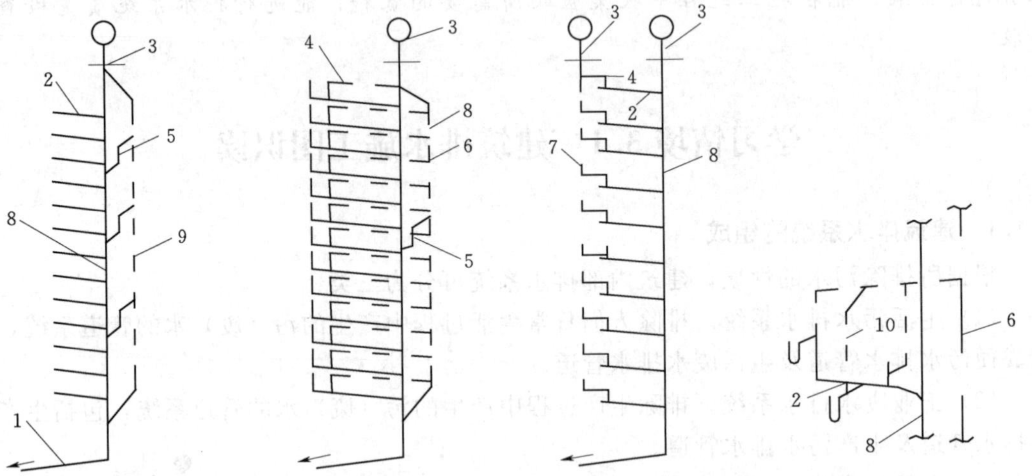

图 3.2 几种典型通气形式

1—排出管；2—污水横支管；3—伸顶通气管；4—环形通气管；5—结合通气管；6—主通气立管；7—副通气立管；8—污水立管；9—专用通气管；10—器具通气管

(1) 对于层数不高、卫生器具不多的建筑物，一般将排水立管上端延伸出屋面，用来通气及排除排水管系内的臭气。污水立管顶端延伸出屋面的管段（自立管最高层检查口向上算起）称为伸顶通气管，为排水管系最简单、最基本的通气方式。

(2) 伸顶通气管应高出屋面 0.30m 以上，并应大于当地最大积雪厚度，以防止积雪盖住通气口。对于平屋顶，若经常有人逗留活动，则通气管应高出屋面 2m，并应根据防雷要求设置防雷设备。在通气管出口 4m 以内有门、窗时，通气管应高出门、窗顶 0.60m 或引向无门、窗的一侧。通气管出口不宜设在建筑物的屋檐檐口、阳台、雨篷等的下面，以免影响周围空气的卫生条件。通气管不得与建筑物的通风管道或烟道连接。为防止雨雪或脏物落入排水立管，通气管顶端应装网形或伞形通气帽（寒冷地区应采用伞形通气帽），通气管穿越屋顶处应有防漏措施。

对于层数较多或卫生器具设置也较多的建筑物，单纯采用将排水管上端延伸补气的技术已不能满足稳定排水管系内气压的要求，因此必须设置专用的通气管系。

(3) 通气管的管径：通气管管径应根据排水管负荷、管道长度决定，一般不小于排水管管径的 1/2，最冷月平均气温低于 −13℃ 的地区，应从室内平顶或吊顶下 0.30m 处开始安装，通气管径应较排水立管管径大 50mm，以免管中结霜而缩小或阻塞管道断面。

4. 清通设备

为了保持室内排水管道排水畅通，必须加强经常性的维护管理，为了检查和疏通管道，在排水管道系统上需设清通设备。一般有检查口、清扫口、检查井及带有清通门（盖板）的90°弯头或三通接头等设备。

检查口一般设在立管及较长的水平管段上，供立管或立管与横支管连接处有异物堵塞时清掏用，多层或高层建筑的排水立管上，每隔两层设一个，检查口间距不大于10m。但在立管的最低层和设有卫生器具的两层以上，坡顶建筑物的最高层必须设置检查口，平顶建筑可用通气口代替检查口。检查口设置高度，一般从地面至检查口中心1m为宜。并应高于卫生器具上边缘0.15m。

清扫口一般装于横支管，尤其是各层横支管连接卫生器具较多时，横支管起点均应装置清扫口（有时亦可用能供清掏的地漏代替）。当污水横管连接2个及2个以上的大便器或3个及3个以上的卫生器具时，应在横管的起端设置清扫口。清扫口安装不应高出地面，必须与地面平，为了便于清掏与墙面应保持一定距离，一般不宜小于0.15m。

对于不散发有害气体或大量蒸汽的工业排水管道，在管道转弯、变径处和坡度改变及连接支管处，可在建筑物内设检查井。在直线管段上，排除生产废水时，检查井的距离不宜大于30m；排除生产污水时，检查井的距离不宜大于20m。对生活污水管道，在建筑物内不宜设检查井。

5. 污水抽升设备

当建筑物内的污（废）水不能自流排至室外时，要设置污水抽升设备。

6. 室外排水管道

自排出管接出的第一检查井后至城市下水道或工业企业排水主干管间的排水管段为室外排水管道，其任务是将室内的污（废）水排往市政或工厂的排水管道中去。

7. 污水局部处理设施

污水局部处理设施是当室内污水未经处理不允许直接排入城市排水系统或水体时，而设置的局部水处理构筑物。

3.1.2 建筑排水施工图识读

具体内容详见学习情境1.1建筑给排水施工图识读。

学习情境3.2 排水管材及管件

3.2.1 钢管

焊接钢管用作卫生器具排水管及生产设备的非腐蚀性排水支管，管径小于或等于50mm时，可采用焊接或配件连接。

无缝钢管用作镶入件埋设在建筑结构内部或用于检修困难的管段和机器设备附近振动较大的地方；因管道承受内压较高，也可作为非腐蚀性生产排水管。无缝钢管通常采用焊接或法兰连接。具体内容见学习情境1.2给水管材及管件。

3.2.2 排水铸铁管及管件

1. 普通排水铸铁管

普通铸铁管是建筑内部排水系统的主要管材，有排水铸铁承插口直管、排水铸铁双承直管。其管件有曲管、管箍、弯头、三通、四通、存水弯、瓶口大小头（锥形大小头）、检查口等。

排水铸铁管较钢管耐腐蚀，但性脆且重，常用于室内生活污水管道、雨水管道以及工业厂房中振动不大的生产排水管道。

排水铸铁管直径为50～200mm，壁厚4～7mm，长度有0.5m、1m、1.5m、2m等多种，其管端形状只有承插式一种，接口形式为承插连接。排水铸铁管及其管件如图3.3所示。

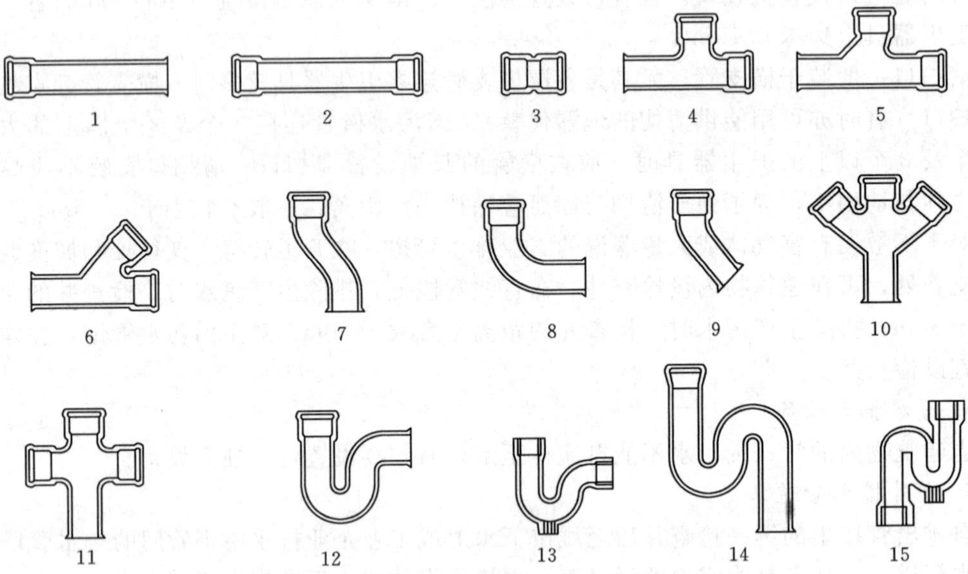

图3.3 排水铸铁管及其管件

1—承插直管；2—双承直管；3—管箍（套筒）；4—T形三通；5—90°正三通；6—45°斜三通；7—乙字管；8—90°弯管；9—45°弯管；10—Y形四通；11—正四通；12—P形承插存水弯；13—丝扣P形存水弯；14—S形承插存水弯；15—丝扣S形存水弯

管箍（套筒）用于没有承口的排水铸铁短管的直线连接。

90°三通管用于水流呈90°汇集处，其水力条件较45°承插三通管差。

45°三通管用于水流呈45°汇集处，可以和45°弯管配合使用，水力条件比90°三通管好。

90°弯管用于水流呈90°急转弯处。

45°弯管用于水流呈135°转弯处及加大回转半径时，用两个45°弯管代替90°弯管使用，例如室内排水立管与排出管连接时采用两个45°弯头。

Y形承插四通管用于水流呈十字汇集处，其水力条件比正四通管好。

P形存水弯两端所接出的管道呈90°角。

S形存水弯两端所接出的管道互相平行。

近几年来，随着城镇住宅建设发展，大模板住宅建筑的推广，为了适应工业化的施工，实行管道施工装配化，减轻劳动强度，加快管道安装进度，提高施工效率，卫生间排水管道的新型排水异型管件日益增多，如二联三通、三联三通、角形四通、H形透气管、

Y 形三通和 WJD 变径弯头（后检查口），如图 3.4 所示。

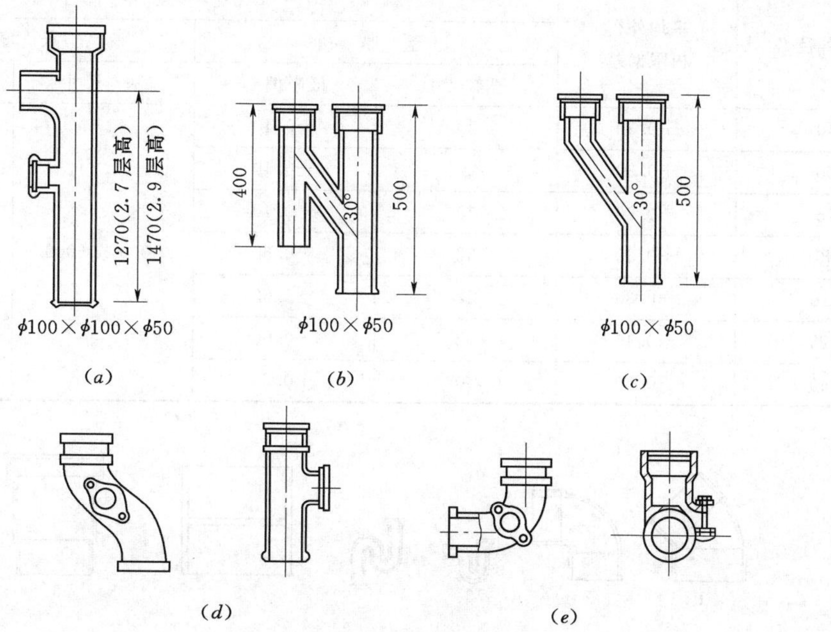

图 3.4　排水管件示例

(*a*) 三联三通异型管件；(*b*) H 形；(*c*) Y 形三通；(*d*) 90°弯头（左、右检查口）；(*e*) 承插弯管

2. 柔性接口排水铸铁管

高层建筑以及地震区建筑排水铸铁管宜采用柔性接口，使其在内水压下具有良好的曲挠性和伸缩性，以适应建筑楼层间变位导致的轴向位移和横向曲挠变形，防止管道裂缝、折断。图 3.5 所示为 RK—1 型柔性接口图，接口采用法兰压盖和螺栓将橡胶密封圈压紧。柔性接口排水铸铁管件有立管检查口、三通、45°三通、45°弯头、90°弯头、45°和 30°通气管、四通、P 形存水弯和 S 形存水弯等。

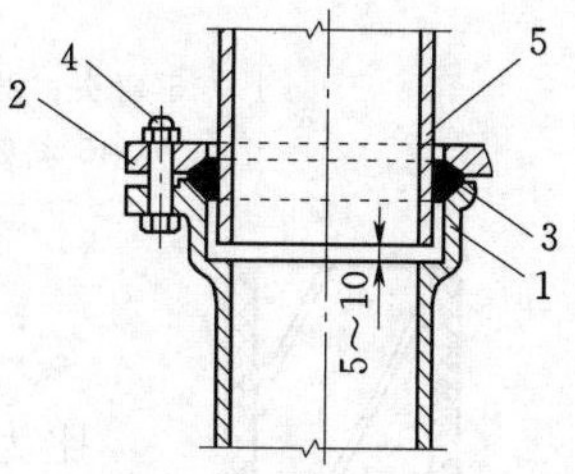

图 3.5　柔性接口图

1—承口端；2—法兰压盖；3—密封橡胶圈；4—坚固螺栓；5—插口端

3.2.3　硬聚氯乙烯塑料排水管（UPVC 管）及管件

建筑排水用硬聚氯乙烯管材及管件具有耐腐蚀，重量轻，施工方便等特点，硬氯乙烯排水直管的规格见表 3.1，管件共有 20 多个品种，76 个规格。UPVC 管材目前已广泛用于建筑物内排水系统。

排水塑料管的连接形式以粘结为主。用于建筑排水用的 UPVC 管件有粘接承口、弯头、三通（90°顺水三通、斜三通、瓶型三通）及四通（正四通、45°斜四通、直角四通）、异径管和管箍、伸缩节、存水弯（P 形、S 形）、立管检查口、清扫口、通气帽、排水栓、地漏，以及用于安装时使用的管卡、吊钩等。部分排水塑料管管件如图 3.6 所示。

UPVC（硬氯乙烯）塑料管排水时噪音较大，图 3.7 所示为一种带有内螺旋的 UPVC 管，它的特点是能使污水、废水沿管壁内螺旋纹道流动，以使排水时噪音减小。国内目前的连接形式有粘接、橡胶卷连接和螺纹连接三种方法。

表 3.1　　　　　　　　　　硬氯乙烯排水直管规格

公称外径 D	平均外径极限偏差	直管			
		壁厚 e		长度 L	
		基本尺寸	极限偏差	基本尺寸	极限偏差
40	+0.30	20	+0.40		
50	+0.30	20	+0.40		
75	+0.30	23	+0.40		
90	+0.30	32	+0.60	4000 或 6000	−10
110	+0.30	32	+0.60		
125	+0.40	32	+0.60		
160	+0.50	40	+0.60		

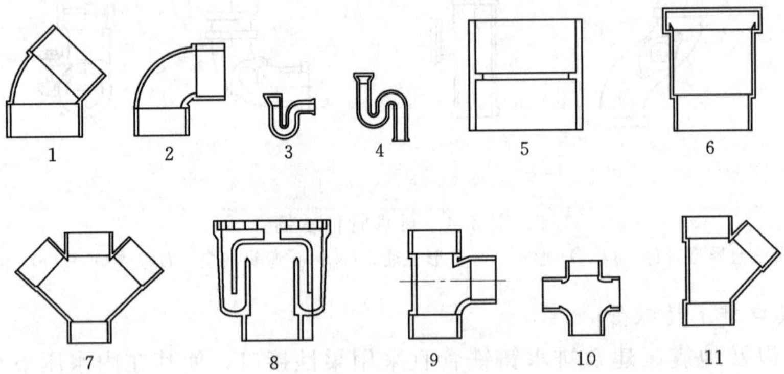

图 3.6　排水塑料管管件

1—45°弯头；2—90°弯头；3—P形存水弯；4—S形存水弯；5—管箍；6—伸缩节；7—45°斜四通；8—地漏；9—90°顺水三通；10—正四通；11—45°斜三通

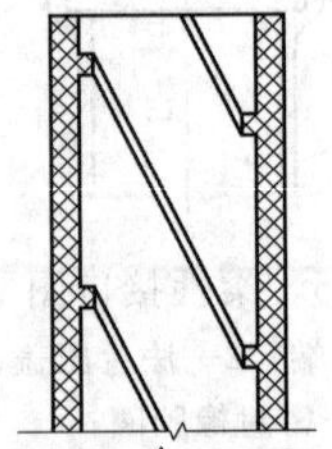

图 3.7　内螺旋 UPVC 管

使用 UPVC 排水管应注意以下几点：

(1) 作为排水管，产生满流运动状态时，与铸铁管相比，流速比为 1.3，流量的比亦为 1.3。

(2) 内壁光滑，没有较多的沉积物，阻力小，粗糙系数 $n=0.009$。

(3) 适用于连接排放温度不大于 40℃ 的水，瞬时排放温度不大于 80℃ 的生活污水。耐酸、耐碱、埋在土壤中不被腐蚀，耐久性，使用寿命长。

(4) 重要的是不可忽视伸缩问题，当受环境温度变化而引起的伸缩长度，可按下式计算

$$\Delta L = L\alpha\Delta t$$

式中：L 为管道长度，m；ΔL 为管道温升长度，m；α 为线胀系数，一般采用 $(6\sim8)\times10^{-5}$ m/(m·℃)；Δt 为温差，℃。

为了消除 UPVC 管道受温度影响产生的胀缩，通常采用设置伸缩节的办法。螺纹和

胶圈连接的管道系统可以不设伸缩节。

学习情境3.3 建筑排水工程安装施工中常用的工机具

常用机具有套丝机、砂轮切割机、台钻、冲击电钻、手提式砂轮机、手电钻、电焊机、试压泵、铰板、管钳、台虎钳、龙门夹头、链条钳、手锤、钢锯、扳手、倒链、电气焊等工具。具体内容见学习情境1.3建筑给水工程安装施工中常用的工机具。

学习情境3.4 排水管道预制加工

具体内容见学习情境1.4给水管道预制加工。

学习情境3.5 排水管道连接

具体内容见学习情境1.5给水管道连接。

学习情境3.6 排水管道支吊架安装

具体内容见学习情境1.6给水管道支吊架的安装。

学习情境3.7 建筑排水管道安装

3.7.1 排水管道的安装要求

(1) 室内排水管材及连接方式见表3.2。

表3.2 室内排水管材及连接方式

系统类别	管材	连接方式
生活污水	硬聚氯乙烯排水塑料管UPVC	粘接、橡胶圈连接
	UPVC芯层发泡复合管	粘接
	UPVC螺旋消声管	橡胶圈连接
	柔性抗震排水铸铁管(WD管)、铸铁排水管	承插式、法兰连接、橡胶圈不锈钢带连接
雨水	UPVC雨水管	粘接
	给水铸铁管、稀土排水铸铁管	承插连接
	钢管	焊接、法兰

(2) 为了保证排水通畅，排水管道的横管与横管、横管与立管连接，应采用45°三通(斜三通)或45°四通或90°斜三通(顺水三通)。排水管道穿墙、穿基础时，排出管与立管的连接宜采用两个45°弯头或弯曲半径不小于4倍管径的90°弯头，否则管道容易堵塞。

(3) 承插排水管道的接口，应以油麻丝填充，用水泥或石棉水泥打口，不得用一般水泥砂浆抹口，否则，使用时在接口处往往会漏水。

(4) 严格控制排水管道的坡度，避免坡度过小或倒坡。

(5) 排水管道不宜穿越建筑物沉降缝、伸缩缝以及烟道、风道和居室。如果必须穿越时，要有切实的保护措施。

(6) 暗装或埋地的排水管道，在隐蔽前必须做灌水试验，其灌水高度不应低于底层地面高度。在满水15min后，再灌满5min，液面不下降为合格。

3.7.2　铸铁排水管道安装

室内排水系统施工的工艺流程：施工准备→埋地管安装→干管安装→立管安装→支管安装→器具支管安装→封口堵洞→灌水试验→通水通球试验。

1. 安装准备

根据施工图及技术交底，配合土建完成管段穿越基础、墙壁和楼板的预留孔洞并检查、校核预留孔洞的位置和大小是否准确。

为了减少在安装中捻固定灰口，对部分管材与管件可预先按测绘的草图捻好灰口，并编号，码放在平坦的场地，管段下面用木方垫平垫实。捻好灰口的预制管段，对灰口要进行养护，一般可采用湿麻绳缠绕灰口，浇水养护，保持湿润。冬季要采取防冻措施，一般常温24～48h后方能移动，运到现场安装。

2. 排出管的安装

排水管道穿墙、穿基础时应按图3.8安装。排水管穿过承重墙或基础处应预留孔洞，使管顶上部净空不得小于建筑物的沉降量，一般不小于0.15m。排出管道穿墙、穿基础预留孔洞尺寸见表3.3。

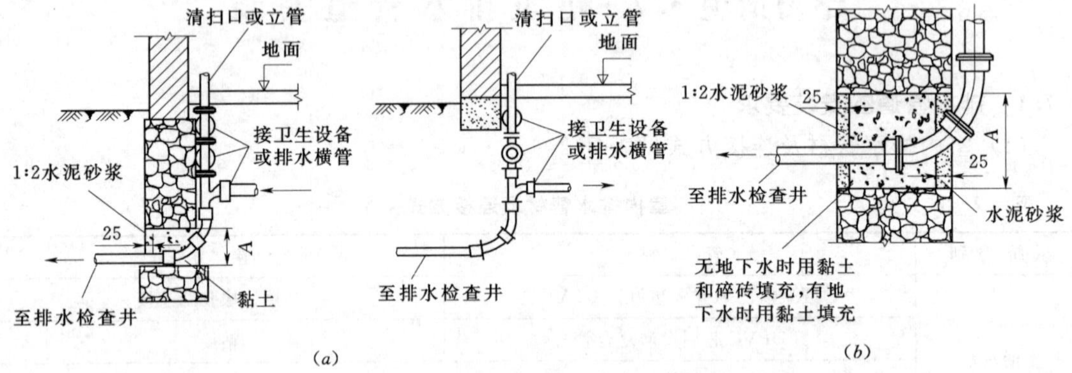

图3.8　排出管的安装示意图

(a) 排出管穿基础；(b) 穿过地下室墙壁排出管

说明：用于有地下水地区时，基础面的防水措施与构筑物的墙面防水措施相同。

表3.3　穿墙、穿基础时预留孔洞尺寸　单位：mm

排出管直径 *DN*	50～100	125～150	200～250
孔洞 *A* 穿基础	300×300	400×400	500×500
孔洞 *A* 穿砖墙	240×240	360×360	490×490

3. 污水干管安装

(1) 管道铺设安装。在挖好的管沟或房心土回填到管底标高处铺设管道时，应将预制好的管段按照承口朝向来水方向，由出水口处向室内顺序排列。挖好捻灰口用的工作坑，将预制好的管段徐徐放入管沟内，封闭堵严总出水口，做好临时支撑，按施工图纸的坐标、标高找好位置和坡度，以及各预留管口的方向和中心线，将管段承插口相连。

在管沟内捻灰口前，先将管道调直、找正，用麻钎或薄捻凿将承插口缝隙找均匀，把麻打实，校直、校正，管道两侧用土培好，以防捻灰口时管道移位。

将水灰比为 1：9 的水泥捻口灰拌好后，装在灰盘内放在承插口下部，人跨在管道上，一手填灰，一手用捻凿捣实，先填下部，由下而上，边填边捣实，填满后用手锤打实，再填再打，将灰口打满打平为止。

捻好的灰口，用湿麻绳缠好养护或回填湿润细土掩盖养护。

管道铺设捻好灰口后，再将立管及首层卫生洁具的排水预留管口，按室内地平线、坐标位置及轴线找好尺寸，接至规定高度，将预留管口装上临时丝堵。

按照施工图对铺设好的管道坐标、标高及预留管口尺寸进行自检，确认准确无误后即可从预留管口处灌水做闭水试验，水满后观察水位不下降，各接口及管道无渗漏，经有关人员进行检查，并填写隐蔽工程验收记录，办理隐蔽工程验收手续。

管道系统经隐蔽验收合格后，临时封堵各预留管口，配合土建填堵孔、洞，按规定回填土。

（2）托、吊管道安装。安装在管道设备层内的铸铁排水干管可根据设计要求做托、吊或砌砖墩架设。

安装托、吊干管要先搭设架子，将托架按设计坡度栽好或栽好吊卡，量准吊棍尺寸，将预制好的管道托、吊牢固，并将立管预留口位置及首层卫生洁具的排水预留管口，按室内地平线、坐标位置及轴线找好尺寸，接至规定高度，将预留管口装上临时丝堵。

托、吊排水干管在吊顶内者，需做闭水试验，按隐蔽工程项目办理隐检手续。

4. 污水立管安装

根据施工图校对预留管洞尺寸有无差错，如系预制混凝土楼板则需剔凿楼板洞，应按位置画好标记，对准标记剔凿。如需断筋，必须征得土建施工队有关人员同意，按规定要求处理。

立管检查口设置按设计要求，如排水支管设在吊顶内，应在每层立管上均装立管检查口，以便作灌水试验。

在立管上应每隔一层设置一个检查口，但在最底层和有卫生器具的最高层必须设置。如为两层建筑时可仅在底层设置立管检查口；如有乙字弯管时，则在该层乙字弯管的上部设置检查口。检查口中心高度距操作地面一般为 1m，允许偏差 20mm；检查口的朝向应便于检修，暗装立管，在检查口处应安装检修门。

在连接 2 个及 2 个以上大便器或 3 个及 3 个以上卫生器具的污水横管上应设置清扫口。当污水管在楼板下悬吊敷设时，可将清扫口设在上一层楼地面上，污水管起点的清扫口与管道相垂直的墙面距离不得小于 200mm，若污水管起点设置堵头代替清扫口时，与墙面距离不得小于 400mm。

在转角小于 135°的污水横管上应设置检查口或清扫口。污水横管的直线管段，应按设计要求的距离设置检查口或清扫口。

安装立管应两人上下配合，一人在上一层楼板上，由管洞内投下一个绳头，下面一人将预制好的立管上半部拴牢，上拉下托将立管下部插口插入下层管承口内。

立管插入承口后，下层的人把甩口及立管检查口方向找正，上层的人用木楔将管在楼板洞处临时卡牢、打麻、吊直、捻灰。复查立管垂直度，将立管临时固定牢固。

立管安装完毕后，配合土建用不低于楼板标号的混凝土将洞灌满堵实，并拆除临时支架。如系高层建筑或管道井内，应按照设计要求用型钢做固定支架。

高层建筑考虑管道胀缩补偿，可采用法兰柔性管件，如图 3.9 所示，但在承插口处要留出胀缩补偿余量。

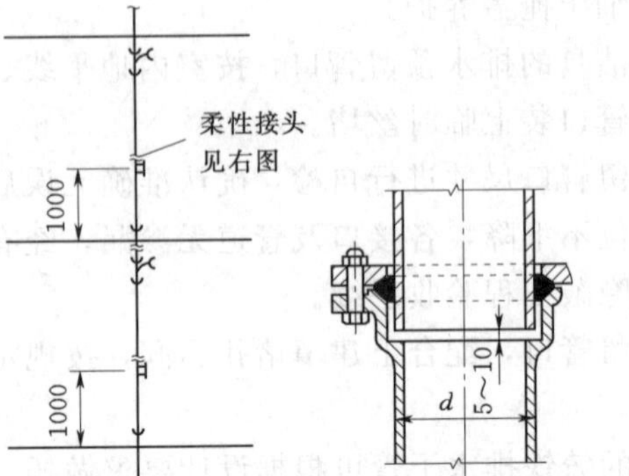

污水立管示意图　　RK－1型柔性抗震排水铸铁管接口样图

图 3.9　法兰柔性管件

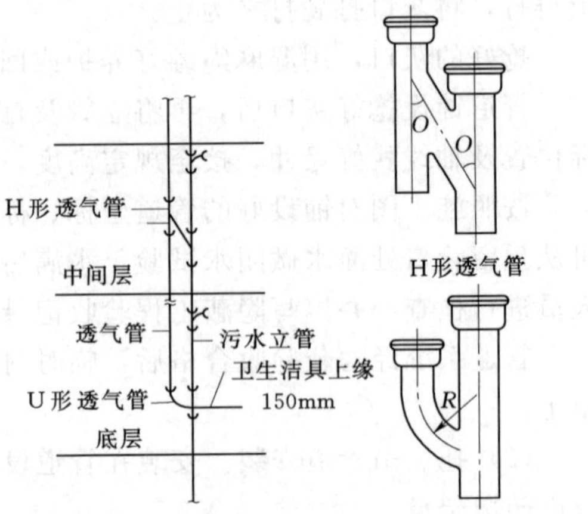

污水立管、辅助透气管示意图　　H形透气管　　U形透气管

图 3.10　辅助透气异型管件连接

高层建筑采用辅助透气管，可采用辅助透气异型管件连接，如图 3.10 所示。

5. 污水支管安装

支管安装应先搭好架子，并将托架按坡度栽好，或栽好吊卡，量准吊棍尺寸，将预制好的管道托到架子上，再将支管插入立管预留口的承口内，将支管预留口尺寸找准，并固定好支管，然后打麻、捻灰口。

支管设在吊顶内，末端有清扫口者，应将管接至上层地面上，便于清掏。支管安装完后，可将卫生洁具或设备的预留管安装到位，找准尺寸并配合土建将楼板孔洞堵严，预留管口装上临时丝堵。

排水管道坡度过小或倒坡，均影响使用效果，各种管道坡度必须按设计要求找准，如设计无要求时，可参照表 3.4 的要求进行安装。

表 3.4　生活污水管道的坡度

序　号	管　径 (mm)	坡　度	
		标准坡度	最小坡度
1	50	0.035	0.025
2	75	0.025	0.015
3	100	0.020	0.012
4	125	0.015	0.010
5	150	0.010	0.007
6	200	0.008	0.005

3.7.3 UPVC 排水管道施工

UPVC 排水管道施工工艺流程：安装准备→预制加工→干管安装→立管安装→支管安装→卡件固定→封口堵洞→闭水试验→通水试验。

1. 预制加工

根据图纸要求并结合实际情况，按预留口位置测量尺寸，绘制加工草图。根据草图量好管道尺寸，进行断管。断口要平齐，用专用的断管工具（剪刀、切割机），然后用铣刀或刮刀除掉断口内外飞刺，外棱铣出 15°角。粘接前应对承插口先插入试验，不得全部插入，一般为承口的 3/4 深度。试插合格后，用棉布将承插口需粘接部位的水分、灰尘擦拭干净。如有油污需用丙酮除掉。用毛刷涂抹粘接剂，先涂抹承口后涂抹插口，随即用力垂直插入，插入粘接时将插口中稍作转动，以利粘接剂分布均匀，约 30s 至 1min 即可粘接牢固。粘牢后立即将溢出的粘接剂擦拭干净。多口粘连时应注意预留口方向。

2. 干管安装

首先根据设计图纸要求的坐标、标高预留槽洞或预埋套管。埋入地下时，按设计坐标、标高、坡向、坡度开挖槽沟并夯实。采用托吊管安装时应按设计坐标、标高，现场拉线确定排水方向坡度做好托、吊架。

施工条件具备时，将预制加工好的管段，按编号运至安装部位进行安装。各管段粘连时也必须按粘接工艺依次进行。全部粘连后，管道要直，坡度均匀，各预留口位置准确。

立管和横管应按设计要求设置伸缩节。横管伸缩节应采用锁紧式橡胶圈管件；当管径大于或等于 160mm 时，横干管宜采用弹性橡胶密封圈连接形式。当设计对伸缩量无规定时，管端插入伸缩节处预留的间隙应为：夏季，5～10mm；冬季，15～20mm。

干管安装完后应做闭水试验，出口用充气橡胶堵封闭，达到不渗漏，水位不下降为合格。地下埋设管道应先用细砂回填至管上皮 100mm，上覆过筛土，夯实时勿碰损管道。托吊管粘牢后再按水流方向找坡度。最后将预留口封严和堵洞。

生活污水塑料管道的坡度必须符合设计要求或表 3.5 的规定。横管的坡度设计无要求时，坡度应为 0.026。立管管件承口外侧与墙饰面的距离宜为 20～50mm。

表 3.5　　生活污水塑料管道的坡度

项　次	管　径 (mm)	标准坡度 (‰)	最小坡度 (‰)
1	50	25	12
2	75	15	8
3	110	12	6
4	125	10	5
5	160	7	4

管道支承件的间距：立管管径为 50mm 的，不得大于 1.2m；管径不小于 75mm 的，不得大于 2m；横管直线管段支承件间距宜符合表 3.6 的规定。

表 3.6　横管直线管段支承件的间距

管径（mm）	40	50	75	90	110	125	160
间距（m）	0.40	0.50	0.75	0.90	1.10	1.25	1.60

3. 立管安装

首先按设计坐标要求，将洞口预留或后剔，洞口尺寸不得过大，更不可损伤受力钢筋。安装前清理场地，根据需要支搭操作平台。

立管安装前先出高处拉一根垂直线至首层，以确保垂直；安装时按设计要求安装伸缩节，伸缩节最大允许伸缩量见表 3.7 的规定，应符合下列规定：

（1）当层高小于或等于 4m 时，污水立管和通气立管应每层设一伸缩节；当层高大于 4m 时，其数量应根据管道设计伸缩量和伸缩节允许伸缩量计算确定。

（2）污水横支管、横干管、器具通气管、环形通气管和汇合通气管上无汇合管件的直线管段大于 2m 时，应设伸缩节，但伸缩节之间最大间距不得大于 4m。

（3）管道设计伸缩量不应大于表 3.7 伸缩节的允许伸缩量。伸缩节设置位置如图 3.11 所示。

表 3.7　伸缩节最大允许伸缩量　单位：mm

管　径	50	75	90	110	125	160
最大允许伸缩量	12	15	20	20	20	25

将已预制好的立管运到安装部位。首先清理已预留的伸缩节，将锁母拧下，取出 U 形橡胶圈，清理杂物。复查上层洞口是否合适。立管插入端应先划好插入长度标记，然后涂上肥皂液，套上锁母及 U 形橡胶圈。安装时先将立管上端伸入上一层洞口内，垂直用力插入至标记为止（一般预留胀缩量为 20～30mm）。合适后即用自制 U 形钢制抱卡紧固于伸缩节上沿，然后找正找直，并测量顶板距三通口中心是否符合要求。无误后即可堵洞，并将上层预留伸缩节封严。

为了使立管连接支管处位移最小，伸缩节应尽量设在靠近水流汇合管件处。为了控制管道的膨胀方向，两个伸缩节之间必须设置一个固定支架。伸缩节设置位置如图 3.11 所示。

固定支撑每层设置一个，以控制立管膨胀方向，分层支撑管道的自重，当层高 H 小于 4m（DN50 小于 H，小于 3m）时，层间设滑动支撑一个；若层高 H 大于 4m（DN 小于 50，H 大于 3m）时，层间设滑动支撑两个。

立管在底层和在楼层转弯处应设置立管检查口，消能装置处在有卫生器具的最高层的立管上也应设置立管检查口。其安装高度距地面 1m，检查口位置和朝向应便于检修，暗装立管在检查口处应设检修门。

在水流转角小于 135°的横管上应设置检查口或清扫口。公共建筑内，在连接 4 个以上的大便器的污水横管上宜设置清扫口。

横管、排水管直线距离大于表 3.8 的规定值时，应设置检查口或清扫口。

表 3.8　检查口（清扫口）或检查井的最大距离

DN（mm）	50	75	90	110	125	160
距离（m）	10	12	12	15	20	20

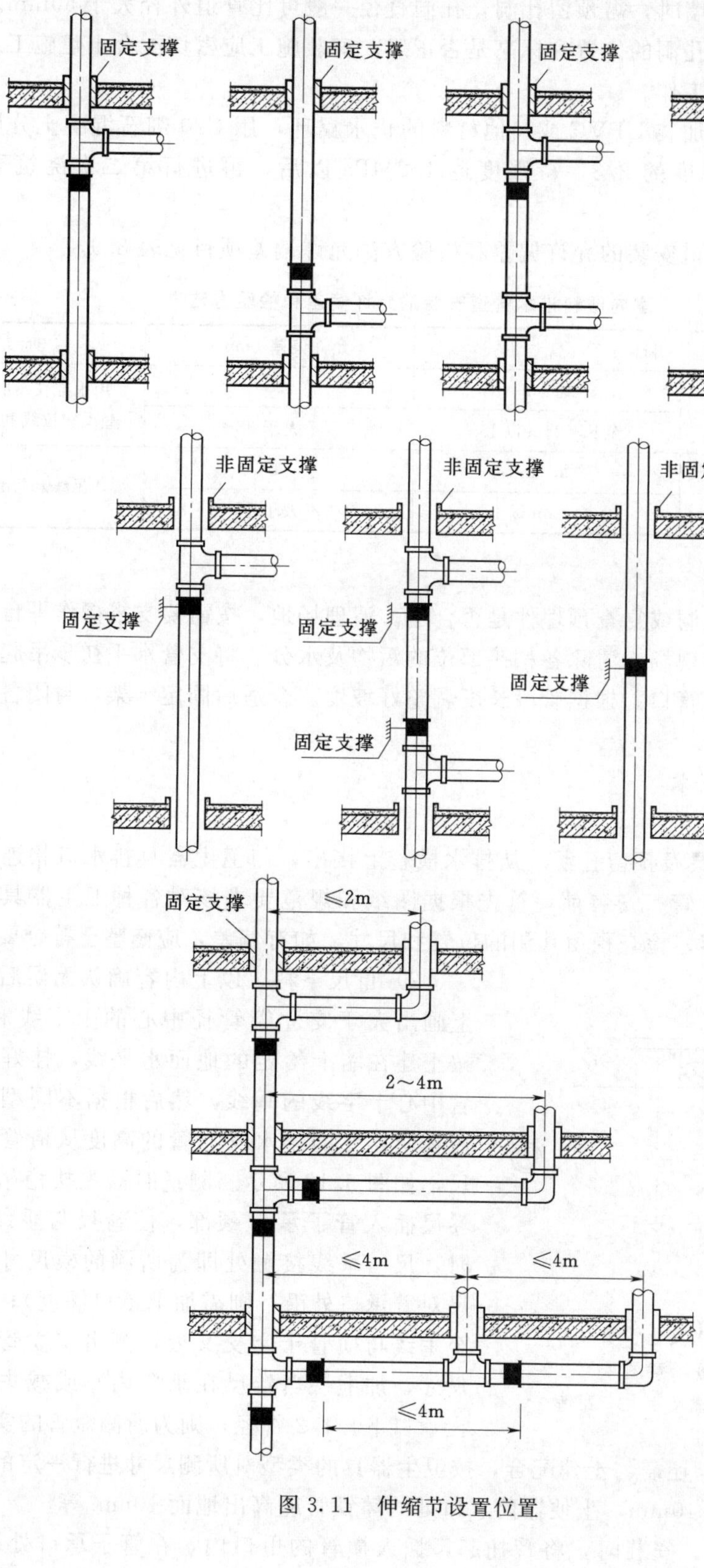

图 3.11　伸缩节设置位置

管道穿楼板或穿墙时，需预留孔洞，孔洞直径一般可比管道外径大于50mm。管道安装前，必须检查预留孔洞的位置和标高是否正确。安装施工应密切配合土建施工，做好预留洞或凿洞以及补洞工作。

立管穿楼板处应加装UPVC或其他材料的止水翼环，用C20细石混凝土分层浇筑填补，第一次为楼板厚度的2/3，待强度达1.2MPa以后，再进行第二次浇筑至与地面相平。

室内塑料排水管道安装的允许偏差和检验方法允许偏差项目见表3.9。

表3.9　室内塑料排水管道安装的允许偏差和检验方法

项目		允许偏差（mm）	检查方法
水平管道纵、横方向弯曲	每1m	1.5	用水准仪（水平尺）、直尺、拉线和尺量检查
	全长（25m以上）	不大于38	
立管垂直度	每1m	3	吊线和尺量检查
	全长（5m以上）	不大于15	

4. 支管安装

首先剔出吊卡孔洞或复查预埋件是否合适。清理场地，按需要支搭操作平台。将预制好的支管按编号运至现场。清除各粘接部位的污物及水分。将支管水平初步吊起，涂抹粘接剂，用力推入预留管口。根据管段长度调整好坡度。合适后固定卡架，封闭各预留管口和堵洞。

5. 器具连接管安装

（1）操作方法。

1）核查卫生器具及预留孔洞。从排水横管上接出，与卫生器具排水口相连接的一段垂直短管叫排水支立管。安装前，首先根据图纸和规范要求核对各种卫生器具、排水设备、管件规格等内容，检查预留孔洞的位置和尺寸，如有偏差，应修整至符合要求。

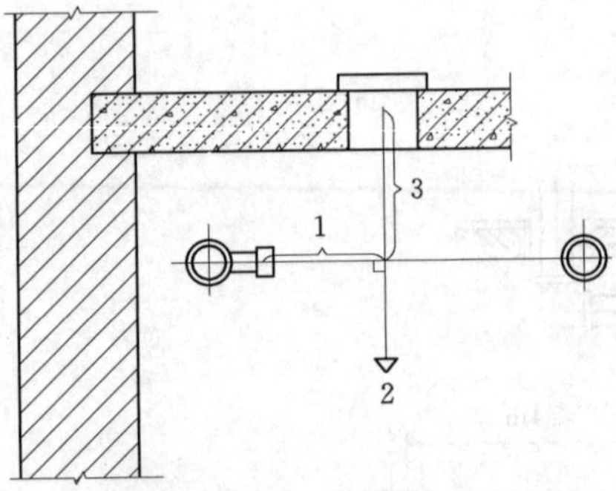

图3.12　排水支立管安装尺寸测量示意图

1—立尺寸；2—横尺寸；3—吊锤

2）量尺下料。以上内容确认无误后，在地面上画出大于支立管管径中心的十字线和修正孔，按土建在墙上给定的地面水平线，挂好通过支立管中心十字线的垂线，然后根据不同型号的卫生器具所需要的排水支立管的高度从横管甩口处量尺，如图3.12所示。测量时需先扶稳吊锤，将钢卷尺插入管子承口颈部，使卷尺与垂线成90°角时，尺与垂线接触处即为所测的横尺寸（如将卷尺对着承口外沿，则需加上承口深度）；将卷尺抵至垂线与横管十字交叉处，测出支立管上的短管尺寸，加上（当卷尺在承口内）或减去（当卷尺在承口下）1/2管径，则为所测短管的实际尺寸。

支立管下料时，还需与土建配合，按卫生器具的类型对所测尺寸进行一定的增减，如地漏应低于地面5～10mm，坐便器落水口处的铸铁管应高出地面10mm等。

3）安装支立管。安装时，将管托起，插入横管的甩口内，在管子承口处绑上铁丝，并在楼板上临时吊住，调整好坡度和垂直度后，打麻捻口并将其固定在横管上，将管口堵住，然后将楼板洞或墙孔洞用砖塞平，填入水泥砂浆固定。补洞的水泥砂浆表面应低于建筑表面 10mm 左右，以利于土建抹平地面。

（2）操作要领及注意事项。

1）所有器具支立管均应实际测量下料长度，在排水横管安装并固定好后，接至卫生器具的排水口处，并妥善进行管口封闭，以备安装卫生器具。器具支管量尺时，尺头插入横管上垂直向上的管件承口内侧，量至一层设计地坪得尺寸基数为 S。器具排水管的安装方法及要求见表 3.10。

表 3.10　　器具排水管的安装

卫生器具名称		器具排水支管的安装		
		用　料	管面安装高度	管中心与后墙的距离（mm）
蹲便器	铸铁存水弯	承口短管 DN100	S+10mm	600
	瓷存水弯		S=与地面平齐	420（毛墙）
坐便器	与下水口连接	不带承口短管 DN100		（净墙面 400）420（毛墙）
	连体式			按设计位置
洗脸盆	明装	带承口短管 DN50	S	80（台式 122）
	暗装	镀锌钢管 DN32	—	与墙面平齐
地漏	—	地漏及短管	地漏面比地面低 20mm	按设计位置
地面扫除口	—	扫除口及短管	扫除口面与地面平齐	按设计位置
存水弯	明装	S 形存水弯	下部套钢板环插入承口短管打口连接	
	暗装	P 形存水弯	端部缠石棉绳抹油灰插入排水钢管，或用锡焊连接	

2）安装时要保证支立管的坡度和垂直度，不得有倒坡现象。

3）支立管露出地坪的尺寸需根据卫生器具和排水设备附件的种类决定，不得出现地漏高出地坪和小便池落水高出池底的现象。

4）支立管安装好后，应拆除一切临时支架，并堵好所有的管口，防止异物落入管中堵塞管道。

3.7.4　建筑排水管道试验

1. 通球灌水试验

室内排水系统安装完后，要进行通球、灌水试验，通球用胶球按管道直径选用。

通球前，必须做通水试验，试验程序为由上而下进行以不堵为合格。胶球应从排水立管顶端投入，并注入一定水量于管内，使球能顺利流出为合格。

隐蔽或埋地的排水管道在隐蔽前必须做灌水试验，其灌水高度应不低于底层卫生器具的上边缘或底层地面高度。

检验方法：满水 15min 水面下降后，再灌满观察 5min，液面不降，管道及接口无渗漏为合格。

隐蔽或埋地的排水管道在隐蔽前做灌水试验，主要是防止管道本身及管道接口渗漏。灌水高度不低于底层卫生器具的上边缘或底层地面高度，主要是按施工程序确定的，安装室内排水管道一般均采取先地下后地上的施工方法。从工艺要求看，铺完管道后，经试验检查无质量问题，为保护管道不被砸碰和不影响土建及其他工序，必须进行回填。如果先隐蔽，待一层主管做完再补做灌水试验，一旦有问题，就不好查找是哪段管道或接口漏水。

灌水试验时，先把各卫生器具的口堵塞，然后把排水管道灌满水，仔细检查各接口是否有渗漏现象。

2. 闭水试验

排水管道安装后，按规定要求必须进行闭水试验。凡属隐蔽暗装管道必须按分项工序进行。卫生洁具及设备安装后，必须进行通水通球试验。且应在油漆粉刷最后一道工序前进行。

地下埋设管道及出屋顶透气立管如不采用硬质聚氯乙烯排水管件而采用下水铸铁管件时，可采用水泥捻口。为防止渗漏，塑料管插接处用粗砂纸将塑料管横向打磨粗糙。

粘接剂易挥发，使用后应随时封盖。冬季施工进行粘接时，凝固时间为2～3min。粘接场所应通风良好，远离明火。

学习情境3.8 排水管道防腐

具体内容见学习情境1.8给水管道及设备防腐。

学习情境3.9 建筑排水工程质量检验评定标准

建筑排水工程质量的检验评定，要严格遵守GBJ302—88的有关规定。在进行排水工程质量检验评定工作中，要坚持认真负责，实事求是的精神，根据工程内容，严格按标准进行检验评定，不得随意降低标准或减少检验评定内容，使评定结果有据可查，准确可靠。

3.9.1 总则

具体内容详见学习情境1.10总则。

3.9.2 建筑排水管道安装工程质量评定

适用于建筑排水、雨水用铸铁管、碳素钢管、石棉水泥管、预应力钢筋混凝土管、钢筋混凝土管、混凝土管、陶土管、缸瓦管和硬聚氯乙烯塑料管的安装。

该分项工程参加质量检验评定的保证项目有5条，基本项目有6条，允许偏差项目有4条。其具体的质量检验评定表见表3.11。

1. 保证项目

(1) 灌水试验。

1) 质量标准。隐蔽的排水和雨水管道的灌水试验结果，必须符合设计要求和施工规范规定。

2) 检验方法。检查区（段）灌水试验记录。

3) 检查数量。全数检查。

(2) 管道坡度。

1) 质量标准。排水和雨水管道必须有一定的坡度，坡度必须符合设计要求或施工规范规定。

表 3.11　　建筑排水管道安装分项工程质量检验评定表

工程名称：　　　　　　　　　　　　　　　　　　　　　　　　部位：

		项　目	质量情况
保证项目	1	灌水试验：隐蔽的排水和雨水管道的灌水试验结果，必须符合设计要求和施工规范规定	
	2	管道坡度：必须符合设计要求或施工规范规定	
	3	管道铺设：管道及管道支座（墩），严禁铺设在冻土和未经处理的松土上	
	4	排水塑料管，必须按设计要求装设伸缩节，如设计无要求，伸缩节按间距不大于 1m 设置	
	5	通水试验：排水系统竣工后的通水试验结果，必须符合设计要求和施工规范规定	

		项　目	质量情况 1	2	3	4	5	6	7	8	9	10	等级
基本项目	1	金属和非金属管道的承插和套箍接口											
	2	镀锌碳素钢管和非镀锌碳素钢管的螺纹连接											
	3	碳素钢管和非碳素钢管法兰连接											
	4	非镀锌碳素钢管焊接											
	5	管道支架及管座（墩）											
	6	管道、箱类和金属支架涂漆											

		项　目			允许偏差（mm）	实测值（mm）1	2	3	4	5	6	7	8	9	10
允许偏差项目	1	坐标			15										
	2	标高			±15										
	3	水平管道纵横方向弯曲	铸铁管	每米	1										
				全长（25m 以上）	不大于 25										
			碳素钢管　每米	管径≤100mm	0.5										
				管径>100mm	1										
			碳素钢管　全长（25m 以上）	管径≤100mm	不大于 13										
				管径<100mm	不大于 25										
			塑料管	每米	1.5										
				全长（25m 以上）	不大于 38										
			石棉水泥管、预应力钢筋混凝土管、钢筋混凝土管、陶土管、缸瓦管、混凝土管	每米	3										
				全长（25m 以上）	不大于 75										
	4	立管垂直度	铸铁管	每米	3										
				全长（5m 以上）	不大于 15										
			碳素钢管	每米	2										
				全长（5m 以上）	不大于 10										
			塑料管	每米	3										
				全长（5m 以上）	不大于 15										
			石棉水泥管、缸瓦管、陶土管	每米	4										
				全长（10m 以上）	不大于 40										

检查结果	保证项目			
	基本项目	检查　　项，其中优良　　项，优良率　　%		
	允许偏差项目	实测　　点，其中合格　　点，合格率　　%		
评定等级		工程负责人： 工　　长： 班 组 长：	核定意见	质量检查员：

年　月　日

2）检验方法。检查隐蔽工程记录或用水准仪（水平尺）、拉线和尺量检查。

3）检查数量。按系统内直线管段长度每30m抽查2段，不足30m不少于1段。

（3）管道铺设。

1）质量标准。管道及管道支座（墩），严禁铺设在冻土和未经处理的松土上。

2）检验方法。观察检查或检查隐蔽工程记录。

3）检查数量。全数检查。

（4）排水塑料管。

1）质量标准。必须按设计要求装设伸缩节。如设计无要求，伸缩节按间距不大于4m设置。

2）检验方法。观察和尺量检查。

3）检查数量。不少于5个伸缩节区间。

（5）通水试验。

1）质量标准。排水系统竣工后的通水试验结果，必须符合设计要求和施工规范规定。

2）检验方法。通水检查或检查通水试验记录。

3）检查数量。全数检查。

2. 基本项目

（1）承插和套箍接口（金属和非金属管道）。

1）质量标准。

合格：接口结构和所用的填料符合设计要求和施工规范规定；捻口密实、饱满，填料凹入承口边缘不大于5mm，且无抹口。

优良：在合格的基础上，环缝间隙均匀，灰口平整、光滑，养护良好。

2）检验方法。尺量和用锤轻击检查。

3）检查数量。不少于10个接口。

（2）镀锌碳素钢管或非镀锌碳素钢管的螺纹连接。

1）质量标准。

合格：管螺纹加工精度符合国家标准中有关管螺纹的规定；螺纹清洁、规整，断丝或缺丝不大于螺纹全扣数的10%；连接牢固；管螺纹根部有外露螺纹；镀锌碳素钢管无焊接口。

优良：在合格的基础上，螺纹无断丝，镀锌碳素钢管和管件的镀锌层无破损，螺纹露出部分防腐蚀良好，接口处无外露填料等缺陷。

2）检验方法。观察或解体检查。

3）检查数量。不少于10个接口。

（3）碳素钢管法兰连接或非碳素钢管法兰连接。

1）质量标准。

合格：对接平行、紧密，与管子中心线垂直，螺杆露出螺母；衬垫材料符合设计要求和施工规范规定，且无双层。

优良：在合格的基础上，螺母在同侧，螺杆露出螺母，长度一致，且不大于螺杆直径1/2。

2）检验方法。观察检查。

3）检查数量。不少于 5 副。

（4）非镀锌碳素钢管焊接。

1）质量标准。

合格：焊口平直度、焊缝加强面符合施工规范规定，焊口表面无烧穿、裂纹和明显的结瘤、夹渣及气孔等缺陷。

优良：在合格的基础上，焊波均匀一致，焊缝表面无结瘤、夹渣和气孔。

2）检验方法。观察或用焊接检测尺检查。

3）检查数量。不少于 10 个焊口。

（5）管道支架及管座（墩）。

1）质量标准。

合格：结构正确，埋设平正牢固。

优良：在合格的基础上，排列整齐，支架与管子接触紧密。

2）检验方法。观察或用手扳检查。

3）检查数量。各抽查 5%，但均不少于 5 件（个）。

（6）管道、箱类、金属支架涂漆。

1）质量标准。

合格：油漆种类和涂刷遍数符合设计要求，附着良好，无脱皮、起泡和漏涂。

优良：在合格的基础上，漆膜厚度均匀，色泽一致，无流淌及污染现象。

2）检验方法。观察检查。

3）检查数量。各抽查不少于 5 处。

3. 允许偏差项目

（1）允许偏差和检验方法。建筑排水管道安装的允许偏差和检验方法应符合表 3.12 的规定。

表 3.12　　建筑排水管道安装的允许偏差和检验方法

项次	项目				允许偏差（mm）	检查方法
1	坐标				15	用水准仪（水平尺）、直尺、拉线和尺量检查
2	标高				±15	
3	水平管道纵、横方向弯曲	铸铁管		每米	1	
				全长（25m 以上）	不大于 25	
		碳素钢管	每米	管径≤100mm	0.5	
				管径＞100mm	1	
			全长（25m 以上）	管径≤100mm	不大于 13	
				管径＞100mm	不大于 25	
		塑料管		每米	1.5	
				全长（25m 以上）	不大于 38	
		石棉水泥管、预应力钢筋混凝土管、钢筋混凝土管、混凝土管、陶土管、缸瓦管		每米	3	
				全长（25m 以上）	不大于 75	

续表

<table>
<tr><th>项次</th><th colspan="3">项　目</th><th>允许偏差（mm）</th><th>检查方法</th></tr>
<tr><td rowspan="8">4</td><td rowspan="8">立管垂直度</td><td rowspan="2">铸铁管</td><td>每米</td><td>3</td><td rowspan="8">吊线和尺量检查</td></tr>
<tr><td>全长（5m以上）</td><td>不大于15</td></tr>
<tr><td rowspan="2">碳素钢管</td><td>每米</td><td>2</td></tr>
<tr><td>全长（5m以上）</td><td>不大于10</td></tr>
<tr><td rowspan="2">塑料管</td><td>每米</td><td>3</td></tr>
<tr><td>全长（5m以上）</td><td>不大于15</td></tr>
<tr><td rowspan="2">石棉水泥管、陶土管、缸瓦管</td><td>每米</td><td>4</td></tr>
<tr><td>全长（10m以上）</td><td>不大于40</td></tr>
</table>

（2）检查数量。

1）立管的坐标。检查管轴线距墙内表面中心距，抽查10%，但不少于5段。

2）横管的坐标和标高。检查管道的起点、终点、分支点和变向点间的直管段，抽查10%，但不少于5段。

3）水平管道纵、横方向弯曲。按系统内直线管段长度每30m抽查2段，不足30m不少于1段。

4）立管垂直度。一根立管为一段，两层及其以上按楼层分段，抽查5%，但不少于10段。

该分项工程质量检验评定程序及填写要求，可参照1.10.2建筑给水管道安装工程质量评定。

本项目学习小结

本项目讲述了建筑排水系统的组成，列举了常用排水管道，详尽地阐述了排水管道的安装步骤、方法和注意事项，对排水管道安装工程质量评定的内容和标准也进行了讲述。

思考题与习题

3.1　建筑排水系统由哪几部分组成？各组成部分的作用是什么？

3.2　常用的排水管材有哪些？

3.3　排水管道的安装有何要求？

3.4　建筑排水管道安装的工艺流程是什么？

3.5　塑料排水管的伸缩节设置有何要求？

3.6　在什么位置应该设置立管检查口？

3.7　室内排水管道安装完成后要做哪些试验？

3.8　排水管道安装工程质量评定的内容是什么？

项目4　水表、阀门的安装

学习目标：通过本项目的学习了解水表和各种阀门的作用；具备合理选用水表和阀门的能力；掌握水表阀门的安装施工技术、验收和质量评定。

学习情境4.1　常用的水表阀门

4.1.1　水表

水表是一种计量用户累计用水量的仪表。

1. 水表的分类

水表的类型有流速式和容积式，如图4.1所示。

- 水表
  - 流速式
    - 旋翼式
      - 冷水水表
        - 干式
        - 湿式
      - 热水水表—干式
    - 螺翼式
      - 冷水水表
      - 热水水表
    - 复式—冷水水表
    - 正逆流水表
  - 容积式　冷水水表

图4.1　水表的类型

常用水表的技术特性和适用范围，见表4.1。

表4.1　常用水表的技术特性和适用范围

类型	介质条件			公称直径（mm）	主要技术特性	适用范围
	温度（℃）	压力（MPa）	性质			
旋翼式冷水水表	0～40	≤1.0	清洁的水	15～150	最小起步流量及计量范围较小，水流阻力较大，其中干式的计数机构不受水中杂质污损，但精度较低；湿式构造简单，精度较高	适用于用水量及其逐时变化幅度小的用户，只限于计量单向水流
旋翼式热水水表	0～90	≤0.6	清洁的水	15～150	仅有干式，其余同旋翼式冷水水表	适用于用水量及逐时变化幅度小的用户，只限于计量单向水流
螺翼式冷水水表	0～40	≤1.0	清洁的水	80～400	最小起步流量及计量范围较大，水流阻力小	适用于用水量大的用户，只限于计量单向水流

续表

类型	介质条件			公称直径(mm)	主要技术特性	适用范围
	温度(℃)	压力(MPa)	性质			
螺翼式热水水表	0～90	≤0.6	清洁的水		最小起步流量及计量范围较大，水流阻力小	适用于用水量大的用户，只限计量单向水流
复式水表	0～40	≤1.0	清洁的水	主表：50～400 副表：15～40	水表由主表及副表组成，用水量小时，仅由副表计量，用水量大时，则由主表及副表同时计量	适用于用水量变化幅度大的用户，且只限计量单向水流
正逆流水表	0～30	≤3.2	海水	50～150	可计量管内正、逆两向流量之总和	主要用于计量海水的正逆方向流量
容积式活塞水表	0～40	≤1.0	清洁的水	15～20	为容积式流量仪表，精度较高，表型体积小，采用数码显示，可水平或垂直安装	适用于工矿企业及家庭计量水量，只限单向水流
液晶显示远传水表	0～40	≤1.0	清洁的水	15～40	具有现场读数和远程同步读数两种功能	可集中显示、储存多个用户的房号及用水量；尤其适用于多层或高层住宅

2. 流速式水表的构造和性能

在建筑内部给水系统中广泛采用流速式水表。这种水表是根据管径一定时，水流通过水表的速度与流量成正比的原理来测量。它主要由外壳、翼轮和传动指示机构等部分组成。当水流通过水表时，推动翼轮旋转，翼轮转轴传动一系列联动齿轮，指示针显示到度盘刻度上，便可读出流量的累积值。此外，还有计数器为字轮直读的形式。

流速式水表按翼轮构造不同分为旋翼式和螺翼式。旋翼式的翼轮转轴与水流方向垂直，如图 4.2（*a*）所示，它的阻力较大，多为小口径水表，宜用于测量小的流量；螺翼式的翼轮转轴与水流方向平行，如图 4.2（*b*）所示。它的阻力较小，多为大口径水表，宜用于测量较大的流量。

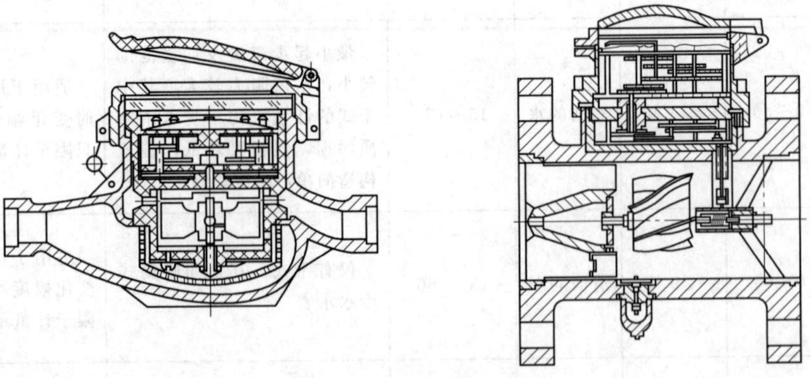

(*a*)　　(*b*)

图 4.2　流速式水表

（*a*）旋翼式水表；（*b*）螺翼式水表

复式水表是旋翼式和螺翼式的组合形式，在流量变化很大时采用。

流速式水表按其计数机件所处状态又分干式和湿式两种：干式水表的计数机件用金属圆盘与水隔开；湿式水表的计数机件浸在水中，在计数度盘上装一块厚玻璃，用以承受水压。湿式水表简单、计量准确、密封性能好，但只能用在水中不含杂质的管道上，因为水质浊度高，将降低精度，产生磨损缩短水表寿命。

3. 水表的技术参数

水表的规格、性能见表4.2和表4.3。

表4.2 旋翼湿式水表技术数据

直　径 (mm)	特性流量	最大流量	额定流量	最小流量	灵敏度≤ (m^3/h)	最大示值 (m^3)
	m^3/h					
15	3	1.5	1	0.045	0.017	10^3
20	5	2.5	1.6	0.075	0.025	10^3
25	7	3.5	2.2	0.090	0.030	10^3
32	10	5	3.2	0.120	0.040	10^3
40	20	10	6.3	0.220	0.070	10^5
50	30	15	10.0	0.400	0.090	10^5
80	70	35	22.0	1.100	0.300	10^6
100	100	50	32.0	1.400	0.400	10^6
150	200	100	63.0	2.400	0.550	10^6

表4.3 水平螺翼式水表技术数据

直　径 (mm)	流通能力	最大流量	额定流量	最小流量	最小示值	最大示值
	m^3/h				m^2	
80	65	100	60	3	0.1	10^5
100	110	150	100	4.5	0.1	10^5
150	270	300	200	7	0.1	10^5
200	500	600	400	12	0.1	10^7
250	800	950	450	20	0.1	10^7
300		1500	750	35	0.1	10^7
400		2800	1400	60		10^7

4.1.2 给水附件

给水附件是安装在管道及设备上的具有启闭或调节功能的装置，分为配水附件和控制附件两大类。

1. 配水附件

配水附件主要是用以调节和分配水流。常用配水附件如图4.3所示。

(1) 球形阀式配水龙头。装设在洗涤盆、污水盆、盥洗槽上的水龙头均属此类。水流经过此种龙头因改变流向，故压力损失较大，如图4.3 (*a*) 所示。

(2) 旋塞式配水龙头。这种水龙头的旋塞旋转90°时，即完全开启，短时间可获得较大的流量。由于水流呈直线通过，其阻力较小。缺点是启闭迅速时易产生水锤，一般用于压力为0.1MPa左右的配水点处，如浴池、洗衣房、开水间等，如图4.3（*b*）所示。

（3）盥洗龙头。装设在洗脸盆上，用于专门供给冷、热水。有莲蓬头式、角式、长脖式等多种形式，如图4.3（*c*）所示。

（4）混合配水龙头。用以调节冷、热水的温度，如盥洗、洗涤、浴用等，式样较多，如图4.3（*d*）和图4.3（*e*）所示。

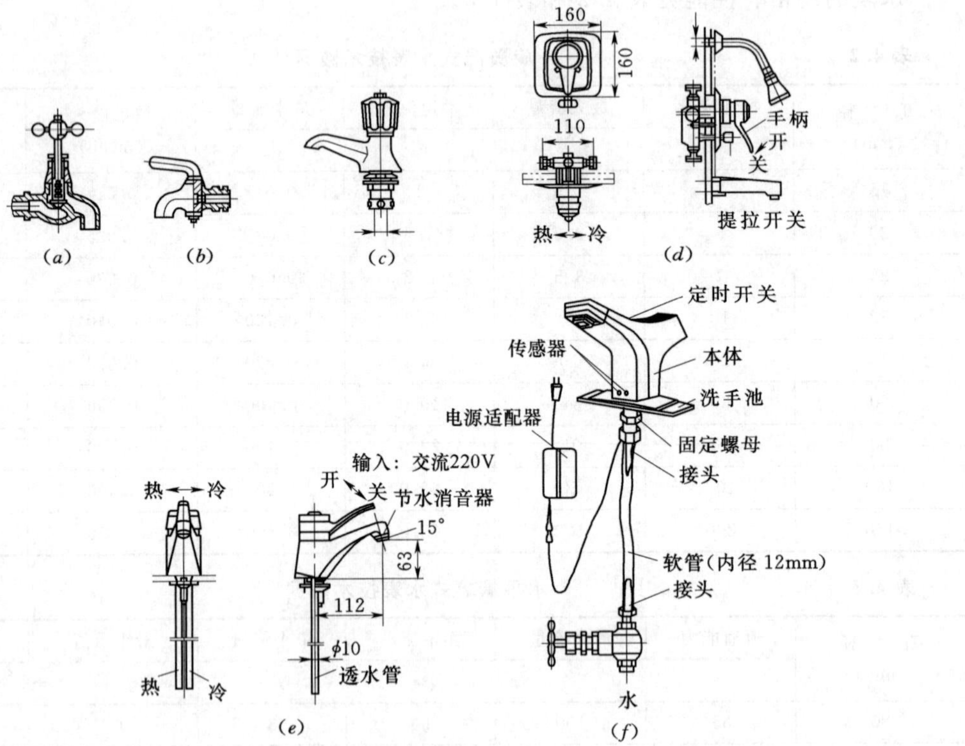

图4.3　各类配水龙头

（*a*）球形阀式配水龙头；（*b*）旋塞式配水龙头；（*c*）普通洗盆配水龙头；（*d*）单手柄浴盆水龙头；（*e*）单手柄洗脸盆水龙头；（*f*）自动水龙头

此外，还有小便器角形水龙头、皮带水龙头、电子自控水龙头等，如图4.3（*f*）所示。

2. 控制附件

控制附件用来调节水量和水压，关断水流等。如截止阀、闸阀、止回阀、浮球阀和安全阀等，常用控制附件如图4.4所示。

（1）截止阀。如图4.4（*a*）所示，此阀关闭严密，但水流阻力较大，用于管径不大于50mm或经常启闭的管段上。

（2）闸阀。如图4.4（*b*）所示。此阀全开时水流呈直线通过，阻力较小。但若有杂质落入阀座后，会使阀关闭不严，因而易产生磨损和漏水。当管径在70mm以上时采用闸阀。

（3）蝶阀。如图4.4（*c*）所示，阀板在90°翻转范围内起调节、节流和关闭作用，操作扭矩小，启闭方便，体积较小。适用于管径70mm以上或双向流动管道上。

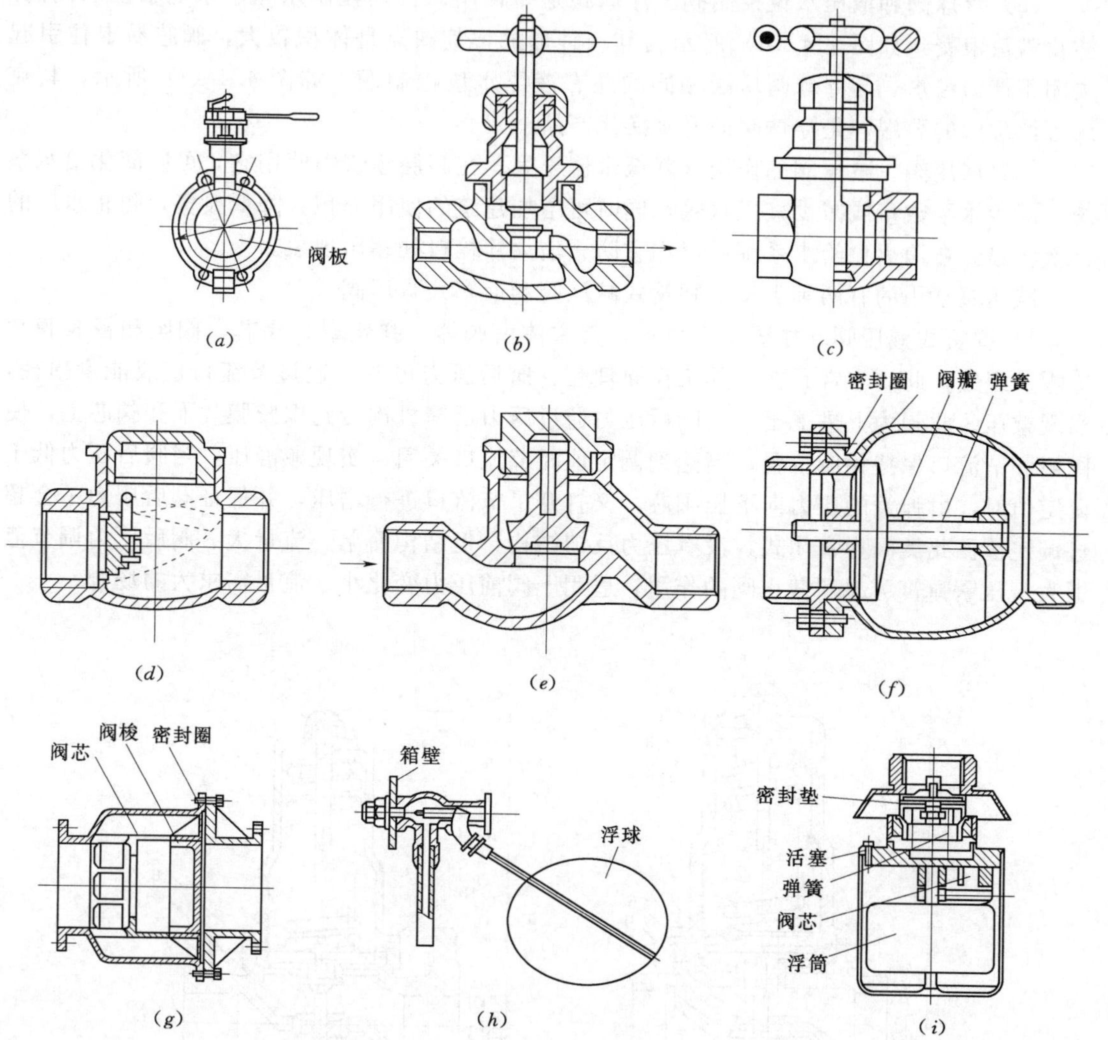

图4.4　各类阀门

(a) 截止阀；(b) 闸阀；(c) 蝶阀；(d) 旋启式止回阀；(e) 升降式止回阀；(f) 消声止回阀；(g) 梭式止回阀；(h) 浮球阀；(i) 液压水位控制阀

(4) 止回阀。止回阀用以阻止水流反向流动。常用的有四种类型：

1) 旋启式止回阀。如图4.4 (d) 所示，此阀在水平、垂直管道上均可设置，其启闭迅速，易引起水击，不宜在压力大的管道系统中采用。

2) 升降式止回阀。如图4.4 (e) 所示，此阀是靠上下游压力差使阀盘自动启闭。水流阻力较大，宜用于小管径的水平管道上。

3) 消声止回阀。如图4.4 (f) 所示，此阀是当水流向前流动时，推动阀瓣压缩弹簧，阀门打开。水流停止流动时，阀瓣在弹簧作用下在水击到来前即关闭，可消除阀门关闭时的水击冲击和噪声。

4) 梭式止回阀。如图4.4 (g) 所示。此阀是利用压差梭动原理制造止回阀，不但水流阻力小，而且密闭性能好。

(5) 浮球阀和液压水位控制阀。浮球阀是一种用以自动控制水箱、水池水位的阀门，防止溢流浪费，如图 4.4 (*h*) 所示为其一种形式，其缺点是体积较大，阀芯易卡住引起关闭不严而溢水。与浮球阀功能相同的还有液压水位控制阀，如图 4.4 (*i*) 所示，其克服了浮球阀的弊端，是浮球阀的升级换代产品。

(6) 减压阀。减压阀的作用是降低水流压力。在高层建筑中使用它，可以简化给水系统，减少水泵数量或减少减压水箱，同时可增加建筑的使用面积，降低投资，防止水质的二次污染。在消火栓给水系统中可用它防止消火栓栓口处超压现象。

减压阀常用的有两种类型，弹簧式减压阀和活塞式减压阀：

1) 弹簧式减压阀。如图 4.5 所示，其主体由阀体、弹簧罩、阀芯、阀座和橡胶膜片等零件组成，此阀为常开式。其工作原理是：阀后压力可调，通过节流口造成能量损耗，实现减压。此阀为上进下出，当阀后压力通过压力反馈机构传到橡胶膜片下和阀芯上，使阀瓣和节流口保持相应位置，当达到调定值时节流口关闭，实现减静压，当阀后压力低于调定值时，由弹簧的压力向下压阀芯，又打开了节流口进行增压，并保证阀后压力不会超过调定值。此类阀为常闭式，没有压力反馈结构，但结构简单、流量大、阀后压力调节范围大、压紧弹簧可起到截止阀的作用，适用于阀前压力变化小、流量需求大的场合。

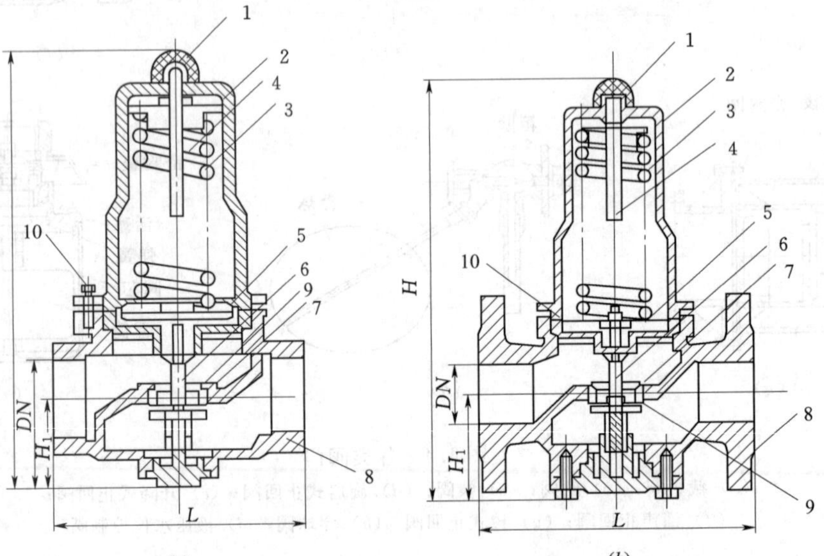

图 4.5 弹簧式减压阀

(*a*) Y110 (Y210) *DN*15～50；(*b*) Y410 (Y416) *DN*65～150

1—盖形螺母；2—弹簧罩；3—弹簧；4—调节螺杆；5—膜片；6—阀杆；7—阀瓣；8—阀体；9—节流口；10—O 形密封圈

2) 活塞式减压阀。也称比例式减压阀，如图 4.6 所示。此阀是利用阀内浮动的活塞前后水流通的截面不同，改变水流的压强。

(7) 安全阀。安全阀是一种保安器材。管网中安装此阀可以避免管网、用具或密闭水箱超压遭到破坏。一般有弹簧式和杠杆式两种，如图 4.7 所示。

除上述各种控制阀之外，还有脚踏阀、液压式脚踏阀、水力控制阀、弹性座封闸阀、静音式止回阀等。

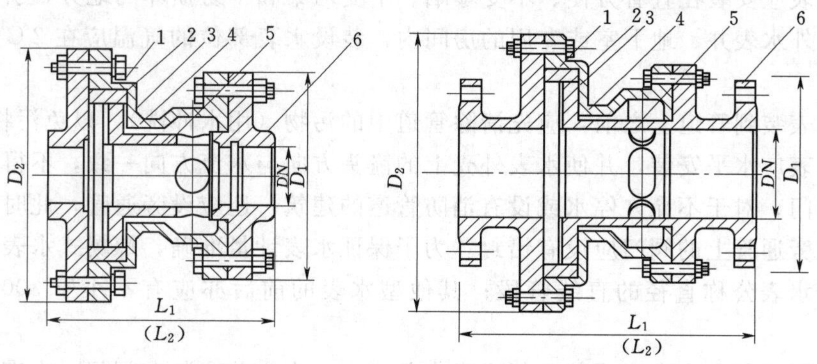

图 4.6　比例式减压阀

(*a*) Y13X－10　*DN*25～50；(*b*) Y43X－16　*DN*65～150

1—环套；2—O形密封圈；3—阀体；4—活塞套；5—进口端丝扣；6—进口端法兰

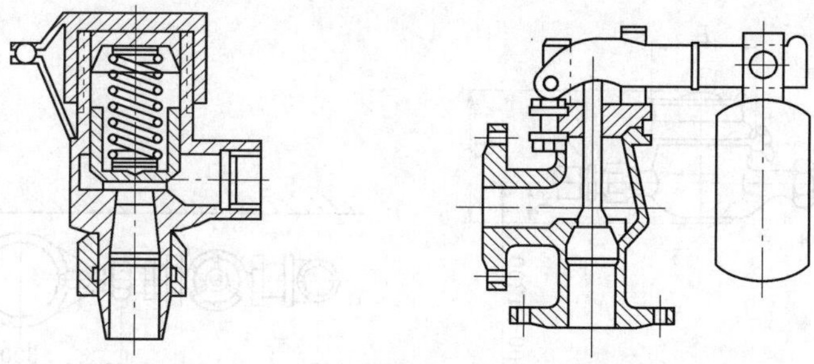

图 4.7　安全阀

(*a*) 弹簧式；(*b*) 拉杆式

学习情境4.2　水表阀门安装施工中常用的工机具

常用的机具有：钢锯、管子台虎钳、管子钳、活动扳手、管子铰扳、套丝机、螺丝刀、手锤、水平尺、角尺、钢卷尺等。

学习情境4.3　水 表 阀 门 安 装

4.3.1　作业条件

(1) 施工图纸已经过会审和设计交底，施工方案已编制。

(2) 施工技术人员向班组作了图纸和施工方案交底，填写了“施工技术交底记录”或下达了“工程任务单”，并且签发了“限额领料记录”。

(3) 管道、用水设备或卫生器具已经安装。安装地点能关锁。

4.3.2 水表安装

（1）水表应安装在查看方便、不受曝晒、不受污染和不易损坏的地方，引入管上的水表应装在室外水表井、地下室或专用的房间内，装设水表部位的气温应在2℃以上，以免冻坏水表。

（2）水表装到管道上之前，应先清除管道中的污物（用水冲洗），以免污物堵塞水表。

（3）水表应水平安装，并使水表外壳上的箭头方向与水流方向一致，不得装反；水表前后应装阀门；对于不允许停水或设有消防管道的建筑，还应设旁通管，此时水表后侧应装止回阀，旁通管上的阀门应设有铅封。为了保证水表计量准确，螺翼式水表的上游端应有8～10倍水表公称直径的直线管段；其他型水表的前后亦应有不小于300mm的直线管段。

（4）家庭户用小水表，明装于每户进水总管上，水表前应装有阀门。水表外壳距墙面不得大于30mm，水表中心距另一墙面（端面）的距离为450～500mm，水表的安装高度为600～1200mm。水表前后直管长度大于300mm时，其超出管段应用弯头（或把管段煨弯）引靠至墙面，沿墙面敷设，管中心距离墙面20～30mm。

室内水表的安装如图4.8所示。

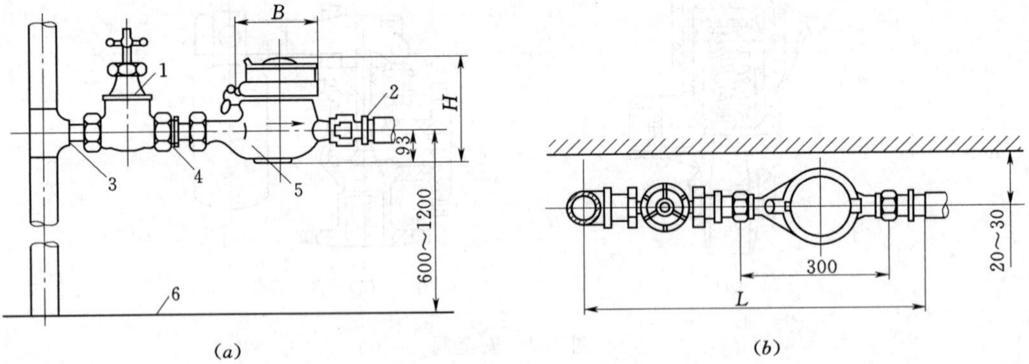

图4.8 室内水表的安装示意图

(*a*) 立面图；(*b*) 平面图

1—阀门；2、4—补心；3—短管；5—水表；6—地面或楼板面

（5）一般工业企业与民用建筑的室内、室外水表，在工作压力不大于1.0MPa，温度不超过40℃，水质为不含杂质的饮用水或清洁水的条件下，可按照图4.9进行安装。

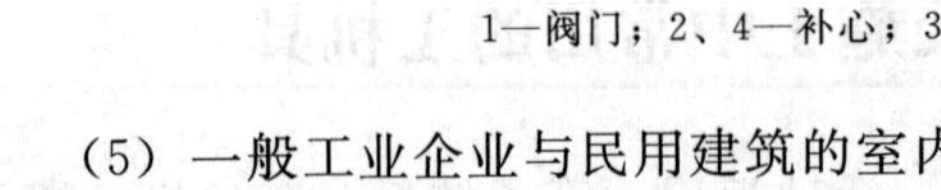

图4.9 进户水表的安装示意图

1—水表；2—阀门；3—补心；4—镀锌管

4.3.3 阀门安装

1. 阀门设置

给水管道上的下列部位应设置阀门：

（1）居住小区给水管道从市政给水管道的引入管段上。

（2）居住小区室外环状管网的节点处，应按分隔要求设置。环状管段过长时，宜设置分段阀门。

（3）从居住小区给水干管上接出的支管起

端或接户管起端。

(4) 入户管、水表和各分支立管（立管底部、垂直环形管网立管的上、下端部）。

(5) 环状管网的分干管、贯通枝状管网的连接管。

(6) 室内给水管道向住户、公用卫生间等接出的配水管起端，配水支管上配水点多于3个时设置。

(7) 水泵的出水管，自灌式水泵的吸水泵。

(8) 水箱的进、出水管、泄水管。

(9) 设备（如加热器、冷却塔等）的进水补水管。

(10) 卫生器具（如大、小便器、洗脸盆、淋浴器等）的配水管。

(11) 某些附件，如自动排气阀、泄压阀、水锤消除器、压力表、洒水栓等前、减压阀与倒流防止器的前后等。

(12) 给水管网的最低处宜设置泄水阀。

2. 阀门安装前的检查

(1) 安装前，应仔细检查核对型号与规格，是否符合设计要求。检查阀杆和阀盘是否灵活，有无卡阻和歪斜现象，阀盘必须关闭严密。

(2) 解体检查的阀门质量应符合下列要求：

1) 合金钢阀门的内部零件进行光谱分析，材质正确。

2) 阀座与阀体结合牢固。

3) 阀芯与阀座的结合良好，并无缺陷。

4) 阀杆与阀芯的连接灵活、可靠。

5) 阀杆无弯曲、锈蚀，阀杆与填料压盖配合适度，螺纹无缺陷。

6) 阀盖与阀体结合良好；垫片、填料、螺栓等齐全，无缺。

(3) 阀件检查工序如下：

1) 拆卸阀门（阀芯不从阀杆上卸下）。

2) 清洗、检查全部零件并润滑活动部。

3) 组装阀门，包括装配垫片、密封填料及检查活动部件是否灵活好用。

4) 修整在拆卸、装配时所发现的缺陷。

5) 要求斜体阀门必须达到合金钢阀门的要求。

3. 阀门的压力试验

阀门安装前，应作强度和严密性试验。试验应在每批（同牌号、同型号、同规格）数量中抽查10%，且不少于一个。对于安装在主干管上起切断作用的闭路阀门，应逐个作强度和严密性试验。

试验介质一般是常温清水，重要阀门可使用煤油。安全阀定压试验，可使用氮气较稳定气体，也可用蒸汽或空气代替。对于隔膜阀，使用空气做试验。阀件试验应在阀门试压检查台上进行，如图4.10所示。

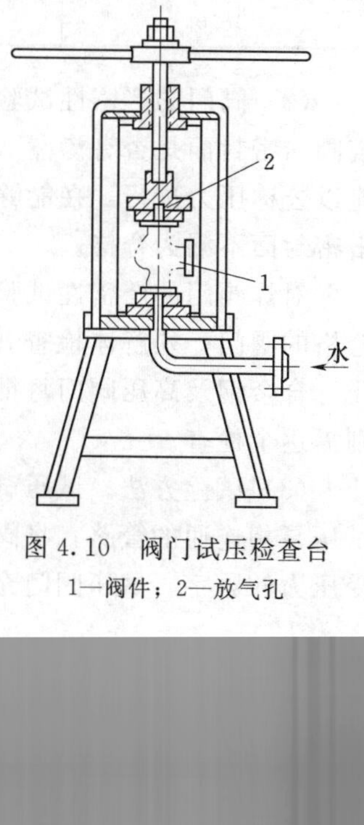

图4.10 阀门试压检查台
1—阀件；2—放气孔

阀门的强度和严密性试验应符合以下规定：阀门的强度试验压力为公称压力的1.5倍；严密性试验压力为公称压力

的1.1倍；试验压力在试验持续时间内保持不变，且壳体填料及阀瓣密封面无渗漏。阀门试压的试验持续时间应不少于表4.4的规定。

表4.4 阀门试验持续时间

公称直径 DN（mm）	最短试验持续时间（s）		
	严密性试验		强度试验
	金属密封	非金属密封	
≤50	15	15	15
65～200	30	15	60
250～450	60	30	180

（1）阀门的强度试验。阀门的强度试验是在阀门开启状态下试验，检查阀门外表面的渗漏情况。公称压力0.4～32.0MPa，这些常用压力阀门，其强度试验压力为其1.5倍，试验时间不少于5min，壳体、填料无渗漏为合格；PN>32.0MPa以及PN<0.4MPa的阀门，其试验压力见表4.5。

表4.5 强度试验压力 单位：MPa

公称压力 PN	强度试验压力 Ps	公称压力 PN	强度试验压力 Ps
0.1	0.2	16.0	24.0
0.25	0.4	20.0	30.0
0.4	0.6	25.0	38.0
0.6	0.9	32.0	48.0
1.0	1.5	40.0	56.0
1.6	2.4	50.0	70.0
2.5	3.8	64.0	90.0
4.0	6.0	80.0	110.0
6.4	9.6	100.0	130.0
10.0	15.0		

（2）阀门的严密性试验。阀门的严密性试验是在阀门完全关闭状态下进行的试验，检查阀门密封面是否有渗漏，其试验压力，除蝶阀、止回阀、底阀、节流阀外的阀门，一般应以公称压力进行，在能够确定工作压力时，也可用1.25倍的工作压力进行试验，以阀瓣密封面不漏为合格。

对焊阀门的严密性试验单独进行，强度试验一般可在系统试验时进行。严密性试验不合格的阀门，须解体检查并重作试验。合金钢阀门应逐个对壳体进行光谱分析，复查材质。合金钢及高压阀门每批取10%，且不少于一个，解体检查阀门内部零件，如不合格则需逐个检查。

（3）试验方法。试压试漏在试验台上进行。试验台上面有一压紧部件，下面有一条与试压泵相连通的管路。将阀压紧后，试压泵工作，从试压泵的压力表上，可以读出阀门承受压力的数字。试压阀门充水时，要将阀内空气排净。试验台上部压盘，有排气孔，用小阀门开闭。空气排净的标志是，排气孔中出来的全部都是水。

关闭排气孔后，开始升压。升压过程要缓慢，不要急剧。达到规定压力后，保持3min，压力不变为合格。

试压试漏程序可以分三步：

1）打开阀门通路，用水（或煤油）充满阀腔，并升压至强度试验要求压力，检查阀体，阀盖、垫片、填料有无渗漏。

2）关死阀路，在阀门一侧加压至公称压力，从另一侧检查有无渗漏。

3）将阀门颠倒过来，试验相反一侧。

试验合格的阀门，应及时排尽内部积水，密封面应涂防锈油（需脱脂的阀门除外），关闭阀门，封闭出入口。

4. 阀门安装的一般规定

阀门安装的质量直接影响着使用，所以必须认真注意。

(1) 方向和位置。许多阀门具有方向性，例如截止阀，节流阀，减压阀、止回阀等，如果装倒装反，就会影响使用效果与寿命（如节流阀），或者根本不起作用（如减压阀），甚至造成危险（如止回阀）。一般阀门在阀体上有方向标志；若没有，应根据阀门的工作原理，正确识别。

阀门安装的位置必须方便于操作；即使安装暂时困难些，也要为操作人员的长期工作着想。最好阀门手轮与胸口取齐（一般离操作地坪1.2m），这样，开闭阀门比较省劲。落地阀门手轮要朝上，不要倾斜，以免操作别扭。靠墙靠设备的阀也要留出操作人员站立的余地。要避免仰天操作，尤其是酸碱、有毒介质等，否则很不安全。

水平管道上的阀门，阀杆宜垂直或向左右偏45°，也可水平安装。但不宜向下；垂直管道上阀门阀杆必须顺着操作巡回线方向安装；阀门安装时应保持关闭状态，并注意阀门的特性及介质流向。阀门与管道连接时，不得强行拧紧法兰上的连接螺栓；对螺纹连接的阀门，其螺纹应完整无缺，拧紧时宜用扳手卡住阀门一端的六角体。

(2) 施工作业。阀门堆放时，应按不同规格、不同型号分类堆放。安装施工必须小心，切忌撞击脆性材料制作的阀门。

安装前，应将阀门作一检查，核对规格型号，鉴定有无损坏，尤其对于阀杆。还要转动几下，看是否歪斜，因为运输过程中，最易撞歪阀杆。还要清除阀内的杂物，之后进行压力实验。

阀门吊装时，绳索应绑在阀体与阀盖的法兰连接处，且勿直接拴在手轮或阀杆上，以免损坏手轮或阀杆。对于阀门所连接的管路，一定要清扫干净。可用压缩空气吹去氧化铁屑、泥砂、焊渣和其他杂物。这些杂物，不但容易擦伤阀门的密封面，其中大颗粒杂物（如焊渣），还能堵死小阀门，使其失效。

安装螺口阀门时，应将密封填料（线麻加铅油或聚四氟乙烯生料带），包在管子螺纹上，不要弄到阀门里，以免阀内存积，影响介质流通。

安装法兰阀门时，要注意对称均匀地把紧螺栓。阀门法兰与管子法兰必须平行，间隙合理，以免阀门产生过大压力，甚至开裂。对于脆性材料和强度不高的阀门，尤其要注意。

(3) 保护设施。有些阀门还需有外部保护，这就是保温和保冷。保温层内有时还要加伴热蒸汽管线。什么样的阀门应该保温或保冷，要根据生产要求而定。原则上，凡阀内介质降低温度过多，均会影响生产效率或冻坏阀门，所以需要保温，甚至伴热；凡阀门裸露，均对生产不利或引起结霜等不良现象时，所以需要保冷。保温材料有石棉，矿渣棉、玻璃棉、珍珠岩，硅藻土、蛭石等；保冷材料有软木、珍珠岩、泡沫、塑料等。

长期不用的水、蒸汽阀门必须放掉积水。

(4) 旁路和仪表。有的阀门除了必要的保护设施外，还要有旁路和仪表。安装了旁路，便于疏水阀检修。其他阀门也有安装旁路的。是否安装旁路，要看阀门状况，重要性和生产上的要求而定。

(5) 填料更换。库存阀门有的填料已不好使，有的与使用介质不符，这就需要更换填料。

阀门制造厂无法考虑使用单位千门万类的不同介质，填料函内总是装填普通盘根，但使用时，必须让填料与介质相适应。

在更换填料时，要一圈一圈地压入。每圈接缝以45°为宜，圈与圈接缝错开180°。填料高度要考虑压盖继续压紧的余地，现时又要让压盖下部压填料室适当深度，此深度一般可为填料室总深度的10%～20%。

对于要求高的阀门，接缝角度为30°。圈与圈之间接缝错开120°。

除上述填料之处，还可根据具体情况，采用橡胶O形环（天然橡胶耐60℃以下弱碱，丁腈橡胶耐80℃以下油品，氟橡胶耐150℃以下多种腐蚀介质）三件叠式聚四氟乙烯圈（耐200℃以下强腐蚀介质）尼龙碗状圈（耐120℃以下氨、碱）等成形填料。在普通石棉盘根外面，包一层聚四氟乙烯生料带，能提高密封效果，减轻阀杆的电化学腐蚀。

在压紧填料时，要同时转动阀杆，以保持四周均匀，并防止太死，拧紧压盖要用力均匀，不可倾斜。

5. 闸阀的安装

闸阀可装在管道或设备的任何位置，且一般没有规定介质的流向。

闸阀的安装姿态，依闸阀的结构而定。对于双闸板结构的闸阀，应直立安装，即阀杆处于铅垂位置，手轮在上面；对于单闸板结构的闸阀，可在任意角度上安装，但不允许倒装，若倒装，介质将长期存于阀体提升空间，检修不方便；对明杆闸阀必须安装在地面上，以免引起阀杆锈蚀。

小直径的闸阀在螺纹连接中，若安装空间有限，需拆卸压盖和阀杆手轮时，应略微开启阀门，再加力拧动和拆卸压盖。如果闸板处于全闭状态时，加力拧动压盖，易将阀杆拧断。

6. 截止阀的安装

截止阀可安装在设备或管道的任意位置。安装时，应使其阀杆尽量铅垂，若阀杆水平安装，会使阀瓣与阀座不同轴线，形成位移，易发生泄漏。

截止阀的安装，有着严格的方向限制，其原则是“低进高出”，即首先看清两端阀孔的高低，使进口管接入低端，出口管接于高端。这种方式安装时，其流动阻力小，开启省力，关闭后，填料不与介质接触，易于检修。

7. 止回阀的安装

止回阀的安装，必须特别注意介质的流向，才能保证阀盘能自动开启。

为保证止回阀阀盘的启闭灵活，工作可靠，对卧式升降式止回阀，只能水平安装在管道上，立式升降式和旋启式止回阀可水平安装在管道上，也可安装在介质自下而上流动的垂直管道上。

8. 安全阀的安装

安全阀的安装如图4.11所示。设备的安全阀应装在设备容器的开口上。如有困难时，则应装设在接近容器出口的管路上，但管路的直径应不小于安全阀进口直径。

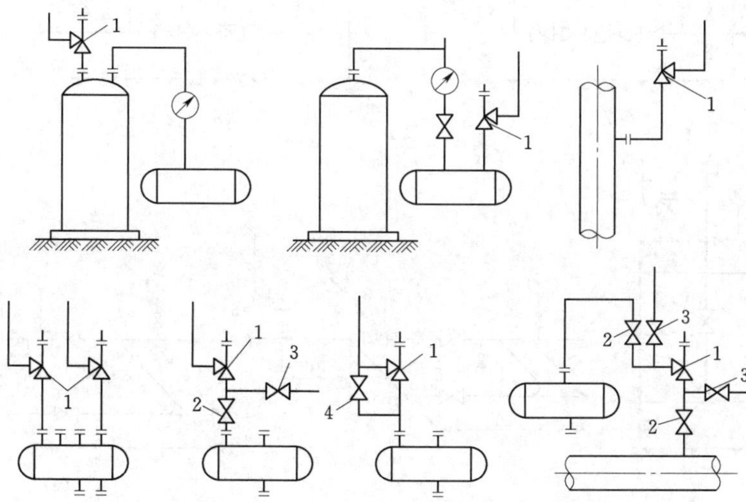

图4.11　安全阀的安装

1—安全阀；2—截止阀；3—检查阀；4—旁通阀

安全阀的定压是安装安全阀的重要环节。定压时，用水压或气压试验的方法，按工作压力＋30kPa进行。不同构造的安全阀，其调压方式不同。对弹簧式安全阀，通过用旋具调整弹簧的压紧程度的方式进行；对重锤式（杠杆式）安全阀，通过重锤在杠杆上滑动的方式进行。调整安全阀至压力表达到指示定压压力时，能开始泄放介质为止。定压后，应画出定压标记线（油漆线或锯痕线）。

操作要点和注意事项：

（1）安全阀应垂直安装，阀杆与水平面应保持良好的垂直度，有偏斜时必须校正，以保证容器或管道与安全阀间畅通无阻，杠杆式安全阀应使杠杆保持水平。

（2）安全阀的安装应注意其方向性。安装时，介质的流向应从阀瓣下向上流动，如果反向安装，将会酿成重大事故。

（3）对于单独排入大气的安全阀，应在其入口处装设一个常开的截断阀，并采用铅封。对于排入密闭系统或用集气管排入大气的安全阀，则应在它的入口和出口各装一个常开的截断阀，并用铅封。截断阀应选用明杆闸阀、球阀或密封好的旋塞阀。

（4）若安全阀的排出管过长应予固定，以防止振动。

（5）安全阀排放系统应经常试排放，以检查管路系统有无障碍，当排液管可能发生冻结时，则应加保温或伴热管。

9. 减压器的安装

减压器即减压阀阀组，包括减压阀、压力表、安全阀等部件。施工中，减压器大多经预装而成。预装时，配以三通、弯头、活接头等管件以螺纹连接方式进行。

减压阀组的安装形式如图 4.12 所示，其参考尺寸参照表 4.6。

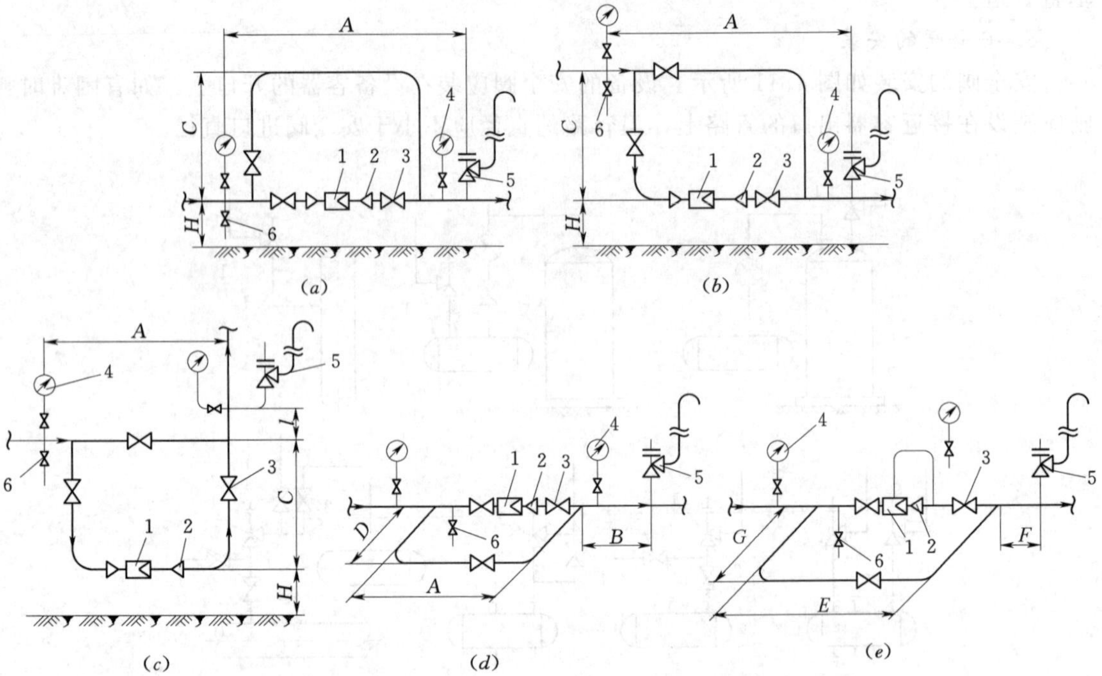

图 4.12　减压器的安装形式

(*a*)、(*b*)、(*c*) 活塞式立式安装；(*d*) 活塞式水平安装；(*e*) 薄膜式、波纹管式安装

1—减压阀；2—大小头；3—截止阀；4—压力表；5—安全阀；6—泄水阀

表 4.6　**减压器安装参考尺寸**　单位：mm

直径	方案 a			方案 b			方案 c				方案 d				方案 e	
DN	*A*	*C*	*H*	*A*	*C*	*H*	*A*	*C*	*H*	*I*	*A*	*B*	*D*	*E*	*F*	*G*
25	1760	450	600	1500	450	300	950	500	300	170	1100	400	200	1350	250	200
32	1830	500	600	1560	500	300	1000	500	300	190	1100	400	200	1350	250	200
40	1960	550	650	1670	550	300	1070	550	300	200	1300	500	250	1500	300	250
50	2200	600	650	1890	600	300	1240	650	300	200	1400	500	250	1600	300	250
65	2350	650	650	1990	650	300	1320	710	300	240	1400	500	300	1650	350	300
80	2500	700	700	2150	700	300	1400	830	300	250	1500	550	350	1750	350	350
100	2840	920	700	2430	820	350	1640	960	350	250	1600	550	400	1850	400	400
125	3015	950	700	2580	950	350	1820	1000	350	280	1800	600	450	—		
150	3290	1000	750	2900	1000	400	2120	1150	400	300	2000	600	500	—	—	—

对于用汽量较小的小型采暖系统，若散热器耐压较高或外网供汽压力不高于散热器所

能承受的压力时，采用图 4.13 所示的由两个截止阀组成的简易装置减压。其中一个截止阀作减压用，另一个截止阀则作关闭用。

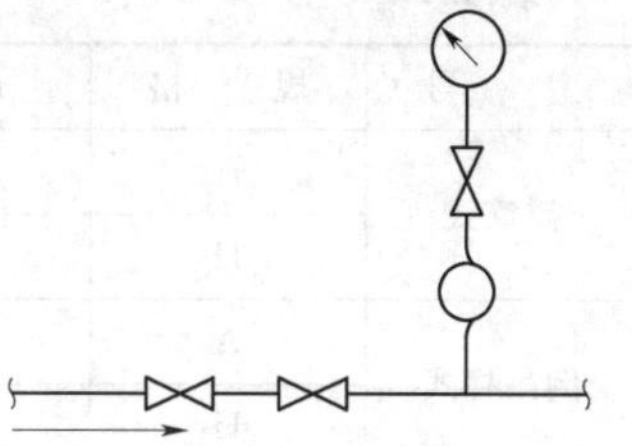

图 4.13　简易减压装置示意图

减压装置应设在振动较小、有足够空间和便于检修的位置，不能设置在临近移动设备或容易受冲击的部位。沿墙敷设时，安装在离地面 1.2m 处，平台敷设时，安装在离永久性操作平台 1.2m 处。

操作要点和注意事项：

(1) 减压阀均应安装在水平管道，波纹管式减压阀用于蒸汽管道时，波纹管应朝下安装。

(2) 减压阀有方向性，安装时不得反装。阀体上的箭头方向应与介质流向一致。

(3) 减压阀的两侧应安装阀门，最好采用法兰截止阀，以便于维修。

(4) 减压阀前的管径与减压阀的公称直径相同。当设计无明确规定时，减压阀的出口管径比阀前管径大 1～2 号，并设旁通管便于检修。

(5) 如系统中介质带渣物时，应在减压阀前设过滤器。

(6) 减压阀的前后应分别安装高、低压压力表，以观察压力变化。

(7) 蒸汽系统的减压阀前，应设疏水阀。

(8) 减压阀的低压管上应配以弹簧式或杠杆式安全阀，安全阀的管径通常应比减压阀小 2 号，其排气管应接至室外。

(9) 减压阀安装后，必须根据使用压力进行调试，并作好调试后的标志。

施工完毕，应对系统进行一试压。试压结束后，关闭进口阀，打开冲洗阀对系统进行冲洗。

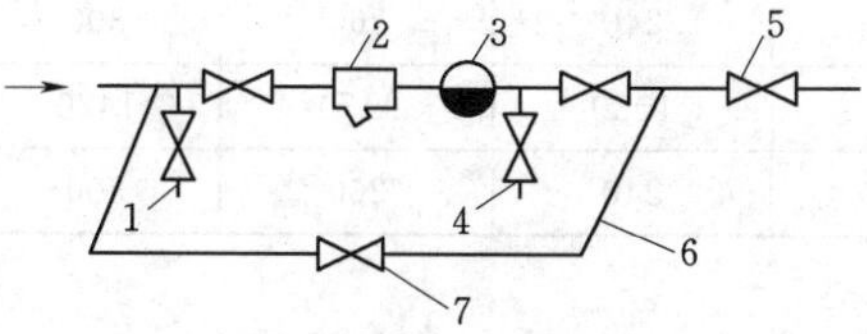

图 4.14　疏水器的组装示意图
1—冲洗管；2—过滤器；3—疏水阀；4—检查管
5—止回阀；6—旁通管；7—截止阀

10. 疏水器的安装

疏水器即疏水阀阀组，包括疏水阀、过滤器、止回阀、截止阀等部件。施工中，可参照如图 4.14 所示的组装示意图装配后再进行安装。

(1) 不带旁通管疏水器的安装。图 4.15 所示为不带旁通管的疏水器的安装形式，其安装尺寸见表 4.7。

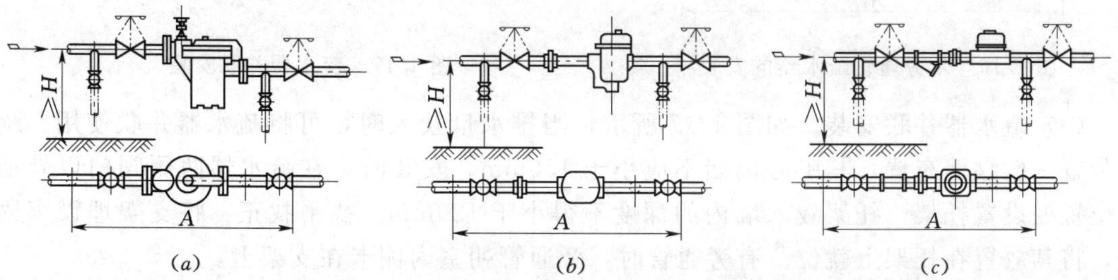

图 4.15　不带旁通管疏水器的安装
(a) 浮筒式；(b) 倒吊桶式；(c) 热动力式（脉冲式）

表 4.7 不带旁通管疏水器安装尺寸 单位：mm

型号	规格	DN15	DN20	DN25	DN32	DN40	DN50
浮筒式	A	680	740	840	930	1070	1340
	H	190	210	260	380	380	460
倒吊桶式	A	680	740	830	900	960	1140
	H	180	190	210	230	260	290
热动力式	A	790	860	940	1020	1130	1360
	H	170	170	180	190	210	230
脉冲式	A	750	790	870	960	1050	1260
	H	170	180	180	190	210	230

(2) 带旁通管疏水器的安装。图 4.16 所示为带旁通管疏水器的安装形式，其安装尺寸见表 4.8。

表 4.8 疏水器旁通管安装尺寸表 单位：mm

型号	规格	DN15	DN20	DN25	DN32	DN40	DN50
浮筒式	A_1	800	860	960	1050	1190	1500
	B	200	200	220	240	260	300
倒吊桶式	A_1	800	860	950	1020	1080	1300
	B	200	200	220	240	260	300
热动力式	A_1	910	980	1060	1140	1250	1520
	B	200	200	220	240	260	300
脉冲式	A_1	870	910	990	1080	1170	1420
	B	200	200	220	240	260	300

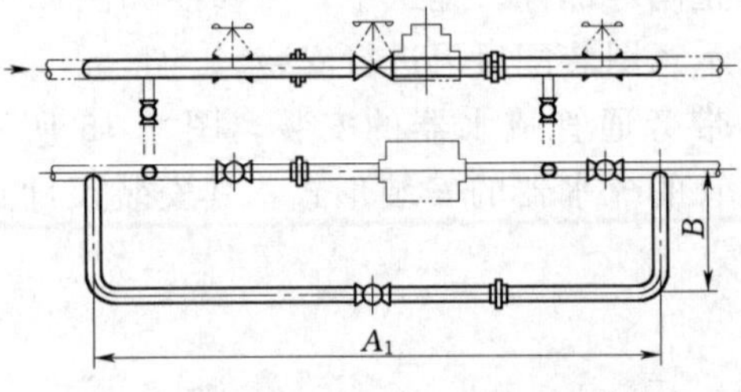

图 4.16 带旁通管疏水器的安装

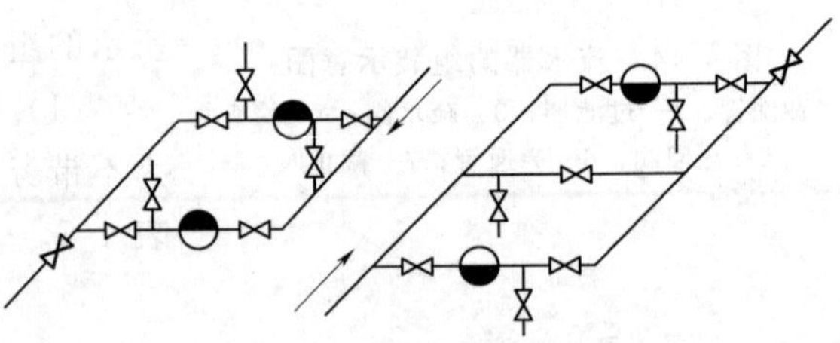

图 4.17 疏水器并联安装

(3) 疏水器并联安装。如图 4.17 所示，当排水量较大时，可将疏水器并联使用。疏水装置一般靠墙布置，其中心离墙不应小于 150mm。安装时，在疏水器两侧阀门以外适当位置处设置托架，托架栽入墙内的深度不得小于 120mm。找平找正，将支架埋设牢固后，将其放置在托架上就位。有旁通管时，旁通管朝室内侧卡在支架上。

(4) 蒸汽干管变坡处疏水器的设置。图 4.18 所示为蒸汽干管变坡“翻身”处的疏水器设置方法。

疏水器中，疏水阀是最重要的组件。疏水阀安装的操作要点和注意事项如下：

1）疏水阀一般应直立安装在水平管道上，不可倾斜安装，以免影响疏水阀动作。热动力式疏水阀方位可任意选择，但应尽量水平安装。

2）疏水阀有方向性。安装时，应使介质流向与阀体上的箭头方向一致，不得反装。

3）疏水阀管道水平敷设时，管道应坡向疏水阀，以免出现水击。

4）疏水阀前后都设置截止阀，但冷凝水不需回收而直接排放时，疏水阀后可不设置。

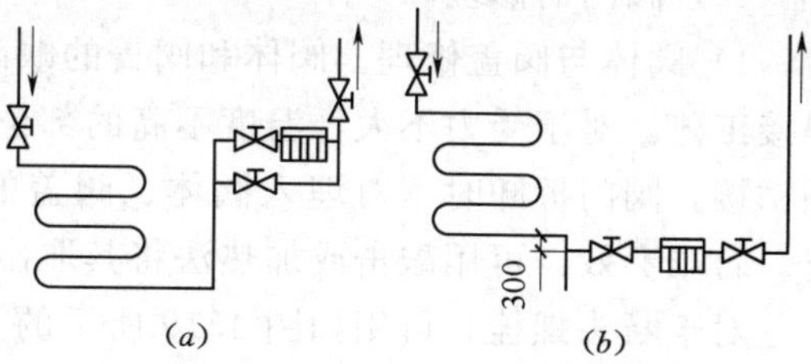

图 4.18　蒸汽干管变坡处疏水器的设置

(a) 错误；(b) 正确

5）疏水阀的进口端应装有过滤器，防止水中的污物堵塞疏水阀。热动力式疏水阀本身带过滤器，可不另装。

6）疏水阀前可设置放气管，以排放空气或不凝结气体，减少系统内的气堵现象。

7）疏水阀和后截止阀间设检查管，用于检查疏水阀工作是否正常。如打开检查管大量冒汽，则说明疏水阀已坏，需检修。

11. 阀门的修理

(1) 阀门常见故障及维修方法。阀门的常见故障及维修方法见表 4.9。

表 4.9　　**阀门的常见故障及维修方法**

故障现象	故障原因	维修方法
密封圈不严密	密封圈与阀座、阀瓣配合不严	修理密封圈
	阀座与阀体螺纹加工不良，阀座倾斜	如无法修理，则应更换
	关闭时用力不当	缓慢、反复启闭几次
密封面损坏	阀门内腔有污物	取出杂物，研磨密封面
填料函泄漏	填料装填不正确	正确装填填料
	填料老化	更换填料
	阀杆变形或腐蚀生锈	修理或更换
	操作不当或用力过猛	缓开缓闭，操作平稳
阀杆升降不灵活	阀杆损伤、腐蚀、脱扣	更换阀杆
	阀杆弯扭	修理或更换阀杆
	阀杆螺母倾斜	更换阀件或阀门
	螺纹磨损	更换阀杆衬套
垫圈泄漏	垫圈材质不当或失效	更换合适垫圈
阀门开裂	冻坏	保温防冻
	螺纹阀门安装时用力过大	安装时用力均匀
压盖断裂	紧压盖时用力不均	对称拧紧螺母
闸板失灵	楔形闸板因腐蚀面关不严	定期研磨
	双闸板顶楔损坏	更换顶楔
安全阀或减压阀弹簧损坏	弹簧材料选择不当	更换弹簧材料
	弹簧制造质量不佳	采用质量优良的弹簧

（2）阀门的修理。

1）阀体与阀盖修理。阀体和阀盖的缺陷，一般采用补焊的办法，视材质选用焊条和焊接工艺。对于受力不大，温度不高的部位或陶瓷、玻璃之类的阀门，可用环氧树脂胶合剂粘接。阀门拆卸时，对埋入阀体、阀盖的螺栓，若锈死，可用煤油或防锈油浸泡后旋出。若难奏效，可用敲击或加热法将其取出。

对于断头螺栓，可用如图 4.19 所示的方法拧出。

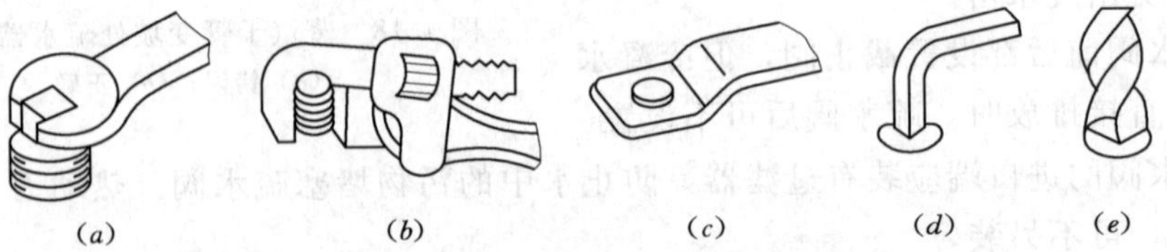

图 4.19 断头螺栓拧出法

（*a*）锉方榫拧出法；（*b*）管钳拧出法；（*c*）点焊拧出法；（*d*）方孔楔拧出法；（*e*）钻孔攻丝恢复法

若阀门或阀盖上缺陷较大，出现孔洞，而孔型基本上为直孔时，可用如图 4.20 所示的方法修补。修补时，用钻头钻除缺陷，再用螺钉或销钉将孔洞堵塞，进行铆接、粘接或焊接。

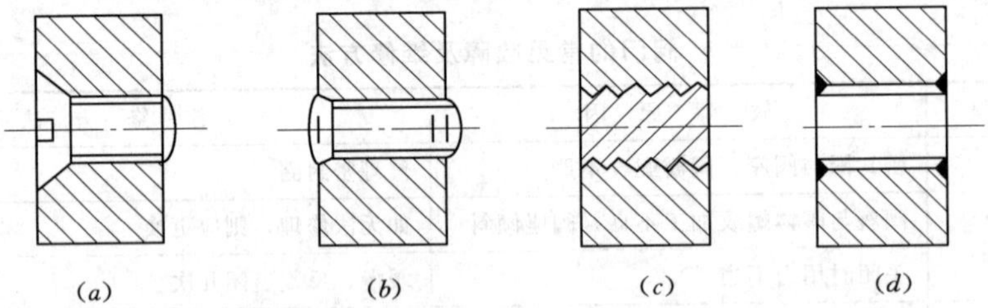

图 4.20 螺钉修补法

（*a*）单头铆接；（*b*）双头铆接；（*c*）螺钉粘接；（*d*）螺钉焊接

2）填料函。阀门运行一段时期后填料会老化变硬，易造成压盖漏气、漏水，故必须更换填料函中的填料。

填料拆卸的工具如图 4.21 所示，填料拆卸方法如图 4.22 所示。

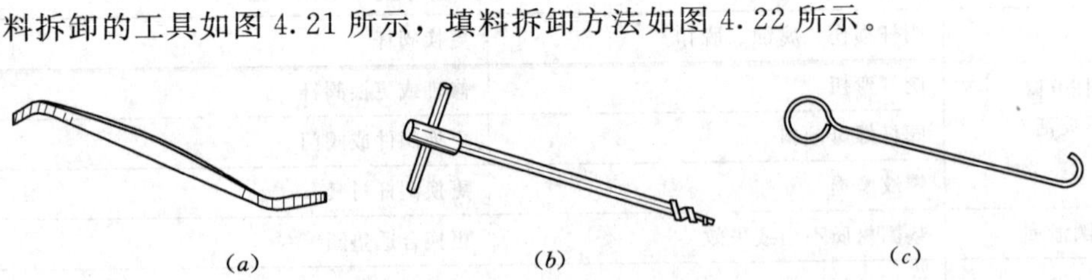

图 4.21 填料拆卸工具

（*a*）拔压器；（*b*）钻具；（*c*）钩具

更换填料前，对搭接填料应按图 4.23 所示的方法预制。预制时，不允许切口有松散的线头、齐口、张口等缺陷。

对于小型阀门更换填料可按图 4.24 所示的方法进行。将绳状填料按顺时针方向顺阀杆装入填料函内，上紧压盖螺母即可。

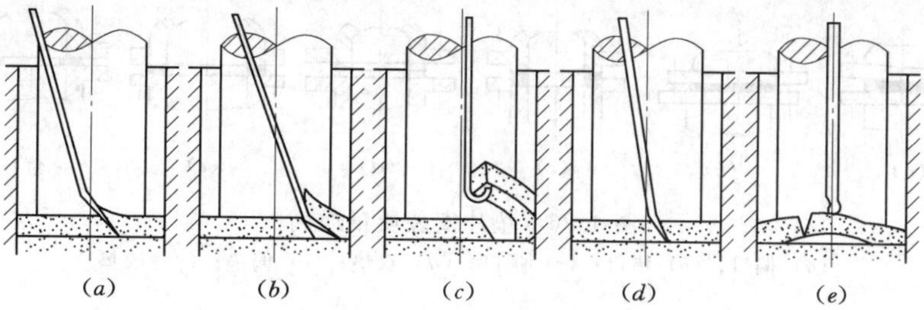

图 4.22 填料拆卸方法

(a) 搭接头拔松；(b) 挑出；(c) 钩起；(d) 切口；(e) 钻接提起

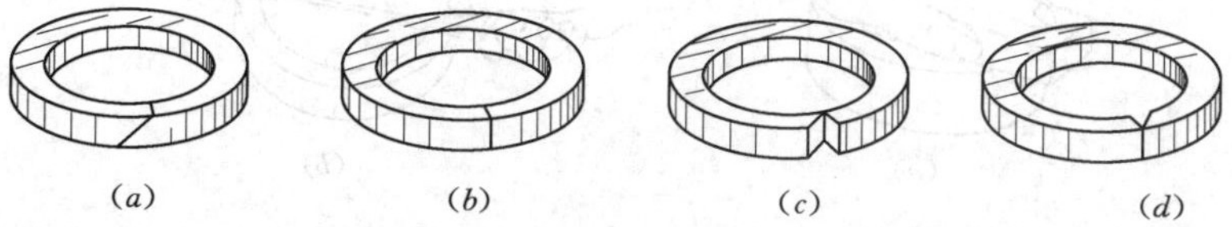

图 4.23 搭接填料的预制

(a) 正确；(b) 齐口；(c) 外张口；(d) 内张口

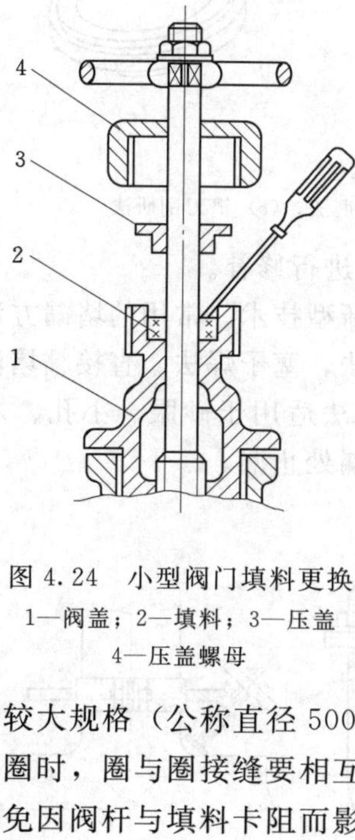

图 4.24 小型阀门填料更换

1—阀盖；2—填料；3—压盖

4—压盖螺母

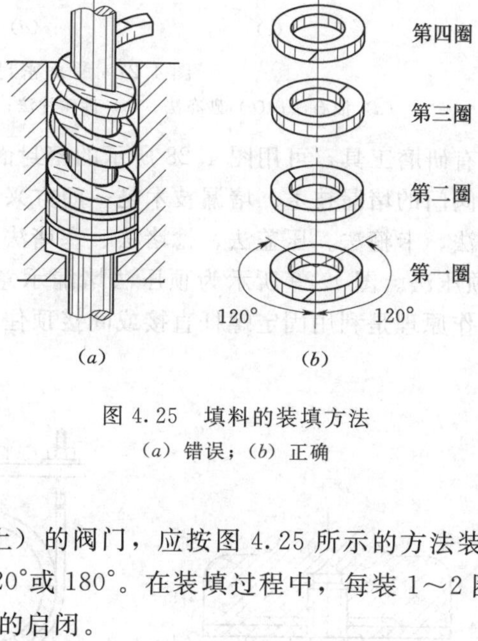

图 4.25 填料的装填方法

(a) 错误；(b) 正确

对于较大规格（公称直径 500mm 以上）的阀门，应按图 4.25 所示的方法装填填料。放入填料圈时，圈与圈接缝要相互错开 120°或 180°。在装填过程中，每装 1～2 圈应转动阀杆，避免因阀杆与填料卡阻而影响阀门的启闭。

垫片的拆卸、安装较为简单，这里不再赘述。但不能出现图 4.26 所示的偏口、错口、张口、双垫、偏垫、咬垫等缺陷，影响阀门的使用。

3）关闭件的修理。关闭件的故障，主要是密封面的磨损所致。密封面如有严重刻痕或磨损，应先车去一层，再研磨；也可堆焊，车平后再研磨。微小刻痕或轻微不平，可用图 4.27 所示的平面密封面研磨法直接研磨。

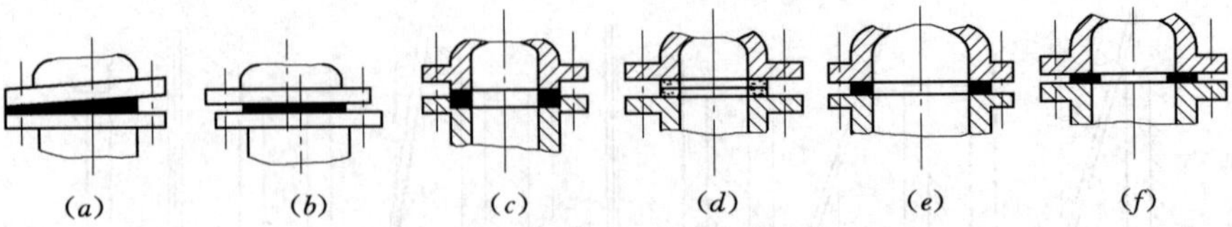

图 4.26　垫片安装质量通病

(a) 偏口；(b) 错口；(c) 张口；(d) 双垫；(e) 偏垫；(f) 咬垫

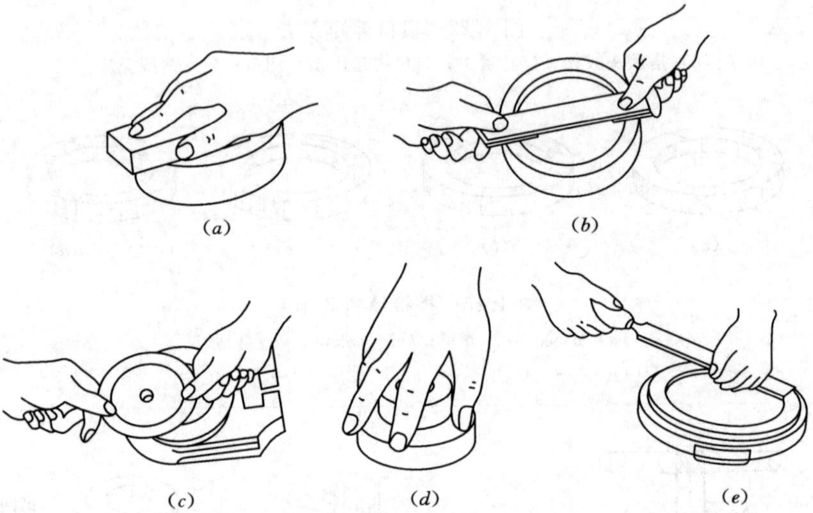

图 4.27　平面密封面研磨法

(a) 油石法；(b) 砂布法；(c) 砂轮片法；(d) 研磨荆法；(e) 铲刀刮研法

若没有研磨工具，可用图 4.28 所示的密封面修补法进行修补。

(3) 阀门的堵漏技术。堵漏技术是一门方兴未艾的新型技术。常用的堵漏方法有顶压法、螺栓法、卡箍法、压盖法、捻堵法、塞堵法、螺堵法、塞子焊法、直接粘堵法等。

1) 顶压法。图 4.29 所示为顶压法堵漏示意图。该法适用于砂眼、小孔、短缝等漏点。其工作原理是利用固定螺杆直接或间接顶住阀门泄漏处止漏。

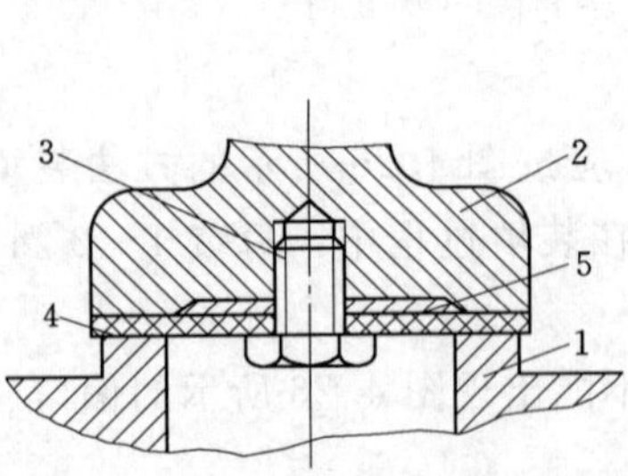

图 4.28　密封面修补法

1—阀座；2—阀瓣；3—螺栓；4—聚四氟乙烯板；5—金属垫片或弹簧垫

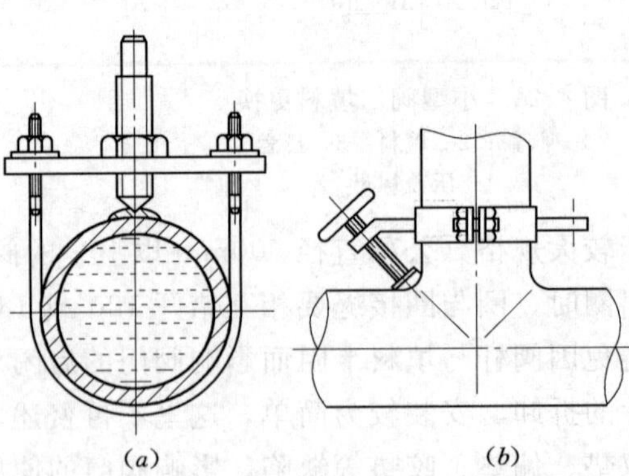

图 4.29　顶压法

(a) 半卡顶；(b) 全卡顶

2）卡箍法。图4.30所示为卡箍法堵漏示意图，该法适用于砂眼、孔洞、腐蚀缺陷、裂纹等处。其工作原理是利用卡箍压紧密封垫止漏。

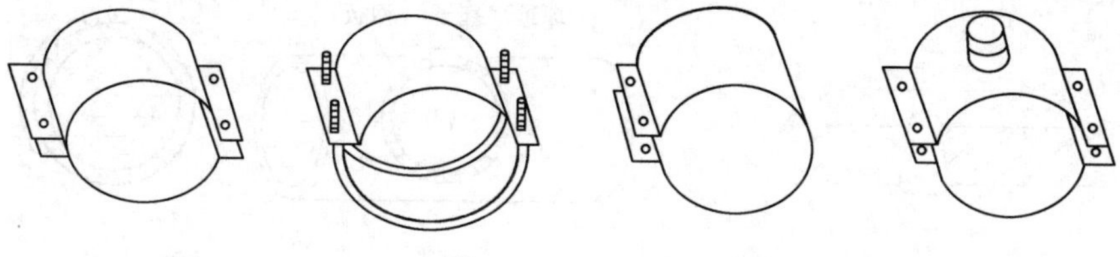

图4.30 卡箍法

(a) 整卡式；(b) 半卡式；(c) 软卡式；(d) 堵头卡式

3）压盖法。图4.31所示为压盖法堵漏示意图。该法适用于孔洞大，压力低处。其工作原理是利用压盖和密封垫堵住孔洞。

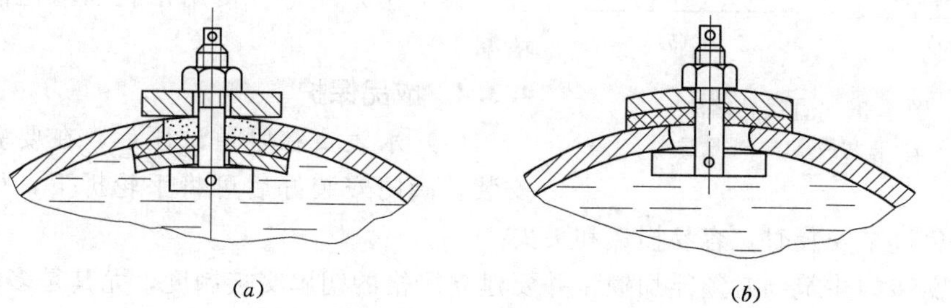

图4.31 压盖法

(a) 内盖堵漏法；(b) 外盖堵漏法

4）冲子捻缝法。图4.32所示为冲子捻缝法堵漏工具。该法适用于砂眼处。其工作原理是利用冲子使金属本体产生塑性变形，以堵死砂眼。

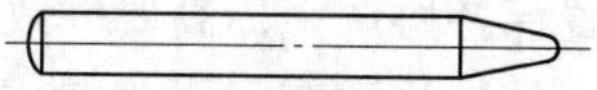

图4.32 冲子捻缝法堵漏工具

5）塞堵法。图4.33所示为塞堵法堵漏示意图。该法适用于低压阀门的砂眼、孔洞处。其工作原理是利用塞子扎入泄漏点中止漏。

6）螺塞法。图4.34所示为螺塞法堵漏示意图。该法适用于压力低，本体壁厚的缺陷处。其工作原理在泄漏孔中攻丝，然后用螺塞压紧垫片止漏（垫片可用聚四氟乙烯生料带缠绕代替）。

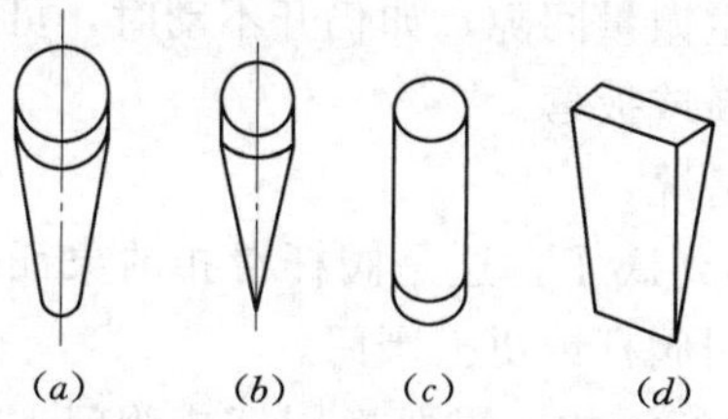

图4.33 塞堵法

(a) 大圆锥塞；(b) 小圆锥塞；

(c) 圆柱塞；(d) 楔式塞

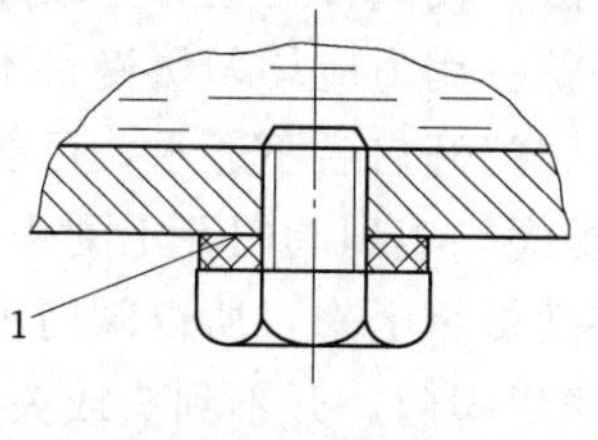

图4.34 螺塞法

1—聚四氟乙烯生料带

7）塞子焊法。图4.35所示为塞子焊法堵漏示意图。该法适用于压力低的孔洞和缺陷大的部位。其工作原理是利用塞子和焊接进行堵漏。

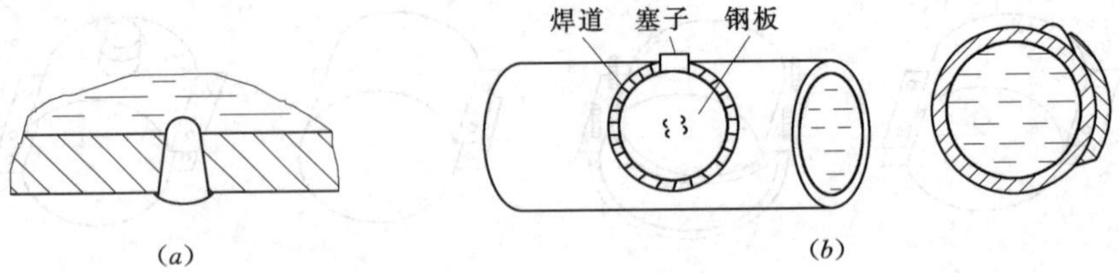

图4.35 塞子焊法
(a) 直接塞堵；(b) 间接塞堵

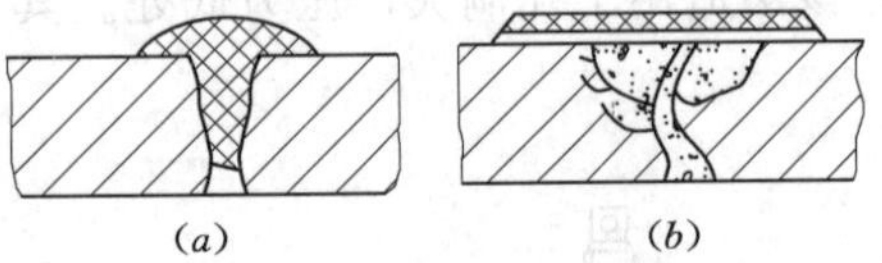

图4.36 直接粘堵法
(a) 直塞法；(b) 粘贴法

8）直接粘堵法。图4.36所示为直接粘堵法堵漏示意图。该法适用于泄漏量小，压力低的部位。其工作原理是直接用粘胶剂堵住泄漏处进行堵漏。

4.3.4 成品保护

（1）水表要在管道试压后，在要验交时再行安装。阀门安装好后可将手轮拆下，待验交时再装上，以免过早安装时，容易损坏和丢失。

（2）安装的建筑物必须能加锁，并要建立严格的钥匙交接制度，尤其是多单位在内施工的安装项目，一定要建立值班交接制度。

4.3.5 应注意的质量问题

（1）水表、阀门的安装，对于建筑物的外观有很大影响，所以要特别注意整个房间的布置保持协调，标高要一致。

（2）注意阀门压盖漏水。将盖母拆下，用螺丝刀把填料盖撬出来，把旧填料清理干净，重新缠上3～4圈细石棉绳或生料带，再用填料盖盖好后，拧好盖母即可。对于填料变硬的阀门，阀杆转动后，两者间便产生了间隙。修理时，应先按松扣的方向将盖母转活动，然后按旋紧方向旋紧盖母即可，如不见效，说明填料已失去应有的弹性，应按上法把旧填料更换成新填料即可。*DN*50以上的阀门没有盖母（与盖母相应的零件叫格兰或压兰），漏水修理方法与以上方法基本一样，所用的填料采用成型的石棉盘根。

（3）阀门开不动。阀门长期关闭，容易锈住，造成打不开的情况。开这类阀门时可用振打的方法，使阀杆与盖母（或压兰）之间产生微量间隙；如仍开不动时，可用扳手或管钳转动手轮。用力应均匀缓慢，不得将阀杆扭断或扳弯。

（4）阀门开启后不通水，可能有以下几种情况：

1）闸阀。感到阀门开不到头，再关也关不到底了，这是阀杆滑扣的象征，也就是阀杆不能将闸板带上来，所以阀门不通，需换阀门阀杆或更换阀门。

2）球形阀门。开不到头或关不到底，属阀杆滑扣，需要换阀杆或阀门。能开到头或关到底，是阀芯、阀杆脱落。*DN*50或以下的阀门，可把阀门盖打开后，把阀芯取出来，阀芯侧面有一道明槽，内侧有个环形暗槽与阀杆上的环形槽相应，把阀芯顶到阀杆上后，从阀芯明槽处，把直径与阀芯（或阀杆）环形槽直径相等的铜丝插入阀杆上的小孔（不透孔）后，用手使阀杆与阀芯做相对运动，铜丝会自然地卷入阀芯，阀芯就连接到阀杆上。*DN*50 以上的阀门，阀芯与阀杆的连接形式较多，必须将阀门解体后，根据其结构的特点进行修理。

（5）阀门关不严，对使用垫料（皮钱）的阀门，多数原因是属于垫料失效问题，应拆开阀门盖更换垫料。对球形阀门，可能是阀座和阀芯间卡有杂质、脏物或两者被划伤、腐蚀的部位使阀门无法关严。应将阀门盖打开检查，如属阀芯、阀座间卡有杂质、脏物，应消除解决；如属阀芯、阀座被划伤、腐蚀，需用研磨方法修理或更换。不经常开启的阀门，由于阀杆丝扣上生满了锈或密封面生锈，也会产生关不严的毛病，可将阀门反复开关几次或打开研磨。

（6）水表不得装反，水表上的铅封应保证完好。

学习情境 4.4　给水附件安装工程质量检验评定标准

给水工程质量的检验评定，要严格遵守 GBJ302—88 的有关规定。在进行排水工程质量检验评定工作中，要坚持认真负责，实事求是的精神，根据工程内容，严格按标准进行检验评定，不得随意降低标准或减少检验评定内容，使评定结果有据可查，准确可靠。

4.4.1　总则

具体内容详见 1.10.1 总则。

4.4.2　给水管道附件及卫生器具给水配件安装工程质量评定

适用于饮水器、水表、消火栓、喷头等管道附件和各类卫生器具的水龙头、角阀、截止阀等室内给水配件的安装。

该分项工程规定参加质量检验评定的保证项目 1 条，基本项目 3 条，允许偏差项目 4 条。其具体的质量检验评定见表 4.10。

1. 保证项目

自动喷洒和水幕消防装置。

（1）质量标准。其喷头位置、间距和方向必须符合设计要求和施工规范规定。

（2）检验方法。观察和对照图纸及规范检查。

（3）检查数量。全数检查。

2. 基本项目

（1）明装分户水表。

1）质量标准。

合格：表外壳距墙表面净距离为 10～30mm；水表进出口中心距地面高度偏差不大于 20mm。

优良：在合格的基础上，安装平正，水表进出口中心距地面高度偏差小于 10mm。

2）检验方法。观察和尺量检查。

3）检查数量。抽查 10%，但不少于 5 个。

（2）箱式消火栓的安装。

1）质量标准。

合格：栓口朝外，阀门中心距地面、箱壁的尺寸符合施工规范规定。

表 4.10　　建筑给水管道附件及卫生器具给水配件安装分项工程质量检验评定表

工程名称：　　　　　　　　　　　　　　　　　　　　　　　　　　　　部位：

	项目	质量情况
保证项目	喷头及管道附件的型号、规格，自动喷洒和水幕消防装置的喷头位置、间距和方向必须符合设计要求和施工规范规定	

		项目	质量情况 1	2	3	4	5	6	7	8	9	10	等级
基本项目	1	明装分户水表											
	2	箱式消火栓											
	3	卫生器具给水配件											

		项目	允许偏差(mm)	实测值(mm) 1	2	3	4	5	6	7	8	9	10
允许偏差项目	1	大便器高、低水箱角阀及截止阀	±10										
	2	水龙头	±10										
	3	淋浴器莲蓬头下沿	±15										
	4	浴盆软管淋浴器挂钩	±20										

检查结果	保证项目	
	基本项目	检查　　项，其中优良　　项，优良率　　%
	允许偏差项目	实测　　点，其中合格　　点，合格率　　%

评定等级	工程负责人： 工　　长： 班 组 长：	核定意见	质量检查员：

年　　月　　日

优良：在合格的基础上，水龙带与消火栓和快速接头的绑扎紧密，并卷折、挂在托盘或支架上。

2）检验方法。观察和尺量检查。

3）检查数量。系统的总组数少于5组全检，大于5组抽查1/2，但不少于5组。

（3）卫生器具给水配件的安装。

1）质量标准。

合格：镀铬件安装后应完好无损伤，接口严密，配件启闭部分灵活。

优良：在合格的基础上，安装端正，表面洁净，连接处无外露填料。

2）检验方法。观察和启闭检查。

3）检查数量。各抽查10%，但不少于5组。

3. 允许偏差项目

（1）允许偏差和检验方法。室内给水管道附件及卫生器具给水配件安装标高的允许偏差和检验方法应符合表4.11的规定。

（2）检查数量。各抽查10%，但均不少于5组。

该分项工程质量检验评定程序及填写要求，可参照1.10.2建筑给水管道安装工程。

表 4.11　建筑给水管道附件及卫生器具给水配件安装标高的允许偏差和检验方法

项次	项目	允许偏差 (mm)	检验方法
1	大便器高、低水箱角阀及截止阀	±10	尺量检查
2	水龙头		
3	淋浴器莲蓬头下沿	±15	
4	浴盆软管淋浴器挂钩	±20	

本项目学习小结

本项目讲述了水表和各种阀门的规格和作用，详尽地阐述了水表和各种阀门的安装步骤、方法和注意事项，对水表阀门安装工程质量评定的内容和标准也进行了讲述。

思考题与习题

4.1　水表的作用是什么？按叶轮构造不同分为哪几类？

4.2　常用的给水配水附件有哪些？

4.3　各种阀门的作用有什么不同？

4.4　水表安装要注意哪些内容？

4.5　阀门有哪些故障以及如何修理？

4.6　阀门安装应注意哪些质量问题？

项目5 水箱水泵的安装

学习目标：通过本项目的学习，了解水箱的制作要求和水泵的工作原理；熟悉水箱水泵安装工程的质量评定；掌握水箱、水泵机组的安装要求及方法，掌握水泵机组的试运行及运行故障的排除。

学习情境5.1 水箱水泵安装中常用的工机具

常用机具有套丝机、砂轮切割机、台钻、冲击电钻、手提式砂轮机、手电钻、电焊机、试压泵、铰板、管钳、台虎钳、龙门夹头、链条钳、手锤、钢锯、扳手、倒链、电气焊等工具。具体内容见学习情境1.3给水工程安装施工中常用的工机具。

学习情境5.2 水箱的安装

当建筑物较高，而城市给水管网供水压力不足以满足建筑物的水压要求时，需在建筑物给水系统的最高处设置水箱，以储存用水，调节用水量和稳定供水水压。水箱的配管与附件如图5.1所示。

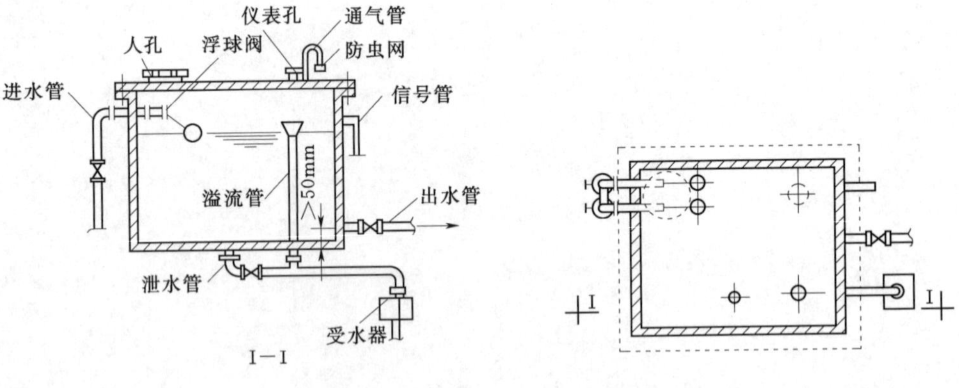

图5.1 水箱配管、附件示意图

水箱按外形分，有圆形、方形和球形等；按制作材料分，有混凝土类、非金属类和金属类等；按拼接方式分，有拼装式、焊接式等。

混凝土类水箱（如钢筋混凝土水箱）经久耐用，维护方便，无腐蚀问题，但自重较大，受建筑物结构限制；非金属类水箱（如玻璃钢水箱）重量轻，在某些改造工程中，若楼板承重有限，可考虑选用；金属类水箱自重较小，容易加工，工程上应用最为广泛。常见的金属类水箱有内衬涂料钢板水箱、镀锌钢板水箱、搪瓷钢板水箱、不锈钢钢板水箱等。

下面以自制内衬涂料焊接式钢板水箱为例，说明水箱的安装过程。

5.2.1 钢板水箱的加工

1. 水箱本体的加工

按水箱设计要求，选择一定厚度的钢板。在钢板上划线，用剪切或气割的方法下料，并按要求焊接。如图5.2所示，按水箱容积的大小，在水箱的竖向、横向和箱顶焊接用角钢制作的加强筋。

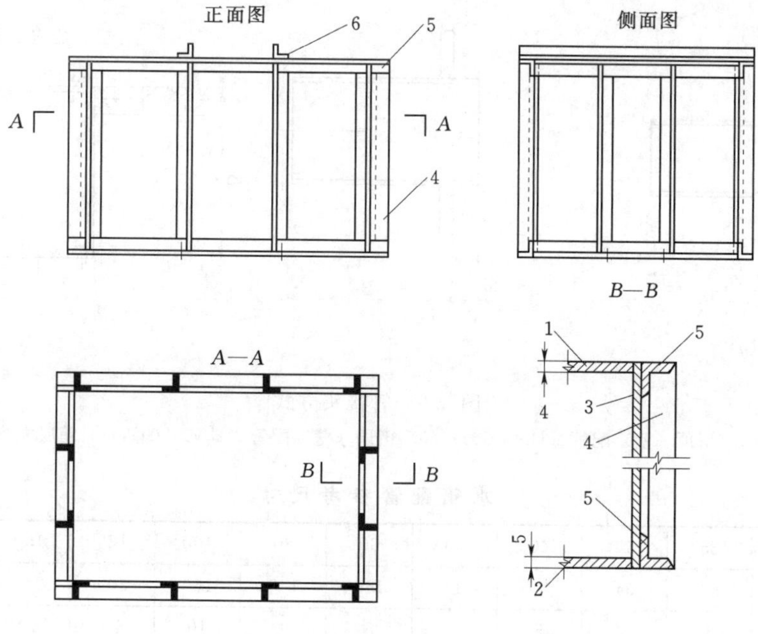

图5.2 方形水箱本体图

1—箱顶；2—箱底；3—箱壁；4—竖向加强筋；5—横向加强筋；6—箱顶加强筋

水箱箱顶、箱壁、箱底的钢板拼接均采用对接焊缝，焊缝间不允许有十字交叉现象，且不得与筋条、加强筋重合。

2. 水箱渗漏试验

水箱制作完毕后，应作盛水试验或煤油渗漏试验。

(1) 水箱盛水试验将水箱置于临时支座上，完全充满水，2～3h后用锤（锤重为0.5～1.5kg）沿焊缝两侧约150mm的地方轻敲，不得有漏水现象。若发现漏水处，须铲去重新焊接。焊接后，继续试验，直至合格为止。

(2) 煤油渗漏试验在水箱外表面的焊缝上涂白垩粉或白粉。晾干后，在水箱内表面焊缝处涂煤油。在试验时间内涂2～3次，使焊缝表面充分浸润。如在白垩粉或白粉上没有发现油迹，则为试验合格。试验时间：对垂直焊缝或煤油自下而上渗透的水平焊缝为35min，对煤油自上而下渗透的水平焊缝为25min。

3. 水箱防腐处理

内外表面除锈后，在水箱外表面可刷红丹防锈漆，底部刷沥青漆两遍。水箱内表面涂樟丹、T09—11酚清漆或其他符合水质要求的防腐涂料。

5.2.2 水箱配管

水箱本体制作完毕后，为安装水箱附件须进行配管。水箱与管道的接头方式如图5.3

所示，在箱壁或箱顶配管时，可采用如图5.3（*a*）、（*b*）所示的两种形式，其中图5.3（*a*）所示形式适用范围为公称直径不小于50mm的情况；其余均采用图5.3（*b*）所示的情况；在箱底配管时，无论管径大小，均采用如图5.3（*c*）所示的方式配管，具体尺寸可参考表5.1。

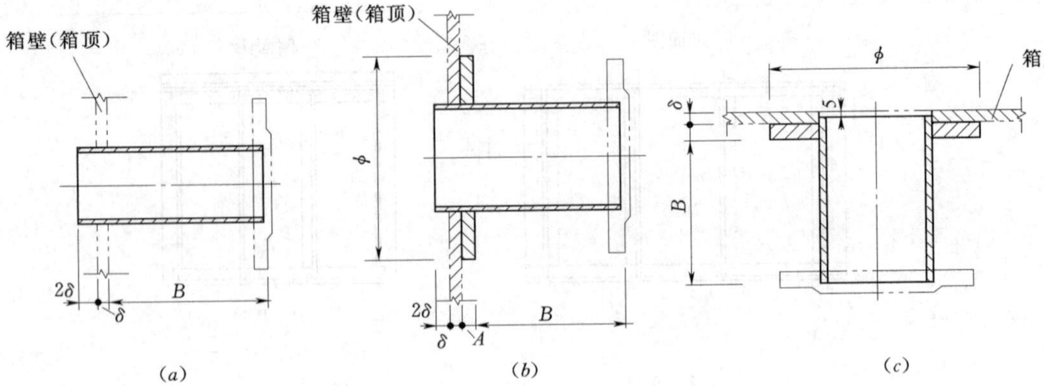

图5.3 管接头方式

（*a*）箱顶（壁）配管（$DN \leqslant 50$）；（*b*）箱顶（壁）配管（$DN > 50$）；（*c*）箱底配管

表5.1 水箱配管参考尺寸 单位：mm

DN	20	25	32	40	50	65	80	100	125	150	200	250
ϕ	40	50	64	80	100	140	140	160	200	240	320	400
A	5	5	5	5	5	5	10	10	10	10	10	10
B	150	150	150	150	150	200	200	200	200	250	250	250

5.2.3 水箱的安装

1. 水箱安装前准备

（1）编制施工方案。编制的水箱安装就位方案，要紧密配合土建进行，注意建筑物中水箱进出口和吊装条件及制作水箱场地方案的选定。

（2）设备验收。对装配式或整体式水箱，检查是否具备出厂合格证和技术资料，并填写“设备开箱记录”。对现场制作的水箱，应按设计图纸或标准图进行检查。

（3）基础验收。检查基础外形尺寸、空间位置，基础的表面应无裂纹、空洞、掉角、露筋，用锤子敲打时，应无破碎现象发生。基础的标高、平面位置（坐标）、形状和主要尺寸应符合设计要求。填写“设备基础验收记录”。

（4）施工条件检查。检查照明、水源、电源等正常施工条件是否已具备。

2. 水箱就位

（1）托盘制作。为收集安装在室内钢板水箱壁上的凝结水及防止水箱漏水，一般在水箱支座上（垫梁上）设置托盘。托盘用50mm厚的木板上包22号镀锌铁皮制作而成。其周边应伸出水箱周界100mm，高出盘面50mm。水箱托盘上设泄水管，以排除盘内的积水。

（2）托盘放置。在水箱支座上（垫梁上），放置好水箱托盘。盘上放置油浸枕木。

（3）水箱就位将试验合格的水箱吊装就位，找平找正。

水箱的安装位置、标高应符合设计要求，其允许偏差为：坐标，15mm；标高，±5mm；垂直度，1mm/m。

3. 水箱附件布置

水箱的附件布置如图 5.4 所示。

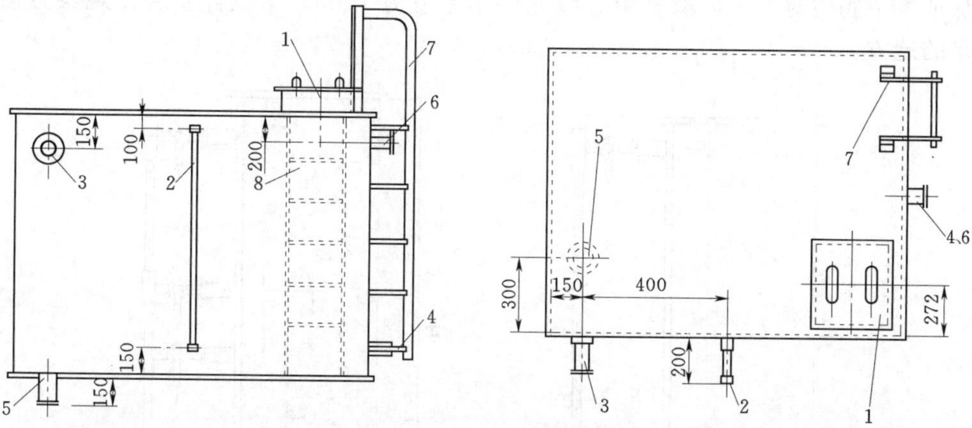

图 5.4　水箱附件

1—进水管；2—出水管；3—溢流管；4—排水管；5—水位信号；6—人孔；7、8—内外人梯

（1）进水管安装。水箱进水管一般从侧壁接入，也可以从底部或顶部接入。当水箱利用管网压力进水时，其进水管应设浮球阀。浮球阀直径与进水管直径相同，数量不少于 2 个。

（2）泄水管安装。泄水管又名排水管或污水管。自水箱底部最低处接出，以便排除箱底沉泥及清洗水箱的污水。泄水管上装设阀门。如图 5.5 所示，可与溢流管连接，经过溢流管将污水排至下水道，也可直接与建筑排水沟相连。

若无特殊要求时，泄水管一般选用公称直径为 40～50mm 管道。

（3）出水管安装。水箱出水管可从侧壁或底部接出。出水管管口应高出水箱内底 50mm 以上，出水管上一般应设阀门。

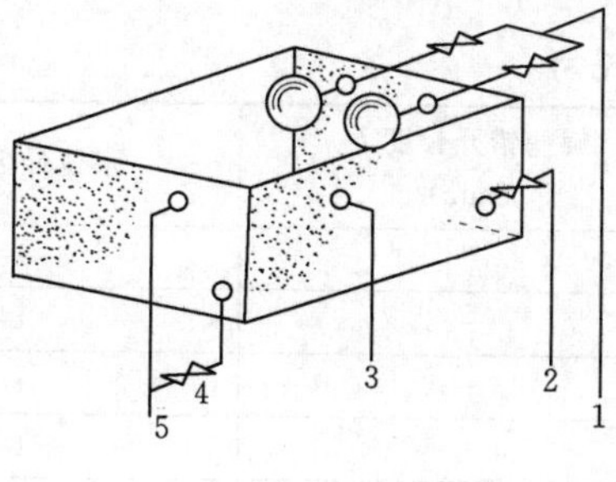

图 5.5　水箱配管示意图

1—进水管；2—出水管；3—信号管；
4—泄水管；5—溢流管

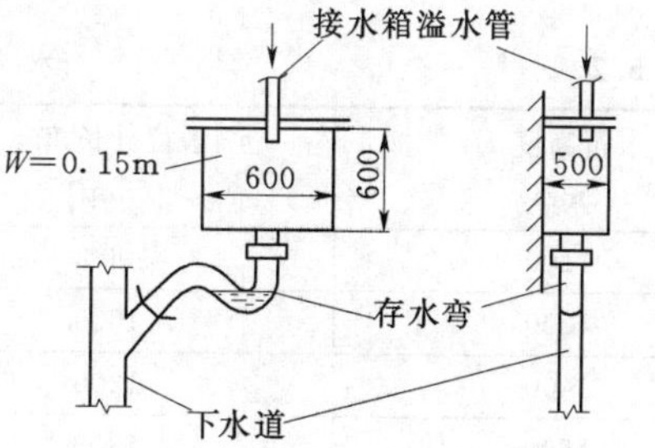

图 5.6　溢流管的隔断水箱

（4）溢流管安装。水箱溢流管用来控制水箱的最高水位，可从侧壁或底部接出，其直径宜比进水管大 1～2 号，但在水箱底 1m 以下管段可采用与进水管直径相同的管径。溢流管中的溢水必须经过图 5.6 所示的隔断水箱后，才能与排水管直接相连。设在平屋顶上

的水箱，溢流出水可直接排除，但应设置滤网，防止污染水箱。溢流管上不得装设阀门。

(5) 水位信号装置安装。水位信号装置有水位计或信号管两种。

1) 水位计安装 水位计的安装如图5.7所示。参考尺寸见表5.2。水位计旋塞与水箱壁间用一短管相连。该短管一端与水箱焊接，另一端与水位计旋塞螺纹连接。水位计装配时应保证上下阀门对中，玻璃管中心线允许偏差值为1mm。水位计安装在观察方便，光线充足的地方。

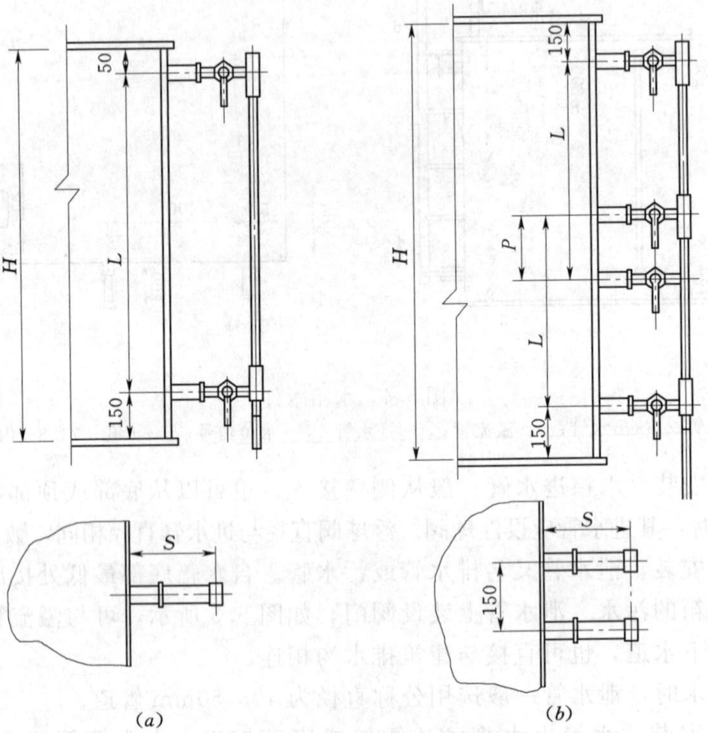

图5.7 玻璃管水位计安装图

(a) 1100≤H<1600；(b) 1600≤H≤2400

表5.2 水位计安装尺寸

水箱高度 H (mm)	水位计长度 L (mm)	旋塞错开长度 P (mm)	水位计数量 n
1100	900	—	1
1200	1000	—	1
1400	1200	—	1
1500	1300	—	1
1600	800	200	2
1800	900	200	2
2000	1000	200	2
2400	1200	200	2

2) 信号管安装。信号管一般自水箱侧壁接出，安装在水箱溢流管管口标高以下10mm处，管径15～20mm，接至经常有人值班房间内的污水池上，以便随时发现水箱浮

球阀设备失灵而及时检修。

(6) 人孔与通气管安装。对生活饮用水的水箱应设有密封箱盖，箱盖上设有检修人孔和通气管。通气管可伸至室外，但不得伸到有有害气体的地方，管口应设防止灰尘、昆虫、蚊和蝇的滤网，管口朝下。

通气管上不得装设阀门、水封等妨碍通气的装置，也不得与排水系统和通风管道相连。

(7) 内、外人梯安装。当水箱高度大于或等于1500mm时，应安装内、外人梯，以便于水箱的检修和日常维护。

4. 水箱安装注意事项

(1) 水箱间净高不低于2.2m，承重材料为非燃烧材料。水箱间应设在采光、通风良好，且不结冻的位置。水箱有冻结和结露危险时，必须设有保温层（包括管道在内)。

(2) 水箱间布置间距按表5.3选用。

表5.3 水箱的安装间距

水箱形式	水箱至墙面距离(m)		水箱之间的净距	水箱顶至建筑结构最低点的距离(m)
	有阀侧	无阀侧		
圆形	0.8	0.5	0.7	0.6
矩形	1.0	0.7	0.7	0.6

注 1. 当水箱按表中规定布置有困难时，允许水箱之间或水箱与墙壁之间的一面不留检修通道。
2. 表中有阀或无阀指有无液压水位控制阀或浮球阀。

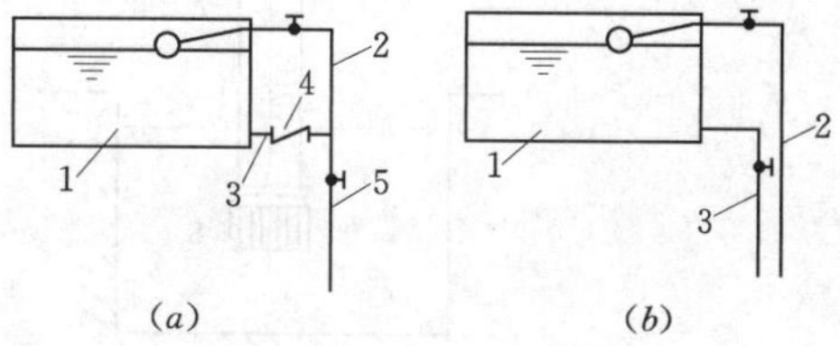

图5.8 水箱进出水管的设置
(*a*) 合并式；(*b*) 分置式
1—水箱；2—进水管；3—出水管；
4—止回阀；5—配水管

(3) 水箱进水管与出水管可合并设置，亦可分开设置，如图5.8所示。当进水管与出水管采用合并式时，如图5.8 (*a*) 所示，出水管管口应设止回阀，防止水由水箱底部进入水箱。

学习情境5.3 水泵的安装

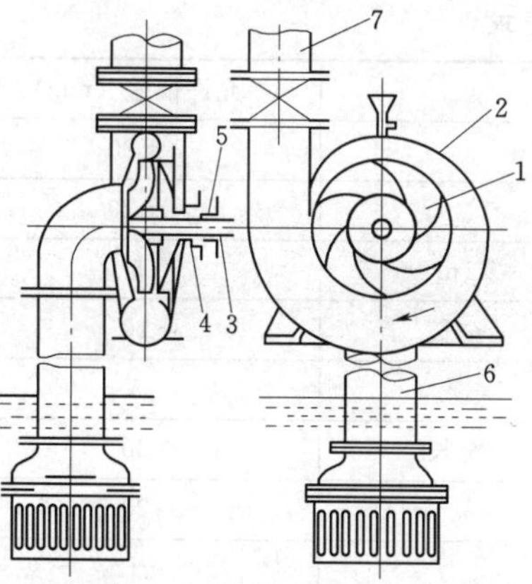

图5.9 离心泵的结构简图
1—叶轮；2—泵壳；3—泵轴；4—轴承；
5—填料函；6—吸水管；7—压水管

水泵是将电动机的机械能传递给液体的一种动力机械，是提升和输送水的重要工具。水泵的类型很多，有离心泵、轴流泵、混流泵、活塞泵、真空泵等。这里介绍在给排水工程中最常用的离心泵安装技术。

离心泵是利用泵体内的高速叶轮，带动液体一起高速旋转产生离心力，来吸入并压出液体的。离心泵的结构如图5.9所示。

离心泵管路及附件装置如图5.10所示。

1. 水泵安装前检查

(1) 水泵检查。核对水泵的名称、型号和规格，检查有无缺件、损坏和锈蚀等情况，进出管口保护物和封盖是否完好，并填写开箱检查记录表。水泵进出口保护物和封盖如失去保护作用，应将水泵解体检查。

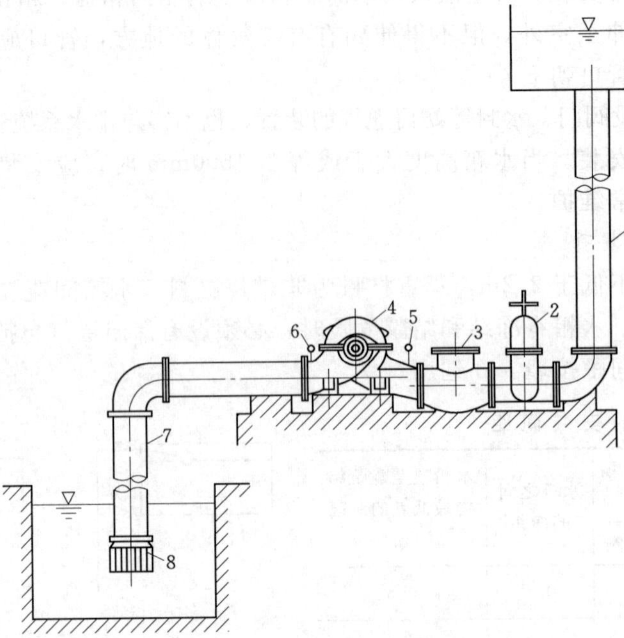

图 5.10　离心泵管路及附件

1—压水管；2—闸阀；3—逆止阀；4—水泵；5—压力表；6—真空表；7—吸水管；8—底阀

(2) 电机检查。核实电机的型号、功率、转速；盘动其转子，不得有碰卡现象；轴承润滑油脂不能出现变质及硬化现象；并保证电机引出线接头连接良好。

(3) 基础验收。检查基础外形尺寸、空间位置和基础强度。基础尺寸、平面位置和标高是否符合设计要求，如设计无规定时，可参照表 5.4 执行。混凝土强度达到设计强度75%才能进行水泵安装。基础表面应平整，无裂缝、麻面，放置垫铁处应铲平修光，并划好基础中心线。

表 5.4　　水泵基础尺寸、位置的质量要求

项目			允许偏差（mm）
基础	坐标位置（纵横轴线）		±20
	平面外形尺寸		±20
	基础上平面的不水平度	1m	5
		全长	10
	基础上铅垂面不铅垂度	1m	5
		全长	20
预埋地脚螺栓	标高（顶端）		20
	中心距（在根部和顶部两处测）		±2
预埋地脚螺栓孔	中心位置		±10
	深度		±10
	孔壁的垂直度		10

2. 水泵底座的安装

(1) 底座就位并找正。当基础的尺寸、位置、标高符合设计要求后，将底座置于基础上，套上地脚螺栓，检查地脚螺栓的垂直度，其垂直偏差不大于1%，否则剪力过大，螺栓易折断。调整底座位置，使底座上的中心线位置与基础上的中心线一致。

(2) 底座找平。将底座一端微微抬起，逐次放入垫铁，用薄铁皮找平，安放位置应紧靠地脚螺栓，用水平仪（或水平尺）测定底座水平度，其允许偏差纵横方向均不大于0.1/1000，找平后将其拧紧。拧紧螺母后，螺栓必须露出螺母2～3扣螺纹。

3. 水泵和电动机的安装

水泵的安装有整体安装和分体安装两种方式。

(1) 整体安装。若水泵出厂时，电机、水泵与机座已组装好，安装前检查又未发现其他故障（外观检查良好，用手搬动靠背轮无异常现象）则可直接进行机组安装。其安装方法与前述底座安装方法相同。只是需对水泵的曲线、进出水口中心线和泵的水平度进行检查和调整。

(2) 分体安装。水泵若分体安装，应先安水泵再装电动机。因为水泵要与其他设备、管道相连接，而受到一定的制约。若水泵位置稍有偏差，就会造成其他设备、管道连接上的困难。而电动机安装只与水泵发生关系，易于调整，所以应先安装水泵后安装电动机。这种方式又称为分体组装法。其安装步骤如下：

1) 水泵就位。无底座水泵直接安装在基础上，有底座水泵安装在底座上。水泵吊装就位时，应防止碰撞。吊装工具可用三脚架和倒链滑车，也可用吊车直接吊装就位。起吊时，钢丝绳应系在泵体吊环上，不允许系在轴承座或轴上，以免损坏轴承座或使轴弯曲。

2) 水泵找正。调整水泵位置，使泵的中心线与基础的中心线一致。

3) 水泵找平。泵体中心线位置找正后，就应调整泵体的水平度。找平时可用水准仪或水平尺测量。

小型水泵一般用水平尺测量。操作时，把水平尺放在水泵轴上测量轴向水平，调整水泵高度，使水平仪气泡居中，误差不应超过0.1mm/m，然后把水平尺平行靠在水泵进出口法兰面的垂直面上，测径向水平。

大型水泵可用水准仪或吊线法找正。吊线法找正如图5.11所示，将垂线从水泵进出口吊下，用钢尺测量法兰面离垂线的距离 a、b，若 a 和 b 相等，则为水平；若 a 和 b 不等，说明水泵不水平，应调整垫铁，直至二者相等为止。

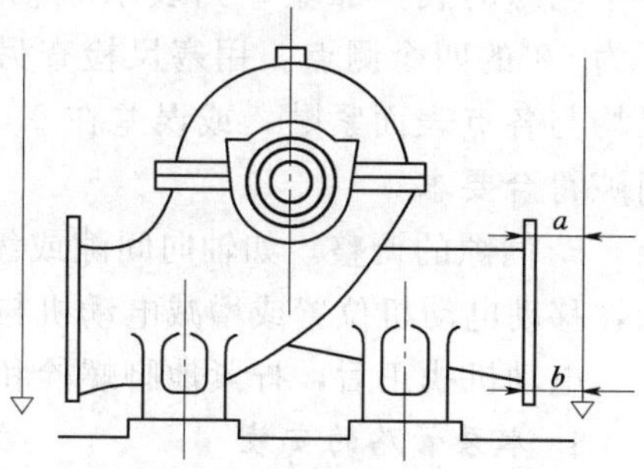

图5.11 吊线法找正示意图

4) 水泵标高找正。标高找正的目的是检查水泵轴中心线的高程是否与设计要求的安装高程相符，以保证能在允许的吸水高度内工作。水泵安装高度以其进水口中心为准。标高找正可用水准仪测量，小型水泵也可用钢尺直接测量。

5) 泵体固定。水泵找正、找平后，可向地脚螺栓孔和基础与水泵底座间的空隙内灌注水泥砂浆，待水泥砂浆凝固后拧紧地脚螺栓，复查水泵的位置和水平，保证后续安装能顺利进行。

(3) 电动机的安装。

1) 电动机就位。将电动机搬运到底座上，使其联轴器（靠背轮）与水泵的联轴器相对。

2) 电动机找平找正。电动机找平找正，应以水泵为基准。泵轴的中心线应与电动机轴的中心线在同一轴线上。电动机与水泵是通过联轴器连接的。只要两个联轴器既同心又相互平行，即符合安装要求。

电机轴与泵轴的对中情况，可利用测量两轴间的轴向和径向间隙的方法进行。

a. 轴向间隙测量。轴向间隙即两个联轴器端面的距离，轴向间隙不能过大或过小，过大传动效率低，过小则容易窜轴，造成轴功率增加，轴承发热，影响使用寿命。对此间隙，通常图纸上都有规定，如无规定时，可参照下列数值调整：小型泵，（吸入口径300ram 以下）轴向间隙为 2.4mm；中型泵，（吸入口径 350～500mm）轴向间隙为 4～6mm；大型泵，（吸入口径 600mm 以上）轴向间隙为 4～8mm。

两联轴器间的轴向间隙，可用塞尺在联轴器的上下左右四点测得，测定方法如图 5.12 所示。当两靠背轮周围间隙大小一样或其间隙误差不大于 0.1mm，即表明两靠背轮基本相互平行，轴向间隙符合要求。

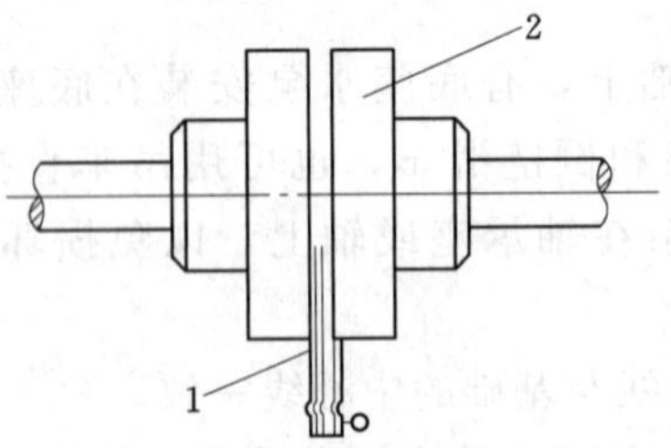

图 5.12　轴向间隙测定

1—塞尺；2—联轴器

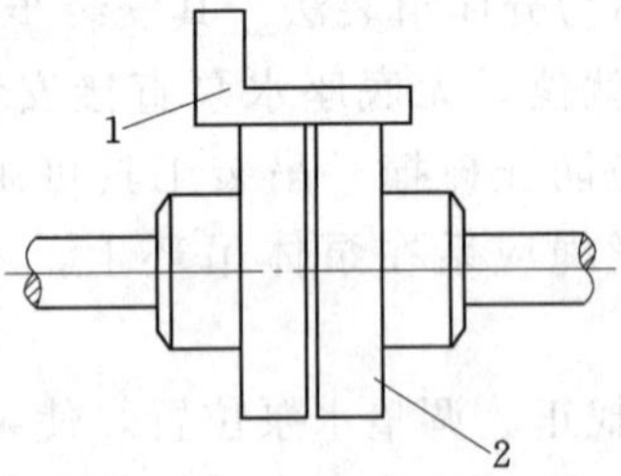

图 5.13　径向间隙测定

1—直角尺；2—联轴器

b. 径向间隙测量。径向间隙的测定方法如图 5.13 所示。测量时，用手轻轻地转动联轴器，把直角尺一直角边靠在联轴器上，并沿轮缘做圆周移动。如直角尺各点都和两个轮缘的表面靠紧，则表示联轴器同心。也可沿该靠背轮分别在上、下、左、右并互为 90°的四个测点，用塞尺检查另一个靠背轮的周边和直角尺的间隙。当直角尺和塞尺均与各点表面紧贴，或误差在 0.1～0.15mm 之内，则表明两靠背轮基本同心，径向间隙符合要求。

c. 间隙的调整。如轴向间隙或纵向间隙不符合要求时，应松开底座与电机的固定螺栓，移动电动机位置或增减电动机与底座（基础）间垫片厚度来调整。

电动机找正后，拧紧地脚螺栓和联轴器连接螺栓，水泵机组安装完毕。

4. 水泵管路的安装

水泵的管路分吸入和排出两部分。安装时，应从水泵进出口开始分别向外延伸配管。

(1) 泵吸水管路的安装。如图 5.14 所示，水泵吸水管路安装时，必须保证吸水管不漏气、不积气、不吸气，否则会影响水泵的吸水性能。吸水管安装好后，应作防腐处理。常见的方法是在吸水管表面涂沥青防腐层。

（2）水泵压水管路的安装。水泵压水管路经常承受高压，要求具有较高的强度，一般采用钢管。除为维修方便在适当位置处采用法兰连接外，均采用焊接接口，以求坚固而不漏水。

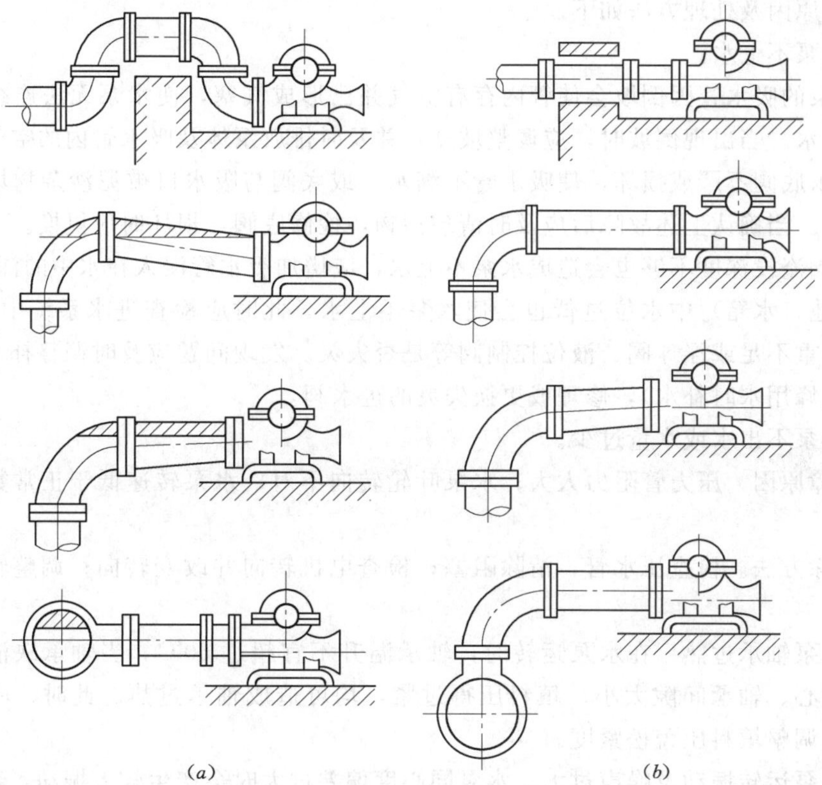

图5.14　水泵吸水管路安装

（a）不正确；（b）正确

5. 水泵试运转及故障排除

水泵安装完毕后，必须进行试运转，其目的是检查及排除在安装中没有发现的故障，使水泵系统的各部分配合协调。

（1）水泵试运转前检查。水泵试运转前应进行全面检查，内容包括轴承内润滑油的质量情况，各紧固部位的连接情况，出水阀、压力表及真空表和旋塞位置是否合适，电动机的转向检查等。

（2）盘车。用手转动联轴器，检查其转动是否灵活，有无异常声响。然后再将联轴器的连接螺栓拆下，进行电机空负荷运行，检查电机的转向是否与泵的转向一致，合格后，上好联轴器的连接螺栓，即可启动。

（3）水泵的启动。对于高于水位的泵，运转前应向吸水管内注满水；而吸入水位高差较大的离心泵，启动前还需关闭出口阀，启动水泵后才逐渐打开出水阀，以防止启动负荷过大而造成事故。

（4）水泵的试运转。水泵试运转过程中，如发生故障或水泵吸不上水时，应立即关闭电机，以免损坏零件，待故障消除后再试。水泵填料函在水泵运转过程中，一般要求每分钟滴10滴左右，以润滑填料。

6. 水泵机组运行故障的检查与处理

水泵经常处于运转状态，常因种种故障使水泵不能正常工作。离心式水泵常见的故障、发生的原因及处理方法如下。

(1) 水泵不上水。

1) 水泵的吸水管因倒坡会使管内存有空气并已形成气塞，使水泵无法连续吸水而造成水泵不出水。当出现倒坡时，应调整坡度，并及时排放泵体及吸水管内的空气。

2) 吸水底阀不严或损坏，使吸水管不满水，或底阀与吸水口被泥沙杂物堵塞，使底阀关闭不严。当确认上述故障后应及时清理污物，检修底阀，损坏时应更换。

3) 底阀淹没深度不够也会造成水泵不上水，应增加吸水管浸入在水中的深度。

4) 水池（水箱）中水位过低也会使水泵不上水，此时应检查进水系统中的进水量、水压是否严重不足或浮球阀、液位控制阀等是否失灵。发现问题应及时调整补水时间（如利用夜间低峰用水时补水），修理或更换失灵的进水阀。

(2) 水泵不出水或水量过少。

1) 故障原因。压力管阻力太大；水泵叶轮转向不对；水泵转速低于正常数；叶轮流道阻塞等。

2) 排除方法。检查压水管，清除阻塞；检查电机转向并改变转向；调整转速；清理叶轮流道。

(3) 水泵轴承过热。在水泵运转时，轴承温升不宜超过60℃，当轴承缺油或水泵与电机轴不同心、轴承间隙太小、填料压得过紧，均可造成轴承过热。此时，应调整同心度、加油、调整填料压盖松紧度。

(4) 水泵运转振动及噪声过大。水泵同心度偏差过大时会产生较大振动，其次应检查地脚螺栓、底座螺栓是否拧紧无松动。对要求控制噪声和振动较严格的建筑物应增加减振或隔振装置。

当吸水管深度过大、吸水池水位过低时，还会使水泵产生汽蚀现象而增大水泵的噪声。

离心式水泵减振装置常用的有橡胶隔振垫及减振弹簧盒。

1) 橡胶隔振垫通常安装在减振平衡板下面，安装时应根据水泵的型号，按图集要求的垫块的规格型号和数量分别垫在减振板四角及边位下，垫板必须成对支垫。

2) 采用减振盒时，其减振板必须留洞准确，预制板表面应平整。弹簧减振盒应准确平稳地摆放在板下的孔内，减振盒的规格型号及数量需按设计选定购置，不得任意变更型号和规格。

减振平衡板为钢筋混凝土预制板，加工时应严格按有关图集尺寸、混凝土强度等级、预留孔及预埋件的位置施工。

(5) 水泵运行中突然出现停止出水。

1) 故障原因。进水管突然被堵塞；叶轮被吸入杂物打坏；进水口吸入大量空气。

2) 排除方法。检查进水管，清除堵塞物；检查叶轮并更换；检查吸水池的水位及水泵的安装高度，保证有足够的水量。

学习情境5.4　水箱水泵的防腐

具体内容见学习情境1.8给水管道及设备防腐。

学习情境5.5　水箱水泵的保温

具体内容见学习情境1.9给水管道及设备保温。

学习情境5.6　水箱水泵安装工程质量检验评定标准

给水工程质量的检验评定，要严格遵守GBJ 302—88《建筑采暖卫生与煤气工程质量检验评定标准》的有关规定。在进行排水工程质量检验评定工作中，要坚持认真负责，实事求是的精神，根据工程内容，严格按标准进行检验评定，不得随意降低标准或减少检验评定内容，使评定结果有据可查，准确可靠。

5.6.1　总则

具体内容详见1.10.1总则。

5.6.2　水箱水泵安装工程质量评定

适用于工作压力不大于0.6MPa的金属水箱和离心式水泵的安装。

该分项工程规定参加质量检验评定的保证项目3条，基本项目2条，允许偏差项目3条。其具体的质量检验评定表见表5.5。

1. 保证项目

（1）水泵安装。

1）质量标准。水泵就位前的基础混凝土强度、坐标、标高、尺寸和螺栓孔位置必须符合设计要求和施工规范规定。

2）检验方法。检查交接记录或根据设计图纸对照检查。

3）检查数量。全数检查。

（2）水泵的试运转。

1）质量标准。水泵在设计负荷下连续运转不应少于2h，滚动轴承的温度不应高于75℃；滑动轴承的温度不应高于70℃。

2）检验方法。检查温升测试记录。

3）检查数量。全数检查。

（3）水箱的满水和水压试验。

1）质量标准。敞口水箱在安装前，应进行满水试验，以不漏为合格。密闭水箱在安装前，应做水压试验，其试验压力如果设计无要求，应以工作压力的1.5倍作水压试验，但不得小于0.4MPa，水压试验要求同室内给水管道。

2）检验方法。检查灌水和试压记录。

3）检查数量。全数检查。

表5.5　　建筑给水管道附属设备安装分项工程质量检验评定表

		项　　目	质量情况
保证项目	1	水泵安装：水泵就位前的基础混凝土强度、坐标、标高、尺寸和螺栓孔位置必须符合设计要求和施工规范规定	
	2	水泵试运转：轴承温升必须符合施工规范规定	
	3	水箱试验：敞口水箱的满水试验和密闭水箱的水压试验必须符合设计要求和施工规范规定	

		项　　目	质量情况 1	2	3	4	5	6	7	8	9	10	等级
基本项目	1	水箱支架或底座安装											
	2	水箱涂漆											

		项　　目			允许偏差（mm）	实测值（mm） 1	2	3	4	5	6	7	8	9	10
允许偏差项目	1	水箱	坐标		15										
			标高		±5										
			垂直度（每米）		1										
	2	离心式水泵	泵体水平度（每米）		9.1										
			联轴器同心度	轴向倾斜（每米）	0.8										
				径向位称	0.1										
	3	水箱保温	表面平整度	卷材或板材	5										
				涂抹或其他	10										
			保温层厚度（δ）		+0.1δ −0.05δ										

检查结果	保证项目	
	基本项目	检查　　项，其中优良　　项，优良率　　%
	允许偏差项目	实测　　点，其中合格　　点，合格率　　%

评定等级	工程负责人： 工　　长： 班 组 长：	核定意见	质量检查员：

年　　月　　日

2. 基本项目

(1) 水箱支架或底座的安装。

1) 质量标准。

合格：尺寸和位置应符合设计要求；埋设平正牢固。

优良：在合格的基础上，水箱与支架（座）接触紧密。

2) 检验方法。观察和对照设计图纸检查。

3) 检查数量。全数检查。

(2) 水箱涂漆。

1）质量标准。

合格：油漆种类和涂刷遍数符合设计要求，附着良好，无脱皮、起泡和漏涂。

优良：在合格的基础上，漆膜厚度均匀，色泽一致，无流淌及污染现象。

2）检验方法。观察检查。

3）检查数量。全数检查。

3. 允许偏差项目

（1）允许偏差和检验方法。室建筑给水附属设备安装的允许偏差和检验方法应符合表5.6的规定。

表 5.6　　建筑给水管道附属设备安装的允许偏差和检验方法

<table>
<tr><th>项次</th><th colspan="3">项　目</th><th>允许偏差
(mm)</th><th>检 验 方 法</th></tr>
<tr><td rowspan="3">1</td><td rowspan="3">水箱</td><td colspan="2">坐标</td><td>15</td><td rowspan="2">用水准仪（水平尺）、直尺、拉线和尺量检查</td></tr>
<tr><td colspan="2">标高</td><td>±15</td></tr>
<tr><td colspan="2">垂直度（每米）</td><td>1</td><td>吊线和尺量检查</td></tr>
<tr><td rowspan="3">2</td><td rowspan="3">离心式水泵</td><td colspan="2">泵体水平度（每米）</td><td>0.1</td><td rowspan="3">在联轴器互相垂直的四个位置上，用水准仪、百分表或测微螺钉和塞尺检查</td></tr>
<tr><td rowspan="2">联轴器同心度</td><td>轴向倾斜（每米）</td><td>0.8</td></tr>
<tr><td>径向位移</td><td>0.1</td></tr>
<tr><td rowspan="3">3</td><td rowspan="3">水箱保温</td><td colspan="2">保温层厚度 δ</td><td>$+0.1\delta$
-0.05δ</td><td>用钢针刺入保温层检查</td></tr>
<tr><td rowspan="2">平面平整度</td><td>卷材或板材</td><td>5</td><td rowspan="2">用 2m 靠尺或楔形塞尺检查</td></tr>
<tr><td>涂抹或其他</td><td>10</td></tr>
</table>

（2）检查数量。

1）水箱坐标、标高、垂直度及泵体水平度和联轴器同心度全数检查。

2）水箱保温，每台不少于5点。

该分项工程质量检验评定程序及填写要求，可参照 1.10.2 建筑给水管道安装工程质量评定。

本项目学习小结

本项目讲述了水箱和水泵和作用，详尽地阐述了水箱水泵的安装步骤、方法和注意事项，对水箱水泵安装工程质量评定的内容和标准也进行了讲述。

思 考 题 与 习 题

5.1　水箱的作用是什么？按制作材料不同，水箱有哪几种？

5.2　水箱上的配管有哪些？各起什么作用？

5.3　水箱在安装过程中要注意事项？

5.4　水泵在安装前要做哪些检查？

5.5　水泵机组运行常见故障及排除方法是什么？

5.6　水箱水泵安装工程质量评定的内容是什么？

项目6 卫生器具的安装

学习目标：通过本项目的学习能完成各种卫生器具的进场验收工作；正确识读卫生设备安装详图；能合理选择卫生器具安装的工机具；能编制卫生器具施工方案，掌握卫生设备的安装施工技术；能在施工过程中收集验收所需要的资料；能进行卫生器具安装工程质量检查与验收。

卫生器具是建筑内部排水系统的重要组成部分，是用来满足生活和生产过程中的卫生要求、收集和排除生活及生产中产生的污水、废水的设备。卫生器具一般采用不透水、无气孔、表面光滑、耐腐蚀、耐磨损、耐冷热、便于清扫、有一定强度的材料制造，如陶瓷、搪瓷生铁、塑料、复合材料等，卫生器具正向着冲洗功能强、节水消声、设备配套、便于控制、使用方便、造型新颖、色彩协调等方面发展。其品种繁多，造型各异，豪华程度差别悬殊，故安装中必须在订货的基础上，参照产品样本或实物确定安装方案。

学习情境6.1 卫生器具安装基本要求

6.1.1 安装前的准备工作

（1）熟悉施工安装图样，确定所需的工具、材料及其数量、配件的种类等。

（2）检查卫生器具的质量及外观，熟悉现场的实际情况。

（3）对现场进行清理，确定卫生器具的安装位置并凿眼、打洞。

6.1.2 安装前的质量检查

1. 质量检查的内容

卫生器具安装前的质量检验是安装工作的组成部分。质量检验包括：器具外形的端正与否、瓷质的细腻程度、色泽的一致性、有无损伤、各部分几何尺寸是否超过允许公差。

卫生洁具的规格、型号必须符合设计要求；并有出厂产品合格证。卫生洁具外观应规矩、造型周正，表面光滑、美观、无裂纹，边缘平滑，色调一致。

卫生洁具零件规格应标准，质量应可靠，外表光滑，电镀均匀，螺纹清晰，锁母松紧适度，无砂眼、裂纹等缺陷。

2. 质量检查的方法

（1）外观检查。表面是否有缺陷。

（2）敲击检查。轻轻敲打，声音实而清脆是未受损伤的，声音沙裂是受损伤破裂的。

（3）尺量检查。用尺实测主要尺寸。

（4）通球检查。对圆形孔洞可做通球试验，检验用球直径为孔洞直径的0.8倍。

6.1.3 卫生器具的安装的基本要求

1. 安装的位置要准确

安装位置包括平面位置和安装高度，应符合设计要求或有关标准规定，见表6.1。

表 6.1　　　　卫生器具的安装高度

项次	卫生器具名称			卫生器具安装高度（mm）		备注
				居住和公共建筑	幼儿园	
1	污水盆（池）	架空式		800	800	
		落地式		500	500	
2	洗涤盆（池）			800	800	自地面至器具上边缘
3	洗脸盆和冲手盆（有塞、无塞）			800	500	
4	盆洗槽			800	500	
5	浴盆			520	—	
6	蹲式大便器	高水箱		1800	1800	自台阶面至高水箱底
		低水箱		900	900	自台阶面至低水箱底
7	坐式大便器	高水箱		1800	1800	自台阶面至高水箱底
		低水箱	外露排出管式虹吸	510	—	自地面至低水箱底
			喷射式	470	370	
8	小便器	立式		1000	—	自地面至上边缘
		挂式		600	450	自地面至下边缘
9	小便槽			200	150	自地面至台阶面
10	大便槽冲洗水箱			不低于2000	—	自台阶至水箱底
11	妇女净身盆			360	—	自地面至器具上边缘
12	化验盒			800	—	自地面至器具上边缘

2. 安装的卫生器具应稳固

卫生器具安装时，通常采用预埋支架或木螺丝固定。固定木螺丝用的预埋木砖须在沥青中浸泡，进行防腐处理。卫生器具本身与支架接触处应平稳贴实，可采取加软垫的方法实现。若直接使用螺栓固定时，螺栓上应加软胶皮垫圈，且拧紧时用力要适当。卫生器具与管道、地面等的连接处，应加垫胶皮、油灰等填料填实。

3. 安装的美观性

卫生器具安装应端正、平直。

4. 安装的严密性

卫生器具与给水配件连接的开洞处，应使用橡胶板；与排水管、排水栓连接的下水口应使用油灰；与墙面靠接时，应使用油灰或白水泥填缝。

5. 安装的可拆卸性

由于瓷质卫生器具在使用过程中会有破损和更换的可能，安装时应考虑到卫生器具可拆卸的特点，在器具和给水支管连接处，必须装可拆卸的活接头，器具的排水口和排水短管、存水弯连接处应用油灰填塞，以利于拆卸。

6. 安装后的防护

卫生器具安装后，应采取有效的防护措施，如切断水源、草袋覆盖、封闭器具敞口等。

7. 连接卫生器具的排水管

管径坡度应符合设计要求或表 6.2 中的有关规定。

表 6.2 连接卫生器具的排水管管径和最小坡度

<table>
<tr><th>项　次</th><th colspan="2">卫生器具名称</th><th>排水管管径（mm）</th><th>管道的最小坡度</th></tr>
<tr><td>1</td><td colspan="2">污水盆（池）</td><td>50</td><td>0.025</td></tr>
<tr><td>2</td><td colspan="2">单双格洗涤盆（池）</td><td>50</td><td>0.025</td></tr>
<tr><td>3</td><td colspan="2">洗脸盆、洗手盆</td><td>32～50</td><td>0.020</td></tr>
<tr><td>4</td><td colspan="2">浴盆</td><td>50</td><td>0.020</td></tr>
<tr><td>5</td><td colspan="2">淋浴器</td><td>50</td><td>0.020</td></tr>
<tr><td rowspan="3">6</td><td rowspan="3">大便器</td><td>高、低水箱</td><td>100</td><td>0.012</td></tr>
<tr><td>自闭式冲洗阀</td><td>100</td><td>0.012</td></tr>
<tr><td>拉管式冲洗阀</td><td>100</td><td>0.012</td></tr>
<tr><td rowspan="2">7</td><td rowspan="2">小便器</td><td>手动冲洗阀</td><td>40～50</td><td>0.020</td></tr>
<tr><td>自动冲洗水箱</td><td>40～50</td><td>0.020</td></tr>
<tr><td>8</td><td colspan="2">妇女卫生盆（净身器）</td><td>40～50</td><td>0.020</td></tr>
<tr><td>9</td><td colspan="2">饮水器</td><td>25～50</td><td>0.01～0.02</td></tr>
</table>

6.1.4 作业条件

（1）所有与卫生洁具连接的管道压力、闭水试验已完毕，并已办好稳预检手续。

（2）浴盆的稳装应待土建做完防水层及保护层后配合土建施工进行。

（3）其他卫生洁具应在室内装修基本完成后再进行稳装。

6.1.5 操作工艺

工艺流程：安装准备→卫生洁具及配件检验→卫生洁具安装→压卫生洁具配件预装→卫生洁具稳装→卫生洁具与墙、地缝隙处理→卫生洁具外观检查→通水试验。

卫生洁具在稳装前应进行检查、清洗。配件与卫生洁具应配套。部分卫生洁具应先进行预制再安装。

6.1.6 成品保护

（1）洁具在搬运和安装时要防止磕碰。稳装后洁具排水口应用防护用品堵存，镀铬零件用纸包好，以免堵塞或损坏。

（2）在釉面砖、水磨石墙面剔孔洞时，宜用手电钻或先用小錾子轻剔掉釉面，待剔至砖底灰层处方可用力，但不得过猛，以免将面层剔碎或震成空鼓现象。

（3）洁具稳装后，为防止配件丢失或损坏，如拉链、堵链等材料、配件应在竣工前统一安装。

（4）安装完的洁具应加以保护，防止洁具瓷面受损和整个洁具损坏。

（5）通水试验前应检查地漏是否畅通，分户阀门是否关好，然后按层段分房间逐一进行通水试验，以免漏水使装修工程受损。

（6）在冬季室内不通暖时，各种洁具必须将水放净。存水弯应无积水，以免将洁具和存水弯冻裂。

6.1.7 应注意的质量问题

（1）蹲便器不平，左右倾斜。原因：稳装时，正面和两侧垫砖不牢，焦渣填充后，没有检查，抹灰后不好修理，造成高水箱与便器不对中。

（2）高、低水箱拉、扳把不灵活。原因：高、低水箱内部配件安装时，三个主要部件在水箱内位置不合理。高水箱进水、拉把应放在水箱同侧，以免使用时互相干扰。

（3）零件镀铬表层被破坏。原因：安装时使用管钳，应采用平面扳手或自制扳手。

（4）坐便器与背水箱中心没对正，弯管歪扭。原因：划线不对中，便器稳装不正或先稳背箱，后稳便器。

（5）坐便器周围离开地面。原因：下水管口预留过高，稳装前没修理。

（6）立式小便器距墙缝隙太大。原因：甩口尺寸不准确。

（7）洁具溢水失灵。原因：下水口无溢水眼。

（8）通水之前，将器具内污物清理干净，不得借通水之便将污物冲入下水管内，以免管道堵塞。

（9）严禁使用未经过滤的白灰粉代替白灰膏稳装卫生设备，避免造成卫生设备胀裂。

学习情境6.2　大便器的安装

6.2.1　高水箱蹲式大便器的安装

高水箱蹲式大便器的安装如图6.1所示。安装顺序：大便器、存水弯、高水箱、进水管、冲洗管。

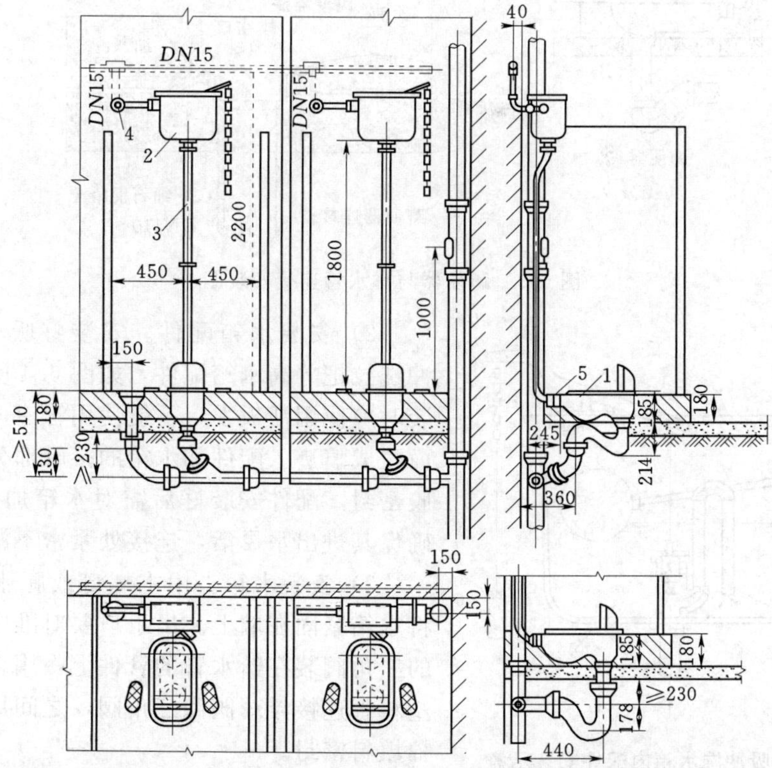

图6.1　高水箱蹲式大便器的安装

1—蹲式大便器；2—高水箱；3—DN32mm冲水管；4—DN15mm角阀；5—胶皮碗

1. 操作方法

(1) 安装存水弯。首先根据图纸的设计要求和地面下水管口的位置，确定存水弯的安装位置并安装存水弯。

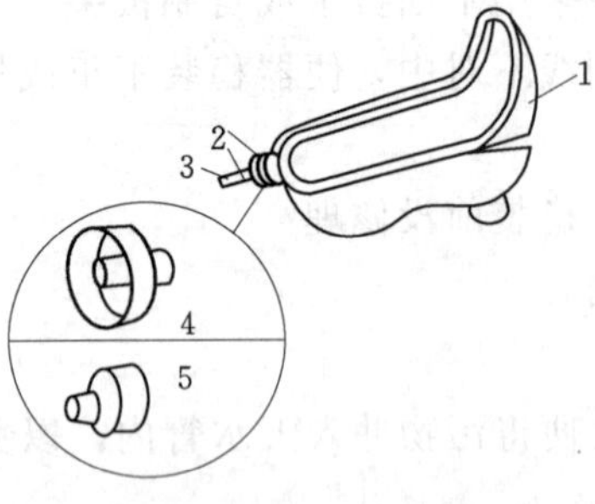

图 6.2 胶皮碗安装示意图
1—大便器；2—铜丝；3—冲洗管；4—未翻边的胶皮碗；5—翻边的胶皮碗

(2) 安装胶皮碗。将胶皮碗套在大便器的进水口上，采用成品喉箍箍紧或吊 14 号铜丝绑扎两道，铜丝应错位绑扎，不允许压结在一条直线上，如图 6.2 所示。

(3) 安装蹲便器。清除排水管甩向大便器承口周围及管内的杂物。在排水连接管承口内外壁抹上油灰，并在周围及大便器下面铺垫白灰膏，然后将蹲便器排水口插入承口内稳住。图 6.3 所示为蹲便器与排水管连接安装图。将大便器两侧用砖砌好，用水平仪找平找正，并用碎砖和水泥砂浆调整，最后抹光，接口处用油灰压实、抹平。

(4) 安装高水箱。

1) 确定安装位置。确认蹲便器中心与墙面中心线一致时，先在墙上画出水箱的横、竖十字中心线，并延长画到水箱安装高度处，以确定水箱的位置和固定螺栓的位置并打孔，预埋木砖或膨胀螺栓。

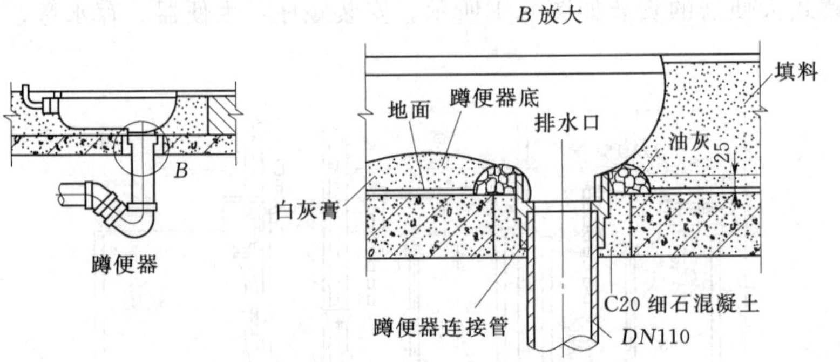

图 6.3 蹲便器与排水管连接安装图

2) 安装水箱配件。安装虹吸管、浮球阀、冲洗拉把等高水箱配件，如图 6.4 所示。配件安装时应使用活扳手，不能使用管钳，以免将其表面咬成痕迹。配件和水箱的接触部分均应使用橡胶密封。配件安装好后需对水箱加水进行试验，确保其进出水灵活，连接处紧密不漏水。

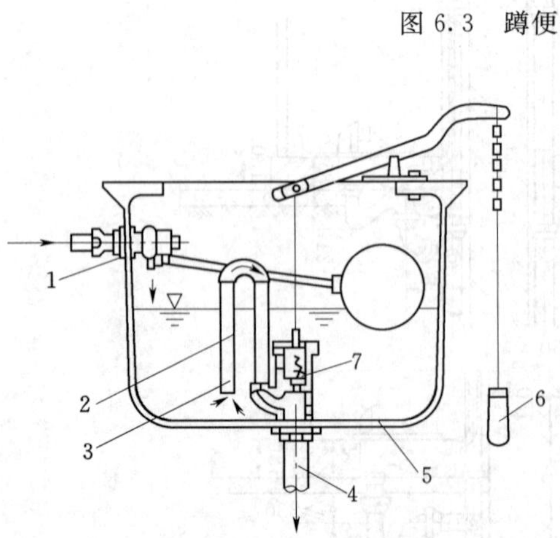

图 6.4 虹吸冲洗水箱内配件安装示意
1—浮球阀；2—虹吸管；3—$\phi5$ 小孔；4—冲洗管；5—水箱；6—拉杆；7—弹簧阀

3) 安装水箱。用木螺钉或膨胀螺栓加胶垫将水箱紧固在墙上。出水口要对准中心线，水箱的三角阀装在给水管的管件上，用合适的铜管或塑料管连接浮球阀和三角阀，之间用锁母压紧石棉填料密封。

(5) 连接进水冲洗管。水箱和蹲便器之间用冲水管连接。冲水管上端插入水箱出水口；根据高水箱浮球阀距给水管三通的尺寸配好乙字管，并在乙字管的上端套上锁母，管端缠油麻，抹铅油（或直接缠生料带）插入水箱出水口后锁紧锁母。冲水管下端与大便器进水口上的胶皮碗相连接，用14号铜丝绑扎两道。在偏离水箱中心左侧400mm处安装角式截止阀。冲洗管连接好后，用干燥的细砂埋好，并在上面抹一层水泥砂浆。

2. 操作要领及注意事项

（1）蹲便器与排水管接口处一定要严密不漏水。

（2）禁止使用水泥砂浆将胶皮碗全部填死或在便盆周围浇灌混凝土固定，会给日后的维修带来不便。

（3）安装好后应使用草袋（草绳）盖上便器，以防堵塞或损坏便盆。

6.2.2　低水箱蹲式大便器的安装

低水箱蹲式大便器的安装如图6.5所示。蹲便器及水箱等安装方法与上述方法相同，只是水箱底的安装高度距台阶面为900mm，进水管上的三角阀在水箱中心线左侧离台阶面800mm处。

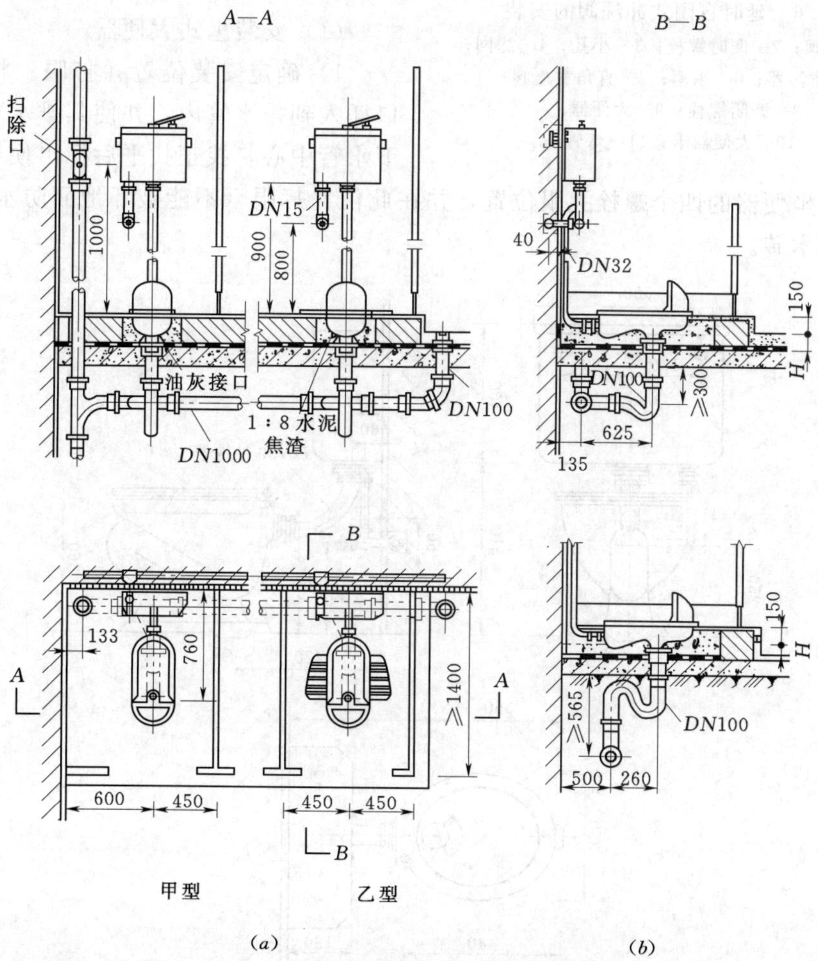

图6.5　低水箱蹲式大便器的安装图

(*a*) 平面图；(*b*) S形存水弯安装图（用于底层）

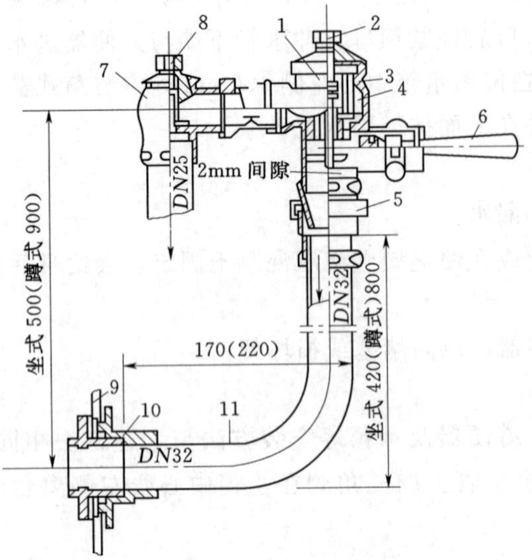

图 6.6 延时自闭式冲洗阀的安装

1—冲洗阀；2—调时螺栓；3—小孔；4—滤网；5—防污器；6—手柄；7—直角截止阀；8—开闭螺栓；9—大便器；10—大便器卡；11—弯管

6.2.3 延时自闭冲洗阀的安装

冲洗阀的中心高度为 1100mm。根据冲洗阀至胶皮碗的距离，断好 90°弯的冲洗管，使两端合适。将冲洗阀锁母和胶圈卸下，分别套在冲洗管直管段上，将弯管的下端插入胶皮碗内 40～50mm，用喉箍卡牢。再将上端插入冲洗阀内，推上胶圈，调直找正，将锁母拧至松紧适度。

6.2.4 低水箱坐式大便器的安装

坐式大便器从结构上分有低水箱与坐便器连体和分体两种形式。分体低水箱坐式大便器的安装如图 6.7 所示。安装顺序：大便器、水箱、进水管、冲洗管。

1. 操作方法

(1) 安装坐式大便器。

1) 确定安装位置并打眼。将便器排水口插入到排水管内，并使其排水口中心对准下水管中心，找正找平后标出便器底座外部轮廓及固定坐便器的四个螺栓孔眼位置，并在此位置打眼（不能破坏地面防水层），预埋膨胀螺栓或木砖。

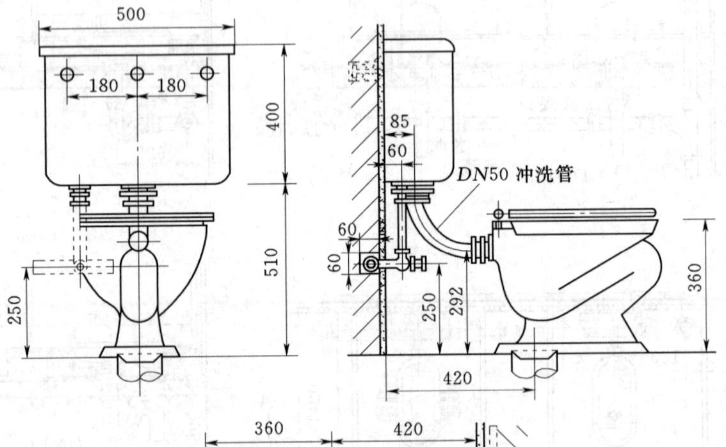

图 6.7 低水箱坐式大便器的安装图

2）安装坐便器。安装前，清除排水管口及大便器内部的杂物，按照所画便器的轮廓线将大便器出水口插入 DN100mm 的排水管口内。坐式大便器与排水管的连接如图 6.8 所示，排水管和地面连接处安装止水翼环，其间隙用细石混凝土填塞。用水平尺反复校正坐便器安放平正后，将螺栓加垫拧紧螺母固定，坐便器出水与排水管下水口的承插接头用油灰填充。

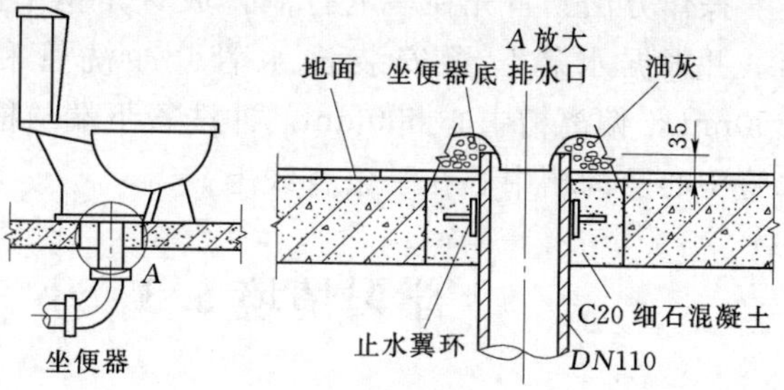

图 6.8　坐式大便器与排水管的连接图

（2）安装低水箱。首先安装低水箱上的排水口、进水浮球阀、冲洗扳手等配件，组装时，水箱中带溢流管的管口应低于水箱固定螺孔 10～20mm。然后确定水箱的安装位置，使其出水口中心线位置对准坐便器进水口中心线，并在墙上打孔，预埋木砖或膨胀螺栓，再用木螺钉或预埋螺栓加垫圈将水箱固定在墙上。

（3）安装连接低水箱出水口与大便器进水口之间的冲洗管。

（4）安装低水箱给水三角阀和铜管，给水管应横平竖直，连接严密。

2. 操作要点及注意事项

（1）拧紧螺母固定大便器时，不可过分用力，以防便器底部瓷质碎裂。

（2）大便器排水口周围和底面不得使用水泥砂浆进行填充，油灰不宜涂抹太多。大便器就位固定后，应及时擦拭便器周围的污物，并灌入 1～2 桶清水，防止油灰粘贴甚至堵塞排水管口。

（3）坐式大便器上的塑料盖应在即将交工时安装，以免在施工过程中被损坏。

6.2.5　大便槽的安装

大便槽主体是由土建部分砌筑而成，给排水部分主要是安装冲洗水箱、冲洗水管、大便槽排水管，如图 6.9 所示。

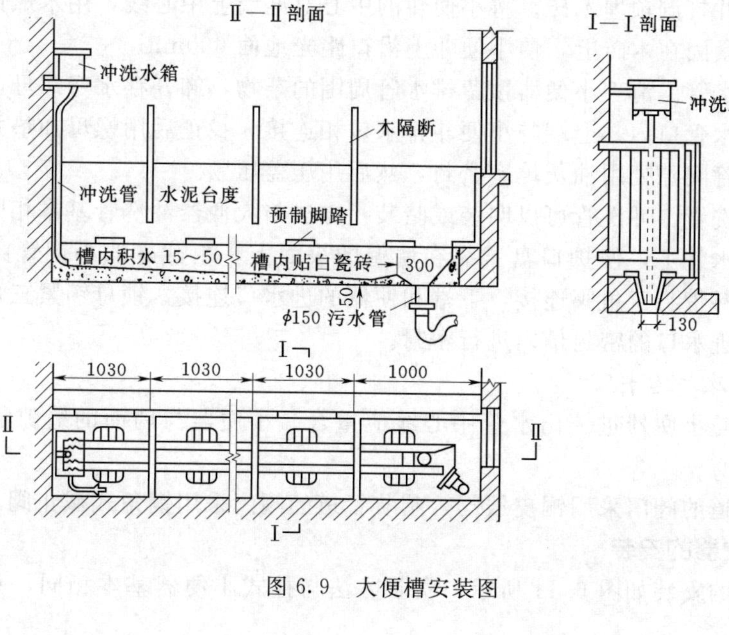

图 6.9　大便槽安装图

操作方法：首先在墙上打洞，放置角钢平正后用水泥砂浆填灌并抹平表面。安装水箱，并根据水箱位置安装进水管、冲洗管和大便槽排水管，进水管一般离光地面2850mm，偏离槽中心500mm。冲洗管下端与槽底呈30°～40°夹角，水箱进水口中心与排水管中心及沟槽中心在一条直线上。

学习情境6.3 小便器的安装

6.3.1 挂式小便器安装

挂式小便器安装如图6.10所示。

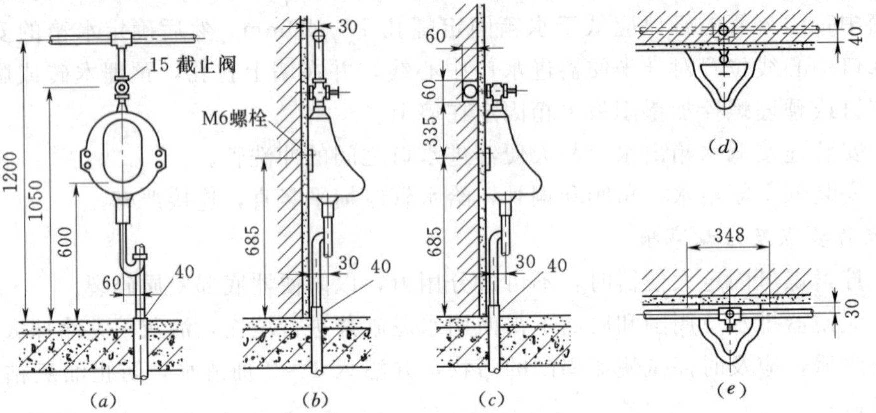

图6.10 挂式小便器安装

(*a*) 明装立面；(*b*) 明装侧面；(*c*) 暗装侧面；(*d*) 暗装平面；(*e*) 明装平面

1. *操作方法*

(1) 安装小便斗。根据图纸要求在墙上划出小便斗的安装中心线，确定小便器两耳孔在墙上的位置，并打洞预埋木砖。将小便斗的中心对准墙上中心线，用木螺钉配铝垫片穿过耳孔将小便器紧固在木砖上，使小便斗上沿口距光地面600mn。

(2) 安装排水管。清理小便器预留排水管周围的杂物，卸开存水弯螺母，将存水弯下端插入预留的排水管口内，上端与小便斗排水口相连接，找正后用螺母加垫并拧紧，最后将存水弯与排水管间隙处用油灰填塞密封，然后用压盖压紧。

(3) 安装冲洗管。冲洗管可以明装或暗装，方法与大便器冲洗管基本相同。将三角阀安装在预留的给水管上，使护口盘紧靠在墙壁的表面上，用截好的小铜管穿上铜碗和锁母，上端缠绕生料带与三角阀连接，下端和便器的进水口连接，锁母锁紧三角阀，最后用铜罩将油灰压入进水口的密封槽内进行密封。

2. *操作要领及注意事项*

(1) 冲洗管与小便器进、出水管中心线应重合。小便器与墙面的缝隙需用白水泥嵌平、抹光。

(2) 明装管道的阀门采用铜皮钱阀，暗装管道的阀门采用铜角式截止阀。

6.3.2 立式小便器的安装

立式小便器的安装如图6.11所示，安装方法与挂式小便器基本相同，只是立式小便器在安装前已经装好了排水管及存水弯。

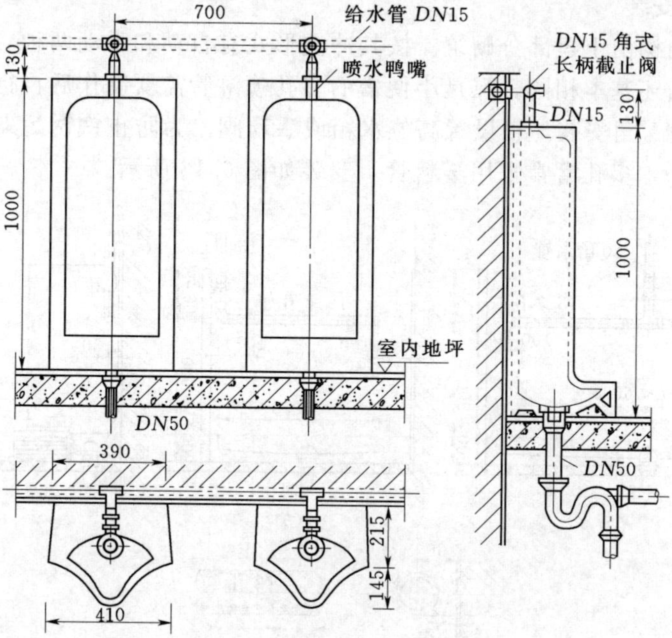

图6.11 立式小便器的安装

1. 操作方法

(1) 安装小便器排水管。小便器与排水管的连接如图6.12所示。安装时，找出管口中心线，清理排水管口并抹油灰，将排水栓加垫后固定在出水口上，在其底部凹槽中嵌入水泥和白灰膏的混合灰，排水栓突出部分抹油灰，将小便器垂直就位，使排水栓和排水管口接合好并找平找正后固定。

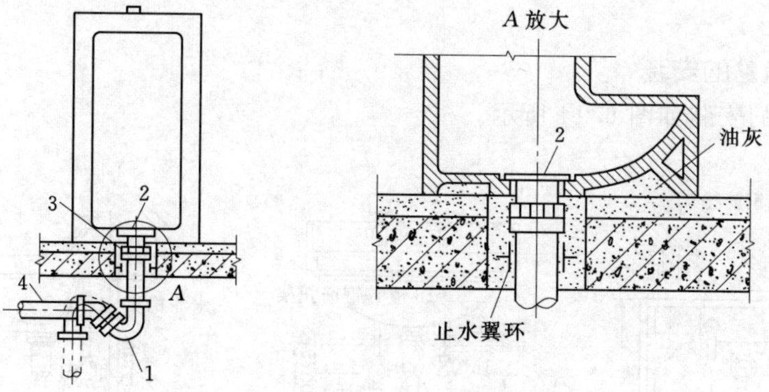

图6.12 立式小便器排水管的安装图

1—DN50mm存水弯；2—DN50mm排水栓；3—转换接头；4—DN50mm短管

(2) 安装冲洗水管。一端用锁母与角阀连接，另一端用扣碗插入喷水鸭嘴内，内缠石棉绳，锁紧后在扣碗下用油灰抹平。

2. 操作要领及注意事项

(1) 给水横管中心距光地坪1130mm，最好为暗装。

（2）小便器与墙面或地面不贴合时，用白水泥嵌平并抹光。

6.3.3 小便槽的安装

小便槽主体结构由土建部分砌筑。按其冲洗形式有自动和手动两种。冲洗水箱和进水管的安装方法与前述基本相同。只是小便槽的多孔喷淋管需要制作后再行安装，多孔管孔径 2mm，与墙成 45°角安装，可设置高位水箱或手动阀。为防止铁锈污染地面，除给水系统选用优质管材外，多孔管常采用塑料管。安装如图 6.13 所示。

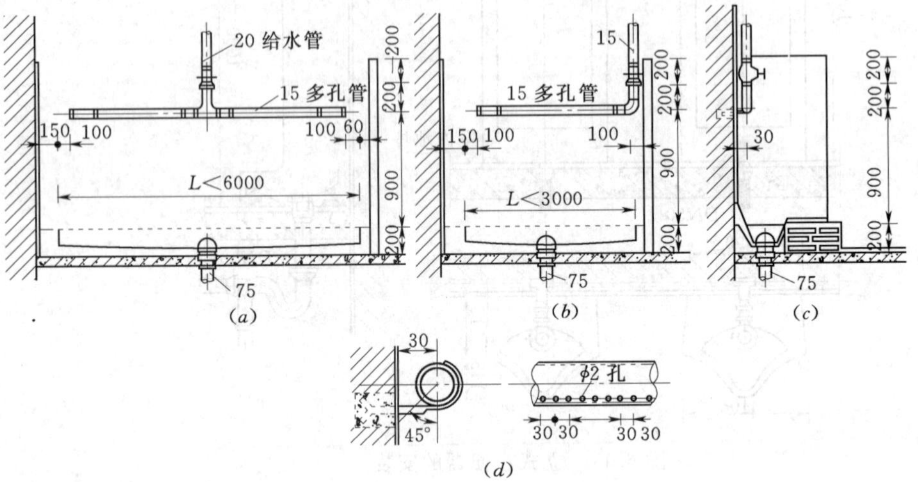

图 6.13 小便槽的安装

（a）立面图；（b）立面图；（c）侧面图；（d）多孔管详图

说明：1. 本图适用节门冲洗小便槽安装。2. 多孔管应采用塑料管式镀锌铜管。

学习情境 6.4 洗脸盆的安装

6.4.1 墙架洗脸盆的安装

墙架洗脸盆的安装如图 6.14 所示。

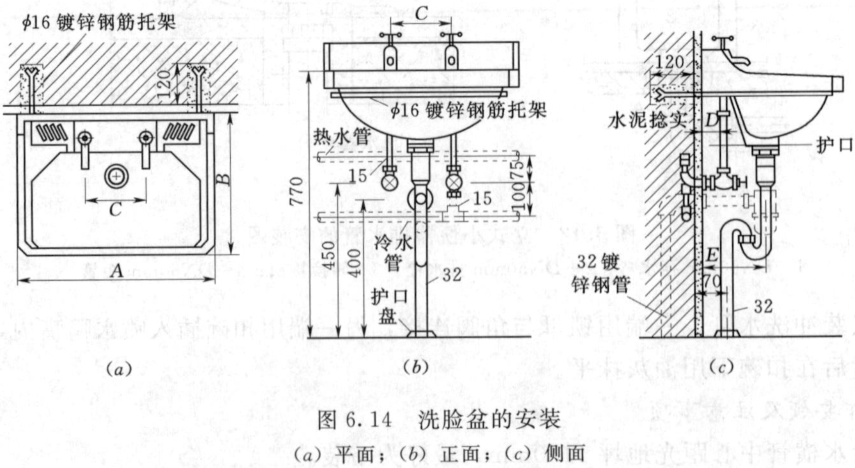

图 6.14 洗脸盆的安装

（a）平面；（b）正面；（c）侧面

1. 洗脸盆零件安装

(1) 安装脸盆下水口。先将下水口根母、眼圈、胶垫卸下，将上垫垫好油灰后插入脸盆排水口孔内，下水口中的溢水口要对准脸盆排水口中的溢水口眼。外面加上垫好油灰的胶垫，套上眼圈，带上根母，再用自制扳手卡住排水口十字筋，用平口扳手上根母至松紧适度。

(2) 安装脸盆水嘴。先将水嘴根母、锁母卸下，在水嘴根部垫好油灰，插入脸盆给水孔眼，下面再套上胶垫眼圈，带上根母后左手按住水嘴，右手用自制八字死扳手将锁母紧至松紧适度。

2. 洗脸盆稳装

(1) 洗脸盆支架安装。应按照排水管口中心在墙上画出竖线，由地面向上量出规定的高度，画出水平线，根据盆宽在水平线上画出支架位置的十字线。按印记剔成 ϕ30mm×120mm 孔洞。将脸盆支架找平栽牢。再将脸盆置于支架上找平、找正。将架钩钩在盆下固定孔内，拧紧盆架的固定螺栓，找平正。

(2) 铸铁架洗脸盆安装。按上述方法找好十字线，按印记剔成 ϕ15mm×70mm 的孔洞栽好铅皮卷，采用 $2\frac{1}{2}$英寸螺丝将盆架固定于墙上。将活动架的固定螺栓松开，拉出活动架将架钩在盆下固定孔内，拧紧盆架的固定螺栓，找平、找正。

3. 洗脸盆排水管连接

(1) S形存水弯的连接。应在脸盆排水口丝扣下端涂铅油，缠少许麻丝。将存水弯上节拧在排水口上，松紧适度。再将存水弯下节的下端缠油盘根绳插在排水管口内，将胶垫放在存水弯的连接处，把锁母用手拧紧后调直找正。再用扳手拧至松紧适度。用油灰将下水管口塞严、抹平。

(2) P形存水弯的连接。应在脸盆排水口丝扣下端涂铅油，缠少许麻丝。将存水弯立节拧在排水口上，松紧适度。再将存水弯横节按需要长度配好。把锁母和护口盘背靠背套在横节上，在端头缠好油盘根绳，试安高度是否合适，如不合适可用立节调整，然后把胶垫放在锁口内，将锁母拧至松紧适度。把护口盘内填满油灰后向墙面找平、按实，将外溢油灰除掉，擦净墙面，将下水口处外露麻丝清理干净。

4. 洗脸盆给水管连接

首先量好尺寸，配好短管，装上八字水门。再将短管另一端丝扣处涂油、缠麻，拧在预留给水管口（如果是暗装管道，带护口盘，要先将护口盘套在短节上，管子上完后，将护口盘内填满油灰，向墙面找平、按实，清理外溢油灰）至松紧适度。将铜管（或塑料管）按尺寸断好，需煨灯叉弯者把弯煨好。将八字水门与水嘴的锁母卸下，背告背套在铜管（或塑料管）上，分别缠好油盘根绳或铅油麻线，上端插入水嘴根部，下端插入八字水门中口，分别拧好上、下锁母至松紧适度。找直、找正，并将外露麻丝清理干净。

6.4.2 立柱式洗脸盆安装

立柱式洗脸盆的安装如图 6.15 所示。

1. 立柱式洗脸盆配件安装

(1) 混合水嘴的安装。将混合水嘴的根部加 1mm 厚的胶垫、油灰。插入脸盆上洞中间孔眼内，下端加胶垫和眼圈，扶正水嘴，拧紧根母至松紧适度，带好给水锁母。

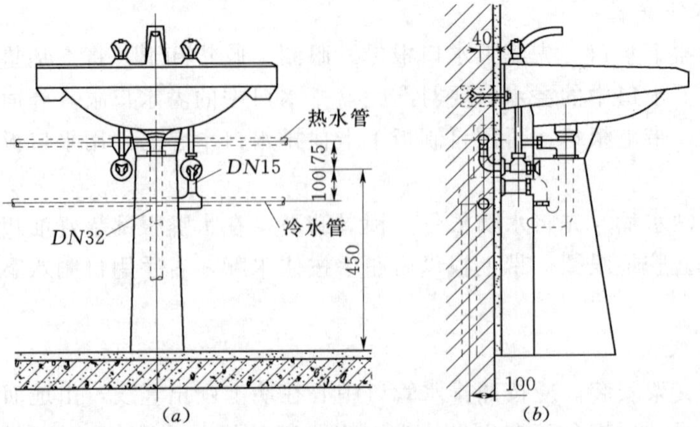

图 6.15 立柱式洗脸盆的安装图
(a) 立面图；(b) 侧面图

(2) 将冷、热水阀门上盖卸下，退下锁母，将阀门自下而上的插入脸盆冷、热水孔眼内。阀门锁母和胶圈套入四通横管，再将阀门上根母加油灰及1mm厚的胶垫，将根母拧紧与丝扣平。盖好阀门盖，拧紧门盖螺丝。

(3) 脸盆排水口加1mm厚的胶垫、油灰。插入脸盆上沿中间孔眼内，下端加胶垫和眼圈，扶正水嘴，拧紧根母至松紧适度，带好给水锁母。

(4) 将冷、热水阀门上盖卸下，退下锁母，将阀门自下而上的插入脸盆冷、热水孔眼内。阀门锁母的胶圈套入四通横管，再将阀门上根母加油灰及1mm厚的胶垫，将根母拧紧与丝扣平。盖好阀门盖，拧紧门盖螺丝。

(5) 脸盆排水口加1mm厚胶垫、油灰，插入脸盆排水孔眼内，外面加胶垫和眼圈，丝扣处涂油、缠麻。用自制扳手卡住下水口十字筋，拧入下水三通口，使中口向后，溢水口要对准脸盆溢水眼。

(6) 将手提拉杆和弹簧万向珠装入三通中心，将锁母拧至松紧适度。再将立杆穿过混合水嘴空腹管至四通下口，四通和立杆接口处缠油盘根绳，拧紧压紧螺母。

2. 立柱式洗脸盆稳装

(1) 按照排水管口中心画出竖线，将支柱立好，将脸盆转放在立柱上，使脸盆中心对准竖线，找平后画好脸盆固定孔眼位置。同时将支柱在地面位置做好印记。按墙上印记剔成ϕ10mm×80mm的孔洞，栽好固定螺栓。将地面支柱印记内放好白灰膏，稳好支柱及脸盆，将固定螺栓加胶皮垫、眼圈、带上螺母拧至松紧适度。再次将脸盆面找平，支柱找直。将支柱与脸盆接触处及支柱与地面接触处用白水泥勾缝抹光。

(2) 立柱式洗脸盆给排水管连接方法参照洗脸盆给排水管道安装。

学习情境6.5 浴盆的安装

6.5.1 概述

浴盆设在住宅、宾馆、医院等卫生间或公共浴室，供人们清洁身体。浴盆配有冷热水或混合龙头，并配有淋浴设备。浴盆的形式一般为长方形，亦有方形、斜边形。其规格有大型（1830mm×810mm×440mm）、中型（1680～1520mm×750mm×410～350mm）、小型（1200mm×650mm×360mm）。材质有陶瓷、搪瓷钢板、塑料、复合材料等，材质为亚克力的浴盆与肌肤接触的感觉很舒适。根据不同的功能要求分为裙板式浴盆、扶手式浴盆、防滑式浴盆、坐浴式浴盆及普通式浴盆等类型。浴盆安装如图6.16所示。

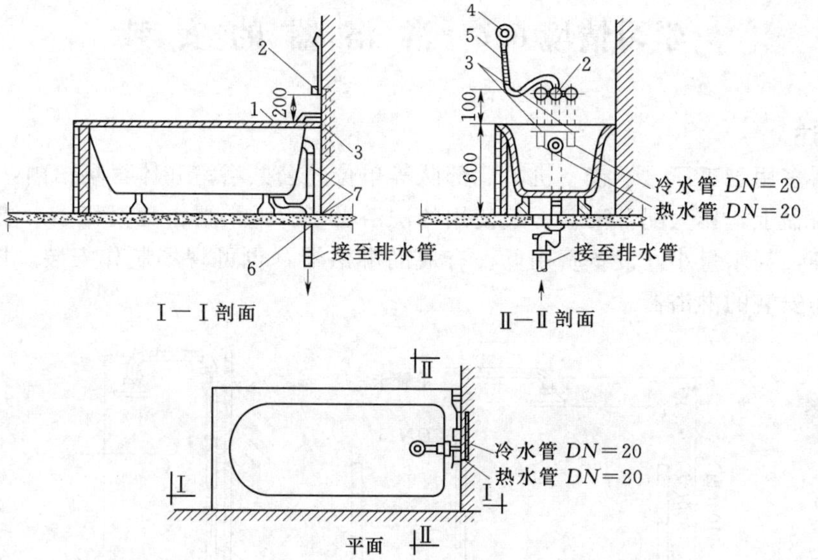

图6.16 浴盆安装

1—浴盆；2—混合阀门；3—给水管；4—莲蓬头；5—蛇皮管；6—存水弯；7—排水管

6.5.2 浴盆稳装

浴盆稳装前应将浴盆内表面擦拭干净，同时检查瓷面是否完好。带腿的浴盆先将腿部的螺丝卸下，将拔销母插入浴盆底卧槽内，把腿扣在浴盆上带好螺母拧紧找平。浴盆如砌砖腿时，应配合土建施工把砖腿按标高砌好。将浴盆稳于砖台上，找平、找正。浴盆与砖腿缝隙外用1∶3水泥砂浆填充抹平。

6.5.3 浴盆排水安装

将浴盆排水三通套在排水横管上，缠好油盘根绳，插入三通中口，拧紧锁母。三通下口装好铜管，插入排水预留管口内（铜管下端板边）。将排水口圆盘下加胶垫、油灰，插入浴盆排水孔眼，外面再套胶垫、眼圈，丝扣处涂铅油、缠麻。用自制叉扳手卡住排水口十字筋，上入弯头内。

将溢水立管下端套上锁母，缠上油盘根绳，插入三通上口对准浴盆溢水孔，带上锁母。溢水管弯头处加1mm厚的胶垫、油灰，将浴盆堵螺栓穿过溢水孔花盘，上入弯头"一"字丝扣上，无松动即可。再将三通上口锁母拧至松紧适度。

浴盆排水三通出口和排水管接口处缠绕油盘根绳捻实，再用油灰封闭。

6.5.4 混合水嘴安装

将冷、热水管口找平、找正。把混合水嘴转向对丝抹铅油，缠麻丝，带好护口盘，用自制扳手（谷称钥匙）插入转向对丝内，分别拧入冷、热水预留管口，校好尺寸，找平，找正。使护口盘紧贴墙面。然后将混合水嘴对正转向对丝，加垫后拧紧锁母找平、找正。

用扳手拧至松紧适度。

6.5.5 水嘴安装

先将冷、热水预留管口用短管找平、找正。如暗装管道进墙较深者，应先量出短管尺寸，套好短管，使冷、热水嘴安完后距墙一致。将水嘴拧紧找正，除净外露麻丝。

学习情境6.6 淋浴器的安装

6.6.1 概述

淋浴器多用于工厂、学校、机关、部队等单位的公共浴室和体育场馆内，也可安装在卫生间的浴盆上，作为配合浴盆一起使用的洗浴设备。淋浴器占地面积小，清洁卫生，避免疾病传染，耗水量小，设备费用低。有成品淋浴器，也可现场制作安装。图6.17所示为现场制作安装的淋浴器。

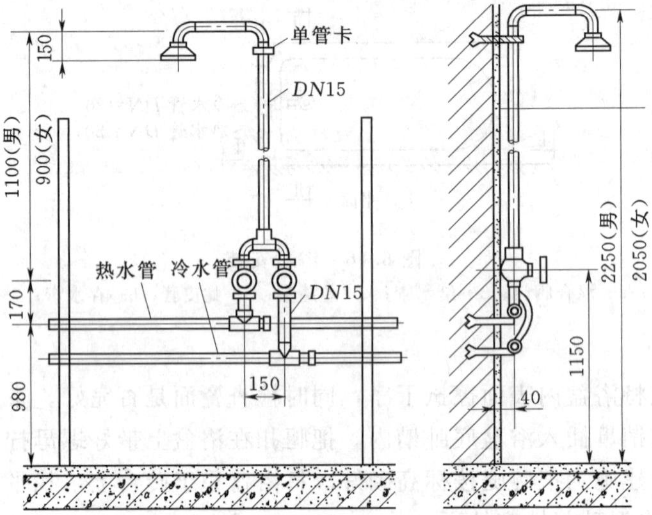

图6.17 淋浴器安装

在建筑标准较高的建筑内的淋浴间内，也可采用光电式淋浴器，利用光电打出光束，使用时人体挡住光束，淋浴器即出水，人体离开时即停水，如图6.18（*a*）所示。在医院或疗养院为防止疾病传染可采用脚踏式淋浴器，如图6.18（*b*）所示。

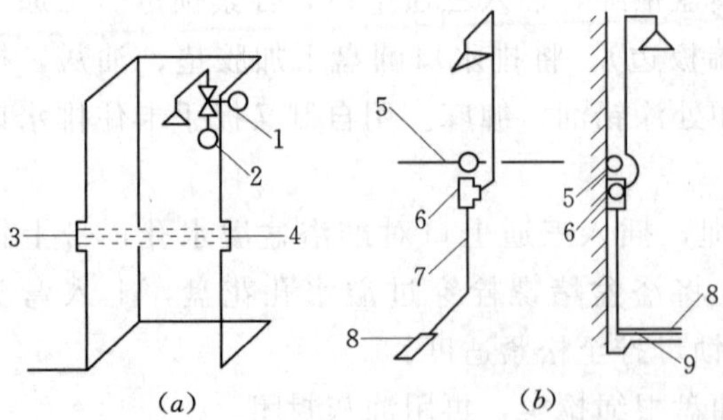

图6.18 淋浴器

（*a*）光电淋浴器；（*b*）脚踏淋浴器

1—电磁阀；2—恒温水管；3—光源；4—接收器；

5—恒温水管；6—脚踏水管；7—拉杆；

8—脚踏板；9—排水沟

6.6.2 镀铬淋浴器安装

暗装管道先将冷、热水预留管口加试管找平、找正。量好短管尺寸，断管、套丝、涂铅油、缠麻，将弯头上好。明装管道按规定标高煨好“Ω”弯（俗称元宝弯），上好管箍。

淋浴器锁母外丝丝头处抹油、缠麻。用自制扳手卡住内筋，上入弯头或管箍内。再将淋浴器对准锁母外丝，将锁母拧紧。将固定圆盘上的孔眼找平、找正。画出标记，卸下淋浴器，将印记剔成 ϕ10mm×40mm 的孔眼，栽好铅皮卷。再将锁母外丝口加垫抹油，将淋浴器对准锁母外丝口，用扳手拧至松紧适度。再将锁母外丝口加垫抹油，将淋浴器对准锁母外丝口，用扳手拧至松紧适度。再将固定圆盘与墙面靠严，孔眼平正，用木螺丝固定在墙上。

将淋浴器上部铜管预装在三通口上，使立管垂直，固定圆盘与墙面贴实，孔眼平正，画出孔眼标记，栽入铅皮卷，锁母外加垫抹油，将锁母拧至松紧适度。上固定圆盘采用木螺丝固定在墙面上。

6.6.3　铁管淋浴器的组装

铁管淋浴器的组装必须采用镀锌管及管件，皮钱阀门、各部尺寸必须符合规范规定。

由地面向上量出 1150mm，画一条水平线，为阀门中心标高。再将冷、热阀门中心位置画出，测量尺寸，配管上零件。阀门上应加活接头。

根据组数预制短管，按顺序组装，立管栽固定立管卡，将喷头卡住。立管应吊直，喷头找正。安装时应注意男、女浴室喷头的高度。

学习情境 6.7　洗 涤 盆 的 安 装

6.7.1　概述

洗涤盆常设置在厨房或公共食堂内，用作洗涤碗碟、蔬菜等。医院的诊室、治疗室等处也需设置。洗涤盆有单格或双格之分，双格洗涤盆一格洗涤，另一格泄水。洗涤盆规格尺寸有大小之分，材质多为陶瓷，或砖砌后瓷砖贴面，不锈钢制品质量较高。洗涤盆的安装如图 6.19 和图 6.20 所示。

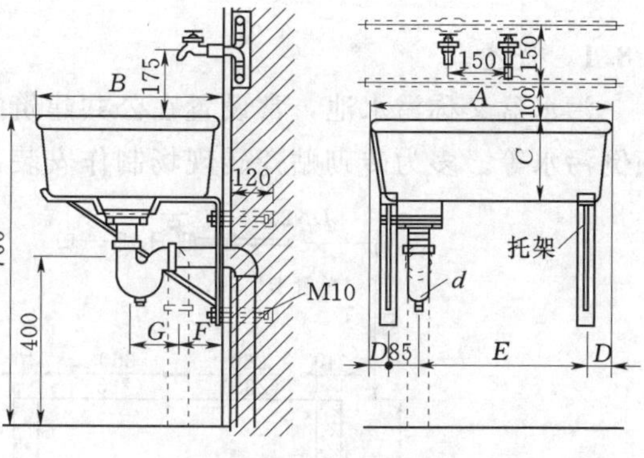

图 6.19　单格洗涤盆安装

6.7.2　安装盆架

栽架前应将盆架与洗涤盆试一下是否相符。将冷、热水预留管口之间画一条平分垂线（只有冷水时，洗涤盆中心应对准给水管口）。由地面向上量出规定的高度，画出水平线，按照洗涤盆架的宽度由中心线左右画好十字线，剔成 ϕ50mm×120mm 的孔眼，用水冲净孔眼内杂物，将盆架找平，找正。用水泥栽牢。将家具盆放于架上纵横找平，找正。洗涤盆靠墙一侧缝隙处嵌入白水泥浆勾缝抹光。

6.7.3　排水管的连接

先将排水口根母松开卸下，放在洗涤盆排水孔眼内，测量出距排水预留管口的尺寸。将短管一端套好丝扣，涂油、缠麻。将存水弯拧至外露丝 2～3 扣，按量好的尺寸将短管断好，插入排水管口的一端应做扳边处理。将排水口圆盘下加工工业 1mm 厚的胶垫、抹油灰，插入洗涤盆排水孔眼，外面再套上胶垫、眼圈，带上根母。在排水口的丝扣处抹

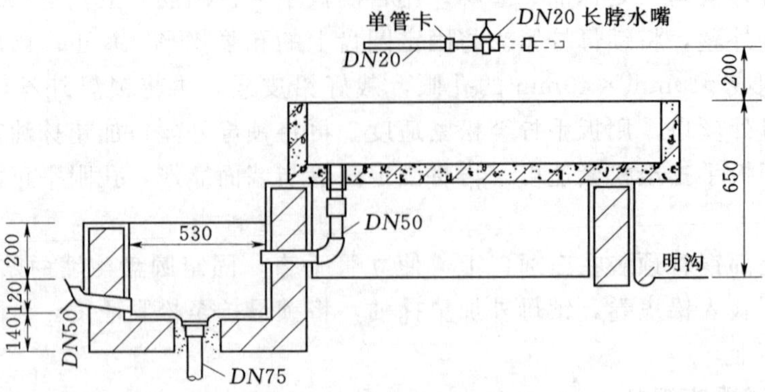

图6.20　双格洗涤盆安装

油、缠麻，用自制扳手卡住排水口内十字筋，使排水口溢水眼对准洗涤盆溢水孔眼，用自制扳手拧紧根母至松紧适度。吊直找正。接口处捻灰，环缝要均匀。

6.7.4　水嘴安装

将水嘴丝扣处涂油缠麻，装在给水管口内，找平，找正，拧紧，除净外露麻丝。

6.7.5　堵链安装

在瓷盆上方50mm并对准排水口中心处剔成ϕ10mm×50mm孔眼，用水泥浆将螺栓注牢。

学习情境6.8　污水盆的安装

6.8.1　概述

污水盆又称污水池，常设置在公共建筑的厕所、盥洗室内，供洗涤拖把、打扫卫生或倾倒污水等。多为砖砌贴瓷砖现场制作安装，如图6.21所示。

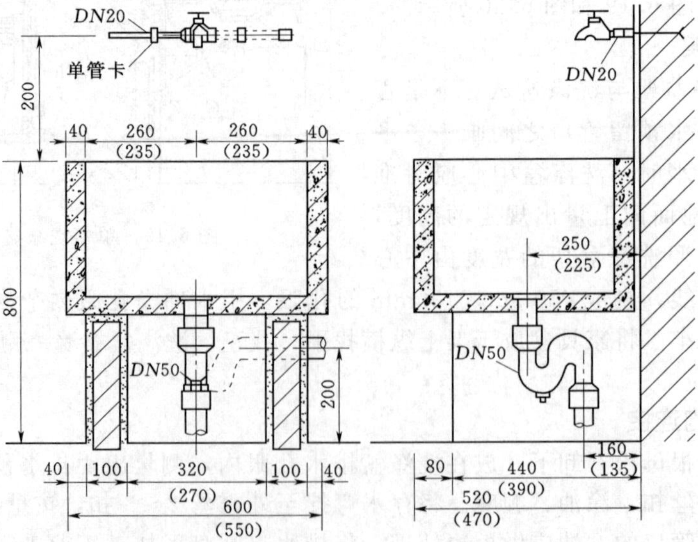

图6.21　污水盆安装

6.8.2 操作方法

1. 确定安装位置

根据污水盆的尺寸确定其安装位置。

2. 安装污水盆

架空式污水盆需用砖砌筑支墩，后在支墩上放置污水盆，盆上沿口的安装高度为800mm。

3. 安装给水和排水管道

给排水管道和水嘴的安装方法同学习情境6.7。

6.8.3 操作要点及注意事项

（1）落地式污水盆直接置于地坪上，盆高500mm。

（2）落地式污水盆水嘴的安装高度为距光地面800mm；架空式污水盆水嘴的安装高度为距光地面1000mm。

学习情境6.9 净身盆的安装

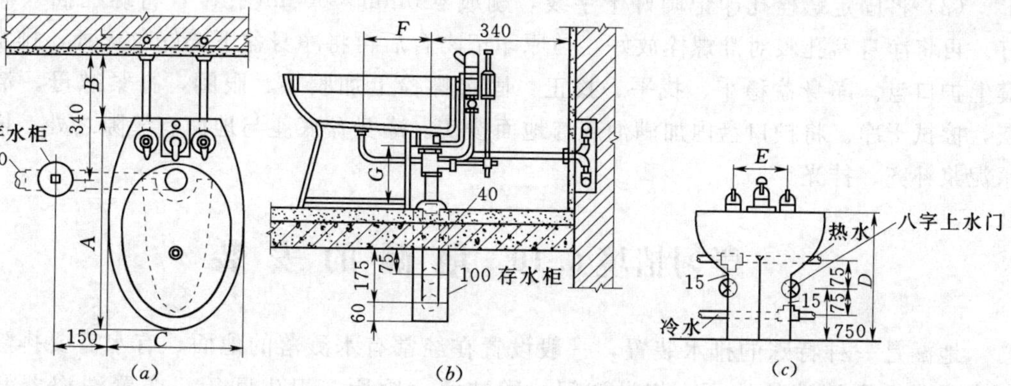

图6.22 净身盆安装
（*a*）平面图；（*b*）纵剖面图；（*c*）立面图

6.9.1 净身盆配件安装

（1）将混合阀门及冷、热水阀门的门盖卸下，下根母调整适当，以三个阀门装好后上根母与阀门颈丝扣基本相平为宜。将预装好的喷嘴转心阀门装在混合开关的四通下口。

将冷、热水阀门的出口锁母套在混合阀门四通横管处，加胶圈或缠油盘根装在一起，拧紧锁母。将三个阀门门颈处加胶垫，同时由净身盆自下而上穿过孔眼。三个阀门上加胶垫、眼圈带好根母。混合阀门上加角型胶垫及少许油灰，扣上长方形镀铬护口盘，带好根母。然后将空心螺栓穿过护口盘及净身盆。盆下加胶垫眼圈和根母，拧紧根母至松紧适度。

将混合阀门上根母拧紧，其根母应与转心阀门颈丝扣平为宜。将阀门盖放入阀门挺旋转，能使转心阀门盖转动30°即可。再将、热水阀门的上根母对称拧紧，分别装好三个阀门门盖，拧紧冷、热水阀门门盖上的固定螺丝。

(2) 喷嘴安装：将喷嘴靠瓷面处加 1mm 厚的胶垫，抹少许油灰，将定型铜管一端与喷嘴连接，另一端与混合阀门四通下转心阀门连接。拧紧锁母，转心阀门门挺须朝向与四通平行一侧，以免影响手提拉杆的安装。

(3) 排水口安装：将排水口加胶垫，穿入净身盆排水孔眼，拧入排水三通上口。同时检查排水口与净身盆排水孔眼的凹面是否紧密，如有松动及不严密现象，可将排水口锯掉一部分，尺寸合适后，将排水口圆盘下加抹油灰，外面加胶垫、眼圈，用自制叉扳手卡入排水口内十字筋，使溢水口对准净身盆溢水孔眼，拧入排水三通上口。

(4) 手提拉杆安装：将挑杆弹簧珠装入排水三通中口，拧紧锁母至松紧适度。然后将手提拉杆插入空心螺栓，用卡具与横挑杆连接，调整定位，使手提拉杆活动自如。

(5) 净身盆配件装完以后，应接通临时水试验无渗漏后方可进行稳装。

6.9.2 净身盆稳装

(1) 将排水预留管口周围清理干净，将临时管堵取下，检查有无杂物。将净身盆排水三通下口铜管装好。

(2) 将净身盆排水管插入预留排水管口内，将净身盆稳平找正。净身盆尾部距墙尺寸一致。将净身盆固定螺栓孔及底座画好印记，移开净身盆。

(3) 将固定螺栓孔印记画好十字线，剔成 ϕ20mm×60mm 孔眼，将螺栓插入洞内栽好。再将净身盆孔眼对准螺栓放好，与原印记吻合后再将净身盆下垫好白灰膏，排水铜管套上护口盘。净身盆稳牢、找平、找正。固定螺栓上加胶垫、眼圈，拧紧螺母。清除余灰，擦拭干净。将护口盘内加满油灰与地面按实。净身盆底座与地面有缝隙之处，嵌入白水泥浆补齐、抹光。

学习情境6.10 地漏的安装

地漏是一种特殊的排水装置，一般设置在经常有水溅落的地面、有水需要排除的地面和经常需要清洗的地面，如淋浴间、盥洗室、厕所、卫生间等。布置洗浴器和洗衣机的部位应设置地漏，并要求布置洗衣机的部位宜采用防止溢流和干涸的专用地漏。地漏应设置在易溅水的卫生器具附近的最低处，其地漏箅子应低于地面 5～10mm，带有水封的地漏，其水封深度不得小于 50mm。直通式地漏下必须设置存水弯，严禁采用钟罩式地漏。

6.10.1 普通地漏

普通地漏的水封深度较浅，如果只担负排除溅落水时，要注意经常注水，以免水封受蒸发破坏。该种地漏有圆形和方形两种供选择，材质为铸铁、塑料、黄铜、不锈钢、镀铬箅子，如图 6.23 (*a*) 所示。

6.10.2 多通道地漏

多通道地漏有一通道、二通道、三通道等多种形式，而且通道位置可不同，使用方便。因多通道可连接多根排水管，所以主要用于卫生间内设有洗脸盆、洗手盆、浴盆和洗衣机时。这种地漏为防止不同卫生器具排水可能造成的地漏反冒，故设有塑料球可封住通向地面的通道，如图 6.23 (*b*)、(*c*) 所示。

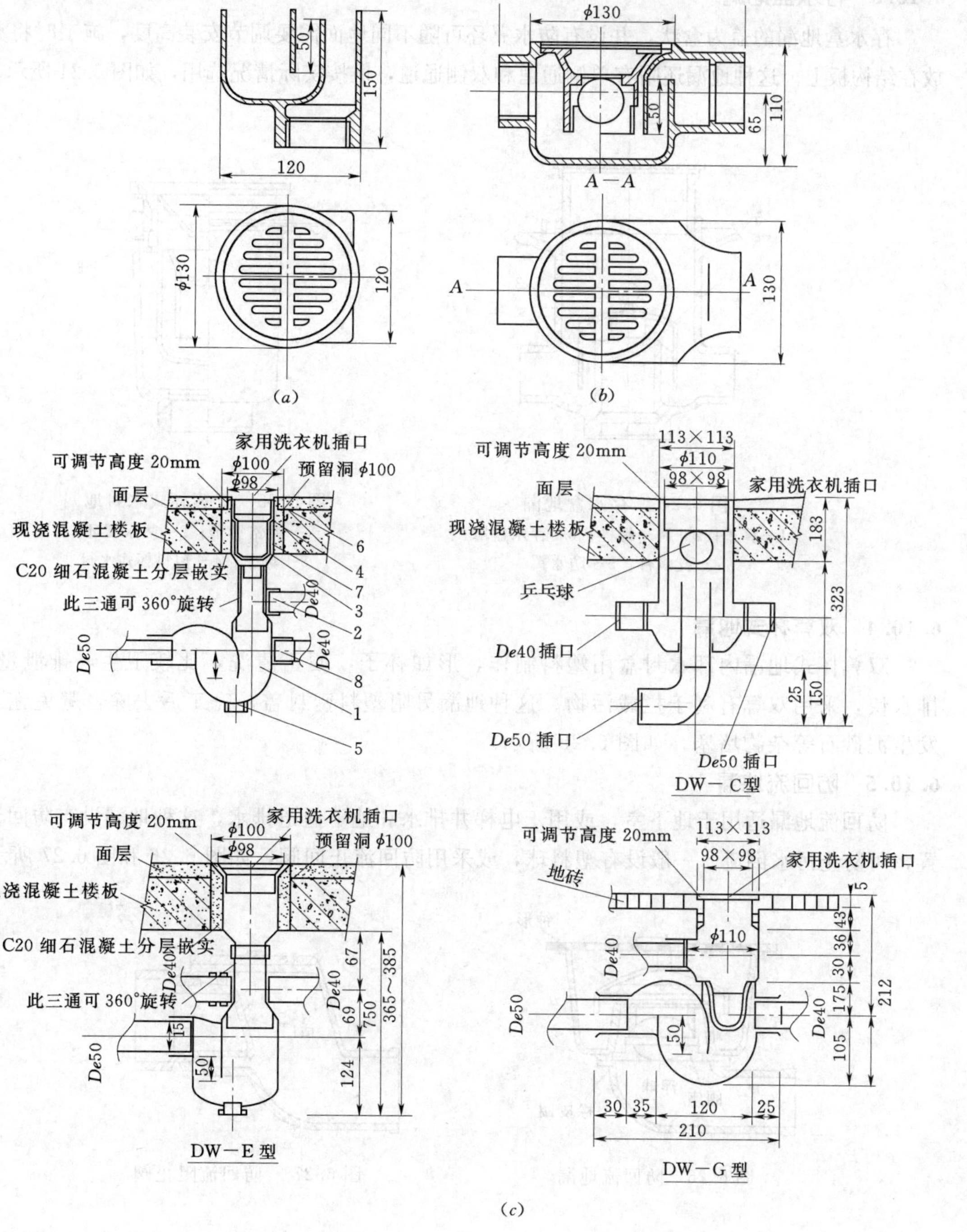

图 6.23 地漏

(a) 普通地漏；(b) 通道地漏；(c) ABS 塑料多通道地漏

1—存水盘；2—上接口件；3—带防水翼环的预埋件；4—高度调节件；

5—清扫口堵头；6—洗衣机插口盖板；7—滤网斗；8—下接口件

6.10.3　存水盒地漏

存水盒地漏的盖为盒状，并设有防水翼环可随不同地面需要调节安装高度，施工时将翼环放在结构板上。这种地漏还附有单侧通道和双侧通道，供按实际情况选用，如图 6.24 所示。

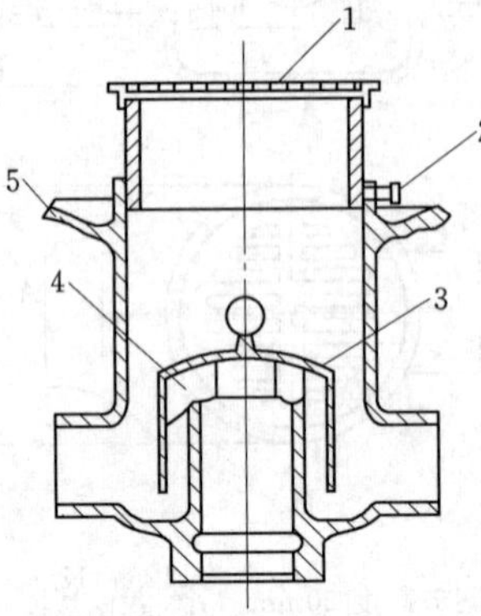

图 6.24　存水盒地漏
1—箅子；2—调高螺栓；3—存水盒罩；
4—支承件；5—防水翼

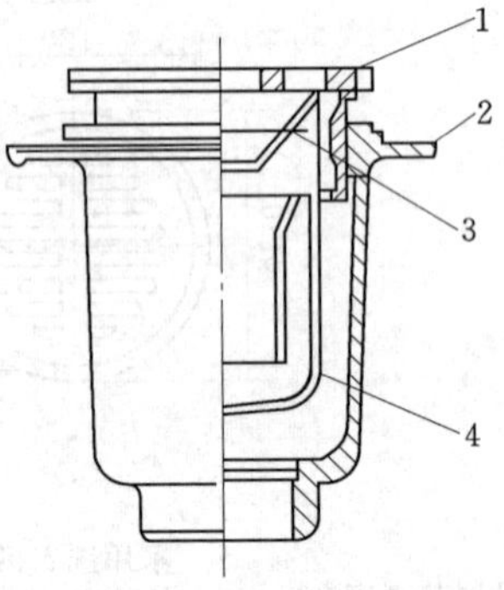

图 6.25　双箅杯式水封地漏
1—镀铬箅子；2—防水翼环；
3—箅子；4—塑料杯式水封

6.10.4　双箅杯式地漏

双箅杯式地漏内部水封盒用塑料制作，形如杯子，便于清洗，比较卫生，排泄量大，排水快，采用双箅有利于拦截污物。这种地漏另附塑料密封盖，完工后去除，避免施工时发生泥砂石等杂物堵塞，如图 6.25 所示。

6.10.5　防回流地漏

防回流地漏适用于地下室，或用于电梯井排水和地下通道排水，这种地漏设有防回流装置，可防止污水倒流。一般设有塑料球，或采用防回流止回阀，如图 6.26 和图 6.27 所示。

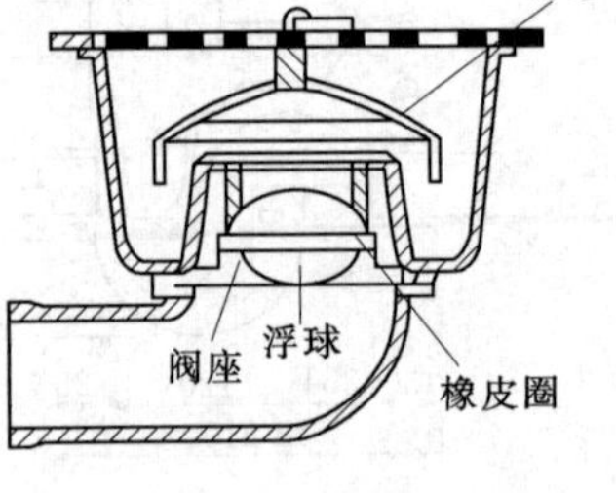

图 6.26　防回流地漏

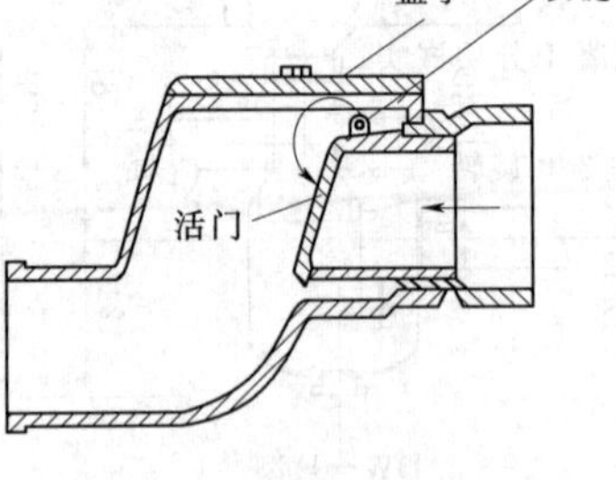

图 6.27　防回流阻止阀

学习情境 6.11　卫生器具安装工程质量检验评定标准

给排水工程质量的检验评定，要严格遵守 GBJ302—88 的有关规定。在进行排水工程质量检验评定工作中，要坚持认真负责，实事求是的精神，根据工程内容，严格按标准进行检验评定，不得随意降低标准或减少检验评定内容，使评定结果有据可查，准确可靠。

6.11.1 总则

具体内容详见1.10.1总则。

6.11.2 卫生器具安装工程质量评定

适用于污水盆、洗涤盆、洗脸（手）盆、盥洗槽、浴盆、淋浴器、大便器、小便器、大便冲洗槽、妇女卫生盆、化验盆、排水栓、地漏、扫除口、加热器、煮沸消毒器和饮水器等卫生器具安装。

该分项工程规定参加质量检验评定的保证项目有2条，基本项目有2条，允许偏差项目有4条。其具体的质量检验评定表见表6.3。

表6.3　　卫生器具安装分项工程质量检验评定表

工程名称：　　　　　　　　　　部位：

		项目	质量情况
保证项目	1	卫生器具排水口连接：卫生器具排水的排出口与排水管承口的连接处必须严密不漏	
	2	器具排水管径和坡度：卫生器具的排水管径和最小坡度，必须符合设计要求和施工规范规定	

		项目	质量情况										等级
基本项目			1	2	3	4	5	6	7	8	9	10	
	1	排水栓、地漏											
	2	卫生器具											

		项目		允许偏差（mm）	实测值（mm）									
允许偏差项目					1	2	3	4	5	6	7	8	9	10
	1	坐标	单独器具	10										
			成排器具	5										
	2	标高	单独器具	±15										
			成排器具	±10										
	3	器具水平度		2										
	4	器具垂直度		3										

检查结果	保证项目			
	基本项目	检查　项，其中优良　项，优良率　%		
	允许偏差项目	实测　点，其中合格　点，合格率　%		
评定等级		工程负责人： 工　长： 班　组　长：	核定意见	质量检查员：

年　月　日

1. 保证项目

(1) 卫生器具排水口连接。

1) 质量标准。卫生器具排水的排出口与排水管承口的连接处必须严密不漏。

2) 检验方法。通水检查。

3) 检查数量。各抽查10%，但不少于5个接口。

(2) 卫生器具排水管径和坡度。

1) 质量标准。卫生器具的排水管径和最小坡度，必须符合设计要求和施工规范规定。

2) 检验方法。观察或尺量检查。

3) 检查数量。各抽查10%，但不少于5处。

2. 基本项目

(1) 排水栓、地漏。

1) 质量标准。

合格：平整、牢固、低于排水表面，无渗漏。

优良；在合格的基础上，排水栓低于盆、槽底表面2mm，低于地表面5mm；地漏低于安装处排水表面5mm。

2) 检验方法。观察和尺量检查。

3) 检查数量。各抽查10%，但均不少于5个。

(2) 卫生器具。

1) 质量标准。

合格：木砖和支架、托架防腐良好，埋设平整牢固，器具放置平稳。

优良：在合格的基础上，器具洁净，支架与器具接触紧密。

2) 检验方法。观察和手扳检查。

3) 检查数量。各抽查10%，但均不少于5组。

3. 允许偏差项目

(1) 允许偏差和检验方法。卫生器具安装的允许偏差和检验方法应符合表6.4的规定。

表6.4 卫生洁具安装的允许差和检验方法

项目		允许偏差(mm)	检验方法
坐标	单独器具	10	拉线、吊线和尺量检查
	成排器具	5	
标高	单独器具	±15	
	成排器具	±20	
器具水平度		2	用水平尺和尺量检查
器具垂直度		3	用吊线和尺量检查

(2) 检查数量。检查数量各抽查10%，但不少于5组。

该分项工程质量检验评定程序及填写要求，可参照1.10.2建筑给水管道安装工程质量评定。

本项目学习小结

本项目详尽地阐述了各种卫生器具的安装步骤、方法和注意事项，对卫生器具的安装工程质量评定的内容和标准也进行了讲述。

思考题与习题

6.1 各种卫生器具的作用是什么？如何选择卫生器具？

6.2 卫生器具在安装前要做哪些检查？

6.3 卫生器具的安装有哪些基本要求？

6.4　卫生器具的安装工艺流程有哪些？

6.5　卫生器具在安装时要注意什么质量问题？

6.6　低水箱坐式大便器是如何安装的？

6.7　挂式小便器是如何安装的？

6.8　浴盆的安装步骤是什么？

6.9　各种地漏的作用有何区别？

6.10　卫生器具安装工程质量评定的内容是什么？

参 考 文 献

[1] 张健．建筑给水排水工程．北京：中国建筑工业出版社，2000.
[2] 李金星．给水排水工程识图与施工．合肥：安徽科学技术出版社，2000.
[3] 谷峡．建筑给水排水工程．哈尔滨：哈尔滨工业大学出版社，2003.
[4] 范柳先．建筑给水排水工程．北京：中国建筑工业出版社，2003.
[5] 李永红．看图学给排水系统安装．北京：机械工业出版社，2003.
[6] 陈思荣．建筑水暖设备安装．北京：电子工业出版社，2006.
[7] 孙连溪．实用给水排水工程施工手册第二版．北京：建筑工业出版社，2006.
[8] 陈送财．建筑给排水．北京：机械工业出版社，2007.
[9] 中国建筑设计研究院．建筑给水排水设计手册．第二版．北京：中国建筑工业出版社，2008.